湖北省教学研究项目优秀成果教材
湖北省教育厅人文社会科学研究项目成果教材

单片机应用技术

主　编　卢丽君

副主编　徐　明　　周子健　　王　姣

主　审　李　硕

参　编　张　妮　　程思华　　吴　蕾

　　　　胡素文

北京理工大学出版社
BEIJING INSTITUTE OF TECHNOLOGY PRESS

内 容 简 介

本书为数字化教材，各项目主要内容配备了以二维码识别的数字化资源和重难点微课，同时润物细无声地融入了思政元素。全书共 11 个项目，其内容分别是认识单片机硬件系统、熟悉单片机开发工具、单片机并行 I/O 口应用、单片机外部中断系统应用、单片机定时/计数器应用、单片机显示技术、单片机键盘接口应用、D/A 和 A/D 转换电路接口设计、串行通信技术应用、串行扩展设计、单片机系统的设计与开发。每个项目划分为 2～3 个任务，任务的选择采用从简单到复杂，从单一到综合的思路。

本书适用于应用型本科、高职高专院校、函授学院等电子信息类、机电类、自动化类等专业的"单片机应用技术"课程的教材，也可供相关技术人员作为参考书。

版权专有 侵权必究

图书在版编目（ＣＩＰ）数据

单片机应用技术 / 卢丽君主编. --北京：北京理
工大学出版社，2021.8（2021.9 重印）
　　ISBN 978-7-5763-0152-6

　　Ⅰ．①单… 　Ⅱ．①卢… 　Ⅲ．①单片微型计算机-教材
Ⅳ．①TP368.1

　　中国版本图书馆 CIP 数据核字（2021）第 164336 号

出版发行 / 北京理工大学出版社有限责任公司
社　　　址 / 北京市海淀区中关村南大街 5 号
邮　　　编 / 100081
电　　　话 /（010）68914775（总编室）
　　　　　　（010）82562903（教材售后服务热线）
　　　　　　（010）68944723（其他图书服务热线）
网　　　址 / http://www.bitpress.com.cn
经　　　销 / 全国各地新华书店
印　　　刷 / 三河市华骏印务包装有限公司
开　　　本 / 787 毫米×1092 毫米　1/16
印　　　张 / 17.25
彩　　　插 / 4
字　　　数 / 404 千字
版　　　次 / 2021 年 8 月第 1 版　2021 年 9 月第 2 次印刷
定　　　价 / 53.00 元

责任编辑 / 陈莉华
文案编辑 / 陈莉华
责任校对 / 周瑞红
责任印制 / 施胜娟

前　言

本书是武昌首义学院单片机课程组教师，在日积月累的教学和各种竞赛培训经验的基础上，编写的适合于高职高专学生学习特点的教材，该教材做到了思政教育潜移默化、理实一体化、教学资源立体化。本书从教与学、学与做等方面多角度突出信息化教学特色，是省级创新行动计划《单片机应用技术》在线开放课程的配套教材。

本书的特色主要包括以下几个方面：

（1）思政教育潜移默化，润物细无声地融入课堂。

为了适应国家对高等教育人才培养目标的变化，培养德才兼备的人才，在单片机知识的讲解中，润物细无声地将思政元素融入课堂。以"科教兴国、科技强国"作为整本书的主线，融入"工匠精神""遵纪守法、守规矩""安全教育""核心价值观""国家的自豪感与荣誉感"等思政元素。在讲解单片机芯片的制造与设计时，融入科教兴国、科技强国思政元素；讲解单片机系统设计的规划性和结构性时，融入遵纪守法、守规矩；讲解按键计数时，融入工匠精神等。

（2）采用混合现实技术，让书本的内容"活"起来。

混合现实技术，当读者看到二维码识别图的某个知识点时，通过手机扫一扫，在屏幕上就可以看到有声音同步讲解的虚拟化二维、三维动画模型。通过真实信息与虚拟信息的叠加来构建抽象的知识和概念，可以为学生提供一种体验和沉浸的环境，达到在"活"的环境下学习的目的。真正做到理论与实践相结合，实现"做中学，学中做"，从而提高教学效率。

（3）系统化的微课设计，突破各项目知识重点、难点、易错点。

全书各微课与微课之间既相互独立，又相互关联，具有碎片化耦合性，既考虑了知识模块的逻辑关系，又兼顾了系统性和完整性，它们共同服务于单片机课程。微课的设计按照课程理论体系循序渐进的知识点进行，知识点为各项目的重点、难点、易错点，同时以"学""做""练""评"四个方面作为微课程的基本构架，便于学习者反复观看、理解、练习，从而真正掌握知识。

（4）采用项目引领，构建以工作任务为导向的教与学。

本书设计了 11 个项目，每个项目由若干个子任务组成，每个子任务分为"任务描述""相关知识""任务实施""任务小结"四个部分，特别是任务实施部分均参照企业工程实际需求，让学生在学校就形成良好的职业素养，实现教学过程与生产过程的有效对接。

（5）参照学生认知规律，进行任务设计。

每个项目划分为 2～3 个任务，大部分项目中还包括任务拓展知识，任务的选择采用从简单到复杂，从单一到综合的思路，遵循学生的认知规律。任务 1、任务 2 为项目的必要重点知识，任务拓展为项目的综合应用知识，学生在学习过程中从简单易理解的任务入手，循序渐进到综合应用，既可减轻学习压力，又增加学生学习兴趣。

（6）C 语言程序设计与单片机应用分开教学，逐个击破软件设计与单片机应用难点，让学生轻松、深入地学习。

本书着重学习单片机的应用，单片机语言的学习由前导课程"C 语言程序设计项目教程"完成，前导课程的所有任务程序均选自本书任务的经典程序，学生在学习本书时，不用再为程序设计而烦恼，集中精力学习单片机应用系统，达到事半功倍的效果。

本书由武昌首义学院卢丽君老师担任主编，徐明、周子健、王姣老师担任副主编，李硕教授主审。具体分工为：卢丽君负责本书编写思路和大纲的总体策划，指导全书的编写并统稿，同时编写了项目一、项目二、项目三、项目四、项目五、项目七；李硕教授指导本书的总体构架，给出了切实可行的宝贵建议；王姣编写了项目六；周子健编写了项目八、项目九；徐明编写了项目十、项目十一。

由于编者水平有限，时间仓促，书中难免存在错误与不足，欢迎广大读者提出宝贵意见。

编　者

目　　录

项目一　认识单片机硬件系统

■ 知识目标

（1）了解单片机的外形结构和种类；

（2）了解单片机应用系统；

（3）掌握单片机内部结构及信号引脚；

（4）认识 MCS-51 单片机；

（5）理解单片机最小系统的各组成部分功能。

■ 能力目标

（1）能识别单片机各引脚及其作用；

（2）能设计单片机最小系统。

■ 思政目标

科技兴国，自强不息。

任务1　了解单片机的前世今生

任务描述

在工业生产和日常生活中，单片机以其卓越的性能，得到了广泛的应用。导弹的导航装置、飞机上各种仪表的控制、网络数据通信与数据传输、工业自动化过程的实时控制、广泛使用的各种智能 IC 卡、汽车的安全保障系统、全自动洗衣机的控制，以及程控玩具、电子宠物，还有智能机器人、智能仪表等，这些都离不开单片机。本任务以日常生活中常见的电子秤（见图 1-1）为例，了解什么是单片机以及单片机应用系统的一般组成模块。

图 1-1　电子秤

相关知识

1.1 什么是单片机

1.1.1 单片机的概念

单片机又称单片微型计算机（Single Chip Microcomputer），是一种集成电路芯片，是采用超大规模集成电路技术把具有数据处理能力的中央处理器 CPU、随机存储器 RAM、只读存储器 ROM、多种 I/O 口和中断系统、定时/计数器等功能（可能还包括显示驱动电路、脉宽调制电路、模拟多路转换器、A/D 转换器等电路）集成到一块硅片上构成的一个小而完善的微型计算机系统。单片机外形和内部基本结构如图 1-2 所示。由于它的结构与指令功能都是按照工业控制要求设计的，故又称为微控制器（Micro-Controller Unit，简称 MCU）。

单片机是一种控制芯片。在我国，芯片的设计居全球第二的领先地位，但芯片制造的能力尚弱，众所周知，中国两大科技巨头——中兴和华为，在短短两年内，先后被美国制裁——特朗普签署总统令，禁止所有美国企业购买华为设备。美国商务部工业与安全局又禁止华为从美国企业购买技术或配件。美国打压制裁中国企业，华为不是第一个，也不会是最后一个。对于中国企业来说，要想在国际舞台上拥有更多的话语权和主动权，就必须手握芯片制造核心技术，拥有自主产权的高端产品。否则，就只能任人鱼肉。对于大学生来说，芯片制造技术需要你们的推动与发展。

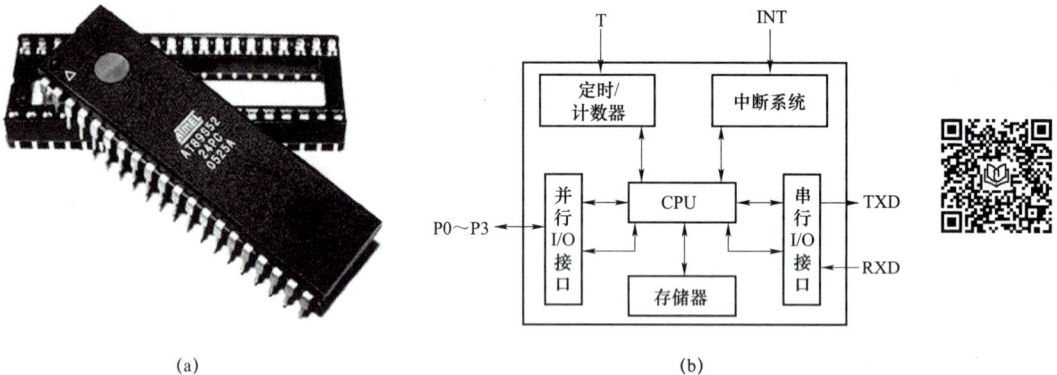

图 1-2 单片机外形和内部基本结构
（a）单片机外形；（b）单片机内部基本结构

1.1.2 单片机的内部逻辑结构及功能

8051 是 MCS-51 系列单片机中早期的典型产品，以 8051 为例，它由 8 个部分组成，分别是中央处理器（CPU）、内部数据存储器、内部程序存储器、中断系统、定时/计数器、并行 I/O 口、串行口及时钟电路，如图 1-3 所示。

各部件的功能分别为：

（1）中央处理器 CPU：单片机核心部分，由运算器、控制器和少量寄存器组成。运算器用来执行基本的算术运算和逻辑运算，寄存器用来暂存操作数、中间运算结果和运算结果的状态，控制器是单片机系统的控制指挥中心。

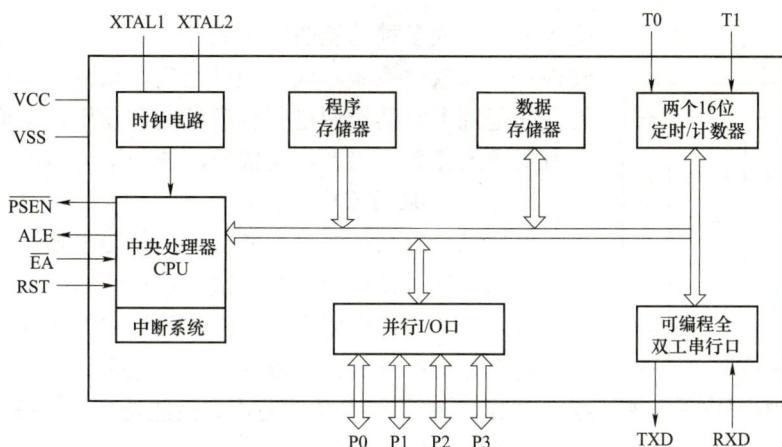

图 1-3　8051 单片机内部逻辑结构框图

（2）RAM 数据存储器：8051 单片机共 256 个 RAM 单元，用户使用前 128 个单元，用于存放可读写数据，后 128 个单元被专用寄存器占用。

（3）ROM 程序存储器：主要用来存储单片机的程序、常数和数据表格。8051 单片机有 4 KB 掩膜 ROM，在工作时，CPU 从 ROM 中读取指令。

（4）定时/计数器：8051 单片机有两个 16 位的定时/计数器，实现定时或计数功能，通过定时或计数的结果来对单片机进行控制。

（5）并行 I/O 口：8051 单片机有 4 个 8 位的 I/O 口，即 P0、P1、P2、P3，用于单片机与外部信息的传递。

（6）中断控制系统：单片机通过中断来实现对程序段的优先执行，完成控制的需要。8051 有 5 个中断源，分别是两个外部中断、两个定时/计数器中断、一个串行中断。5 个中断源拥有高、低两个优先级别。

（7）时钟电路：可产生时钟脉冲序列，为 CPU 提供时钟，驱动单片机进行工作。只需外接石英晶体和微调电容即可，晶振频率通常选择 6 MHz、12 MHz 或 11.059 2 MHz。

（8）串行口：8051 单片机有一个可编程全双工串行口，用于实现单片机与其他设备之间数据的串行传输。

单片机是把一个计算机系统集成到一个芯片上，相当于一个微型的计算机。和计算机相比，单片机只缺少了 I/O 设备。概括地讲，一块芯片就成了一台计算机。它的体积小、质量轻、价格便宜，为学习、应用和开发提供了便利条件。同时，学习使用单片机是了解计算机原理与结构的最佳选择。单片机的使用领域已十分广泛，如智能仪表、实时工控、通信设备、导航系统、家用电器等。各种产品一旦用上了单片机，就能起到使产品升级换代的功效，常在产品名称前冠以形容词——智能型，如智能型洗衣机等。

1.2　单片机家族

1.2.1　单片机应用系统

1. 单片机应用系统的组成

单片机应用系统是以单片机为核心，配以输入、输出、显示等外围接口电路和控制程序，

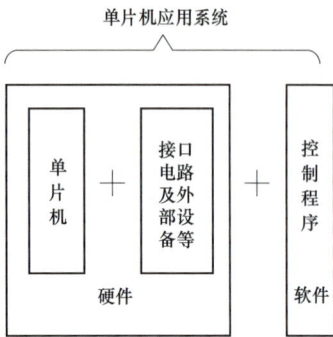

图1-4 单片机应用系统的组成

能实现一种或多种功能的实用系统。如图1-4所示，该系统由硬件系统和软件系统组成，硬件是应用系统的基础，软件是在硬件的基础上对其资源进行合理调配和使用，从而完成应用系统所要求的任务，二者相互依赖，缺一不可。

2. 单片机应用系统的设计步骤

单片机应用系统的设计经历4个主要步骤：总体设计阶段、硬件设计、软件设计及系统调试和维护，如图1-5所示。

（1）总体设计主要步骤有需求分析和方案论证。

需求分析：被测控参数的形式（电量、非电量、模拟量、数字量等）、被测控参数的范围、性能指标、系统功能、工作环境、显示、报警、打印要求等。

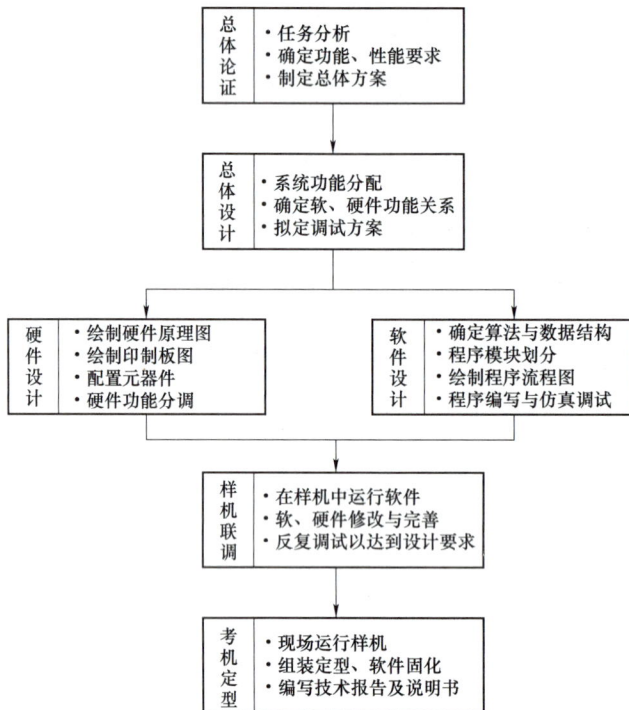

图1-5 单片机应用系统设计主要步骤

方案论证：根据要求设计出符合现场条件的软硬件方案，且要使系统简单、经济、可靠，这是进行方案论证与总体设计一贯坚持的原则。

（2）硬件设计：选择器件、电路设计、电路板制作和硬件调试。

（3）软件设计：软件流程设计、编程和调试。

（4）系统调试与性能测定：硬件软件联调与优化。

（5）文件编制：设计思想及设计方案论证、硬件电路图及元器件清单、软件流程图及程序清单、调试记录、性能测定及现场试用报告、使用说明等。

1.2.2　单片机主要类型和应用领域

1. 51 系列单片机

目前单片机的品种很多，其中最具代表性的当属 Intel 公司的 MCS-51 单片机系列。本书就以目前使用最为广泛的 MCS-51 系列 8 位单片机为研究对象，介绍单片机的硬件结构、工作原理及应用系统设计。

自 1976 年 9 月 Intel 公司推出 MCS-48 系列单片机以来，单片机就受到了广大用户的欢迎。1980 年，Intel 公司在 MCS-48 系列单片机的基础上又推出了高性能的 MCS-51 系列单片机，与 MCS-48 单片机相比，它的结构更先进，功能更强，为单片机的发展奠定了良好的基础。该系列单片机的硬件结构相似，指令系统兼容，包括 8031、8051、8751、8052、8752 等基本型。其中，8051 单片机是 MCS-51 系列单片机中的一个基本型，是 MCS-51 系列中最早期、最典型、应用最广泛的产品，所以 8051 单片机也就成了 MCS-51 系列单片机的典型代表。

MCS-51 以其典型的结构和完善的总线专用寄存器的集中管理，众多的逻辑位操作功能及面向控制的丰富的指令系统，堪称一代"名机"。正因为其优越的性能和完善的结构，导致后来的许多厂商多沿用或参考了其体系结构，有许多世界大的电气商丰富和发展了 MCS-51 单片机，包括 PHILIPS、Dallas、Atmel 等著名的半导体公司都推出了兼容 MCS-51 的单片机产品。这些公司生产的单片机都普遍使用 MCS-51 内核，并在 8051 这个基本型单片机基础上增加资源和功能改进，使其速度越来越快，功能越来越强大，片上资源越来越丰富，即所谓的"增强型 51 单片机"。

最典型的是 PHILIPS 和 Atmel 公司，PHILIPS 公司主要是改善其性能，在原来的基础上发展了高速 I/O 口、A/D 转换器、PWM（脉宽调制）、WDT 等增强功能，并在低电压、微功耗、扩展串行总线（I^2C）和控制网络总线（CAN）等功能方面加以完善。Atmel 公司推出的 AT89Cxx 系列兼容 C51 的单片机，完美地将 Flash（非易失闪存技术）EEPROM 与 80C51 内核结合起来，仍采用 C51 的总体结构和指令系统，Flash 的可反擦写程序存储器能有效地降低开发费用，并能使单片机作多次重复使用。

51 单片机是对目前所有兼容 MCS-51 指令系统的单片机的统称，包括 Intel MCS-51 系列单片机以及其他厂商生产的兼容 MCS-51 内核的增强型 8051 单片机。只要和 MCS-51 内核兼容的单片机都叫作 51 单片机。

目前，单片机正朝着低功耗、高性能、多品种方向发展。近年来 32 位单片机已进入了实用阶段，但是由于 8 位单片机在性能价格上占有优势，且 8 位增强型单片机在速度和功能上可以挑战 16 位单片机，所以一直到现在，MCS-51 系列或其兼容的单片机仍是应用的主流产品。

2. 单片机的应用领域

单片机的特点是集成度高、功能强、可靠性高、体积小、功耗低、使用方便及价格低廉。单片机的应用几乎是无处不在，已经渗透到我们生活中的各个领域。目前单片机已经在工业控制、仪器仪表、家用电器、办公自动化、医用设备、信息和通信产品、航空航天、专用设备的智能化管理等领域中得到了广泛的应用，其应用形式体现如下。

（1）在智能仪器仪表上的应用。

单片机具有体积小、功耗低、控制功能强、扩展灵活、微型化和使用方便等优点，广泛应用于仪器仪表中，结合不同类型的传感器，可实现诸如电压、功率、频率、湿度、温度、流量、速度、厚度、角度、长度、硬度、元素、压力等物理量的测量。采用单片机控制使得仪器仪表数字化、智能化、微型化，且功能比起采用电子或数字电路更加强大。例如精密的测量设备（功率计、示波器、各种分析仪）。

（2）在工业控制中的应用。

工业自动化控制是最早采用单片机控制的领域之一，在测控系统、过程控制、机电一体化设备中主要利用单片机实现逻辑控制、数据采集、运算处理、数据通信等用途。单独使用单片机可以实现一些小规模的控制功能，作为底层检测、控制单元与上位计算机结合可以组成大规模工业自动化控制系统。特别在机电一体化技术中，单片机的结构特点使其更容易发挥其集机械、微电子和计算机技术于一体的优势。例如工厂流水线的智能化管理，电梯智能化控制、各种报警系统，与计算机联网构成二级控制系统等。

（3）在家用电器中的应用。

可以这样说，现在的家用电器基本上都采用了单片机控制，从电饭煲、洗衣机、电冰箱、空调机、彩电、其他音响视频器材，再到电子秤设备，五花八门，无所不在。

（4）在计算机网络和通信领域中的应用。

现代的单片机普遍具备通信接口，可以很方便地与计算机进行数据通信，为在计算机网络和通信设备间的应用提供了极好的物质条件，现在的通信设备基本上都实现了单片机智能控制，从手机、电话机、小型程控交换机、楼宇自动通信呼叫系统、列车无线通信，再到日常工作中随处可见的移动电话、集群移动通信、无线电对讲机等。

（5）在医用设备领域中的应用。

单片机在医用设备中的用途亦相当广泛，例如在医用呼吸机、各种分析仪、医疗监护仪、超声诊断设备及病床呼叫系统中都得到了实际应用。

（6）在办公自动化设备中的应用。

现代办公自动化设备中大多数嵌入了单片机控制核心，如打印机、复印机、传真机、绘图机、考勤机及电话等。通过单片机控制不但可以完成设备的基本功能，还可以实现与计算机之间的数据通信。

（7）在商业营销设备中的应用。

在商业营销系统中单片机已广泛应用于电子秤、收款机、条形码阅读器、IC卡刷卡机、出租车计价器以及仓储安全监测系统、商场保安系统、空气调节系统、冷冻保险系统等。

（8）在汽车电子产品中的应用。

现代汽车的集中显示系统、动力监测控制系统、自动驾驶系统、通信系统和运行监视器等装置中都离不开单片机。特别是采用现场总线的汽车控制系统中，以单片机担当核心的节点，通过协调、高效的数据传送不仅完成了复杂的控制功能，而且简化了系统结构。

任务实施

（1）观察电子秤的外形，了解电子秤的称重原理。

（2）理解电子秤的硬件结构模块，如图1-6所示。

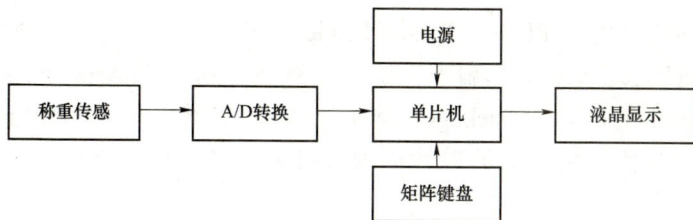

图 1-6　电子秤硬件结构

称重传感器感应被测物的重力，输出微弱的毫伏级电压信号。该电压信号经过电子秤专用模拟/数字（A/D）转换电路，对传感器信号进行调理转换。单片机读取被测数据，软件程序进行计算，将数据在液晶屏上显示出来。矩阵键盘主要用于计算金额。当被测物体重量得到后，用户可以通过矩阵键盘输入单价，电子秤便自动计算总金额并在液晶屏显示。

（3）上网搜索一些其他的单片机应用系统实例，了解其系统结构和工作原理。

任务小结

一个典型的单片机应用系统包括硬件和软件两大部分，其中硬件部分包括扩展的存储器、键盘、显示、前向通道、后向通道、控制接口电路以及相关芯片的外围电路等，软件的功能就是指挥单片机按预定的功能要求进行操作的程序。对于一个单片机系统，只有系统的软、硬件紧密配合，协调一致，这样才是高性能的单片机系统。

单片机系统的开发过程一般包括系统的总体设计、硬件设计、软件设计和系统总体调试四个阶段。这几个设计阶段并不是相互独立的，它们之间相辅相成、联系紧密，在设计过程中应综合考虑、相互协调，各阶段交叉进行。

任务 2　MCS-51 单片机硬件系统

任务描述

单片机最小系统，即单片机能够工作的最小硬件电路的组成。它是学习单片机的第一步，任何大的单片机应用系统都是由最小系统扩展而来的。对于任何一类单片机都有使用说明书，说明书中都有最小系统设计示例，只要按照要求设计器件参数，作出电路原理图，一般情况下都是可以运行成功的。本任务就以 MCS-51 单片机最小系统为对象学习单片机硬件系统。

相关知识

1.3　MCS-51 单片机信号引脚

1.3.1　单片机引脚排列识别

单片机芯片实质上是一个集成电路芯片，封装形式有很多种，例如 DIP（Dual In-line

Package，双列直插式封装）、PLCC（Plastic Leaded Chip Carrier，带引线的塑料芯片封装）、QFP（Quad Flat Package，塑料方形扁平式封装）、PGA（Pin Grid Array Package，插针网格阵列封装）、BGA（Ball Grid Array Package，球栅阵列封装）等。其中，DIP 封装的单片机可以在万能板上焊接，其他封装形式的单片机须按引脚尺寸制作印制电路板（Printed Circuit Board，PCB）。

MCS-51 系列单片机采用标准 40 引脚双列直插式封装（DIP-40）时，其元器件引脚排列图和 PCB 封装如图 1-7 所示。为了识别引脚，芯片都开有缺口，识别时将芯片缺口朝上，引脚向下置于桌面上，左边第一脚即为"1"，有的芯片不仅有开口标记，同时还在引脚"1"处刻有圆圈作为标记，按此标记逆时针依次排列引脚。

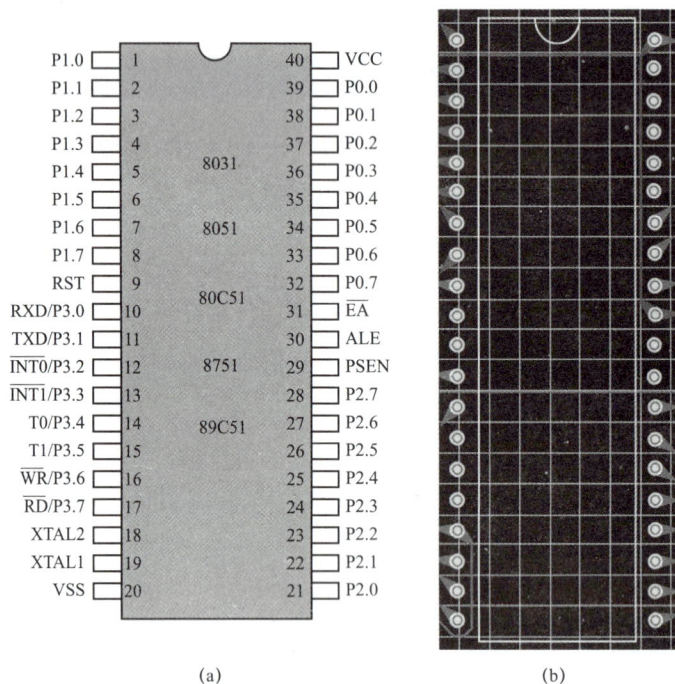

(a)　　　　　　　　　　　　(b)

图 1-7　单片机双列直插封装图

(a) 引脚图；(b) 封装图

如图 1-8 所示为 MCS-51 系列中 AT89S52-24AU 单片机的外形图、元器件引脚图和 PCB 封装图（44-lead TQFP）。为了识别引脚，方形芯片有一个角被切除，识别时将芯片缺角朝左上方，引脚向下放置于桌面上，左边第一脚即为引脚"1"，有的芯片在切角的同时还在引脚"1"处刻有圆圈作为标记。

1.3.2　单片机引脚功能

图 1-7 所示单片机的 40 个引脚功能见表 1-1。

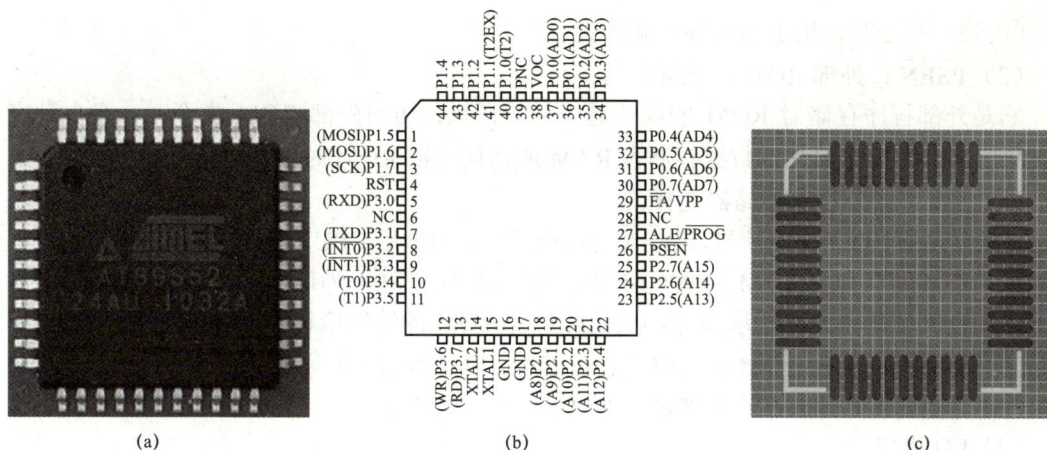

图 1-8 单片机贴片封装图

（a）外形图；（b）元器件引脚图；（c）PCB 封装图

表 1-1 MCS-51 单片机引脚功能

引脚名称	引脚功能
P0.0~P0.7	P0 口 8 位双向端口线
P1.0~P1.7	P1 口 8 位双向端口线
P2.0~P2.7	P2 口 8 位双向端口线
P3.0~P3.7	P3 口 8 位双向端口线
ALE	地址锁存控制信号
$\overline{\text{PSEN}}$	外部程序存储器读选通信号
$\overline{\text{EA}}$	访问程序存储控制信号
XTAL1、XTAL2	外接晶体引线端
VCC	主电源正端，接+5 V
VSS	主电源负端，接地

1. 控制信号引脚

（1）ALE：地址锁存允许输出/编程脉冲输入端。

① 当 MCS-51 由 P0 口送出低 8 位地址码时，CPU 由 ALE 送出一高电平信号，作为外部锁存器的触发信号。在单片机（CPU）与外界交换信息的过程中，地址信息必须维持不变，而 P0 口不能维持低 8 位地址不变，所以应该外接锁存器，将低 8 位地址锁住。当 MCS-51 送出低 8 位地址的时候，锁存器应该处于送数状态；在低 8 位地址消失之前，锁存器应该处于锁存状态。

② 当片外存储器存取数据时，ALE 为低 8 位地址输出锁存信号；当片外存储器不存取数据时，ALE 输出固定频率的脉冲信号，即频率为六分之一时钟振荡固定频率输出的正脉冲。

③ 烧录程序时，用于输入编程脉冲。

（2）$\overline{PSEN}$：外部 ROM 读选通信号。

它是外部程序存储器 ROM 的读选通信号。在执行访问外部 ROM 指令时，会自动产生 $\overline{PSEN}$ 信号；而在访问外部数据存储器 RAM 或访问内部 ROM 时，不产生 $\overline{PSEN}$ 信号。

（3）$\overline{EA}$：内外程序存储器选择。

$\overline{EA}$ 访问外 ROM 控制信号，当 $\overline{EA}$ 为高电平时，加电后 CPU 从片内 ROM 的 0000H 单元开始取指令，即从片内 ROM 的 0000H 开始执行程序；若 $\overline{EA}$ 为低电平，则加电后 CPU 从片外 ROM 的 0000H 单元开始取指令，故此时片外 ROM 的编制应该从 0000H 开始。

注意：当选用片内 ROM 作为程序存储器时，一定要将 $\overline{EA}$ 接高电平（+5 V）。对于无片内 ROM 需要使用片外程序存储器的单片机，$\overline{EA}$ 必须接地。

（4）I/O 引脚。

P0 口：P0.0～P0.7，32～39 脚，单片机的双向数据总线和低 8 位地址总线。在访问外部存储器时实现分时操作，先用作地址总线，在 ALE 信号的下降沿，地址被锁存；然后用作数据总线，它也可以用作双向输入/输出口。

P1 口：P1.0～P1.7，1～8 脚，8 位准双向 I/O 口。

P2 口：P2.0～P2.7，21～28 脚，8 位准双向 I/O 口。外接存储器时作为高 8 位地址总线。

P3 口：P3.0～P3.7，10～17 脚，8 位准双向 I/O 口。同时，P3 口具有第二输出、输入功能。

2. 引脚第二功能

由于工艺及标准化等原因，芯片的引脚数目是有限的。为了满足实际需要，部分引脚被赋予双重功能，最常用的是 8 条 P3 口线所提供的第二功能，见表 1–2 所示。

表 1–2　P3 口各引脚的第二功能

第一功能	第二功能	第二功能信号名称
P3.0	RXD	串行数据接收
P3.1	TXD	串行数据发送
P3.2	$\overline{INT0}$	外部中断 0 输入
P3.3	$\overline{INT1}$	外部中断 1 输入
P3.4	T0	定时/计数器 0 外部输入
P3.5	T1	定时/计数器 1 外部输入
P3.6	$\overline{WR}$	外部 RAM 或外部 I/O 写选通
P3.7	$\overline{RD}$	外部 RAM 或外部 I/O 读选通

1.4　MCS–51 单片机最小系统

单片机里虽然集成了很多电路，但仍然不能独立运行，必须要外连一些电路，才能使单片机运行起来，这种能使单片机工作的最简电路，就是单片机最小系统。单片机的最小系统主要由单片机、时钟电路、复位电路构成，如果采用的是不带内部 ROM 的单片机，还需要有外部 ROM 扩展电路。

时钟电路为单片机工作提供基本时钟，复位电路用于将单片机内部各电路的状态恢复到初始值。图 1-9 所示电路即为典型的单片机最小系统电路。

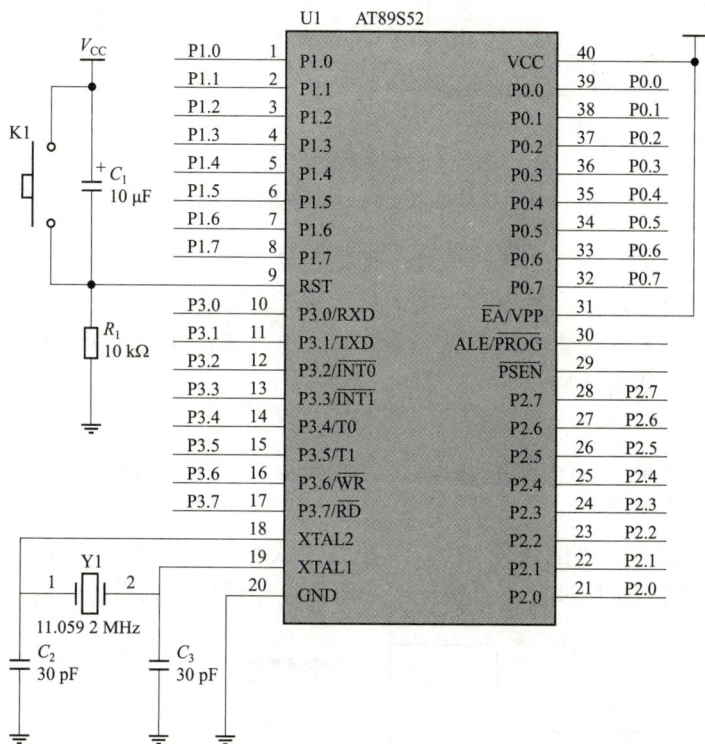

图 1-9 单片机最小系统电路

1.4.1 时钟电路

在设计单片机系统电路时，时钟电路是不可缺少的。在计算机系统中，所有的工作都是在一个节拍（时钟）下同步工作，这样才不会出现冲突。时钟的快慢决定了系统的工作效率，我们通常所说的计算机的主频就是指系统时钟的频率。而在计算机系统中，系统时钟是由晶振电路来提供的，可以说时钟电路是单片机控制系统的心脏。

1. 时钟信号的产生

在 51 单片机内部有一个高增益反向放大器，其输入端引脚为 XTAL1，其输出端引脚为 XTAL2，由该放大器构成的振荡电路和时钟电路一起构成了单片机的时钟方式。根据硬件电路的不同，单片机的时钟连接方式有两种，内部时钟方式和外部时钟方式，如图 1-10 所示。

内部方式时钟电路如图 1-10（a）所示。在 XTAL1 和 XTAL2 引脚上外接定时元件，就能构成自激振荡电路。定时元件通常采用石英晶体和电容组成的并联谐振电路。电容器 C_1 和 C_2 主要起频率微调作用，电容值可选取为 30 pF 左右（外接晶体时）或 40 pF 左右（外接陶瓷谐振器时）。

外部方式时钟电路如图 1-10（b）所示。XTAL1 接外部振荡器，XTAL2 悬空。对外部振荡信号无特殊要求，只要保证脉冲宽度，一般采用频率低于 12 MHz 的方波信号。

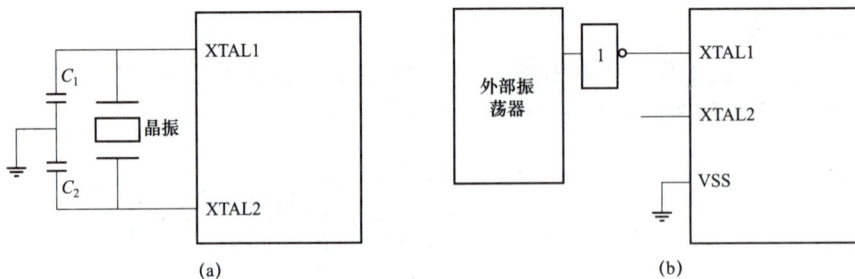

图 1-10 MCS-51 单片机的时钟电路
(a) 内部方式时钟电路；(b) 外部方式时钟电路

注意： 在单片机中，晶振电路的设计一定要和单片机靠近，线路尽量短，晶振电路的地一定要和同一时钟的芯片的地共地，以减少引线的寄生电容，保证振荡器可靠工作。在晶振频率的选择上，在满足系统需要的前提下尽可能地选用低频率的晶振，这样可以降低系统功耗，不是选用的频率越高越好。

2. 时序

单片机执行指令是在时序电路的控制下一步一步进行的，通常以时序图的形式来表明相关信号的波形及先后次序。

MCS-51 时序的定时单位共有 4 个，从小到大依次是：节拍、状态、机器周期和指令周期。振荡电路产生的振荡脉冲并不直接使用，而是经分频后再为系统所用，如图 1-11 所示。

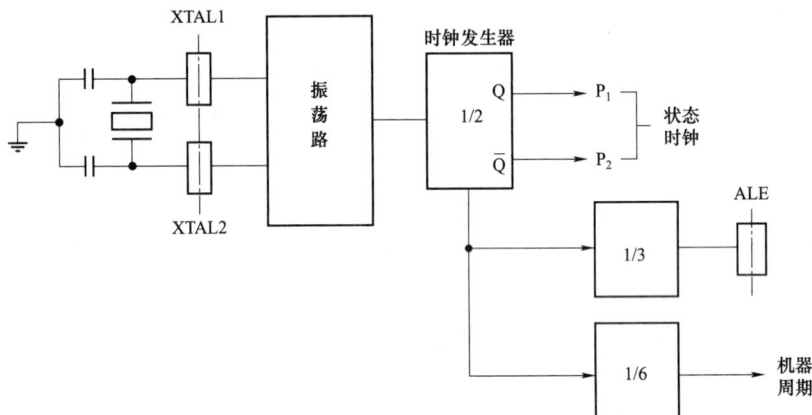

图 1-11 振荡脉冲的分频

振荡脉冲经过二分频后才作为系统的时钟信号（注意时钟脉冲与振荡脉冲之间的二分频关系，否则会造成概念上的错误），在二分频的基础上再三分频产生 ALE 信号（这就是在前面介绍 ALE 时所说的"ALE 以晶振六分之一的固定频率输出的正脉冲"），在二分频的基础上再进行六分频来得到机器周期信号。

（1）节拍与状态。

把振荡脉冲的周期定义为节拍（用"P"表示），也就是晶振的振荡频率 f_{osc}。振荡脉冲经过二分频后，就是单片机的时钟信号，把时钟信号的周期定义为状态（用"S"表示）。这样，一个状态就包含两个节拍，其前半周期对应的节拍叫节拍 1（P_1），后半周期对应的节拍叫节拍 2（P_2）。

（2）机器周期。

规定一个机器周期的宽度为 6 个状态，并依次表示为：$S_1 \sim S_6$。由于一个状态又包括两个节拍，因此一个机器周期总共有 12 个节拍，分别记作 S_1P_1、S_1P_2、…、S_6P_{12}。由于一个机器周期共有 12 个振荡脉冲周期，因此机器周期就是振荡频率的十二分频，如图 1-12 所示。

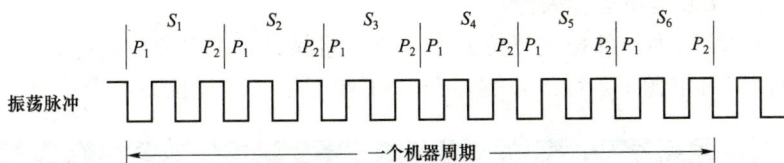

图 1-12 节拍、状态和机器周期

（3）指令周期。

指令周期是最大的时序定时单位，执行一条指令所需要的时间称为指令周期。指令周期以机器周期的数目来表示，MCS-51 的指令周期根据指令的不同，可包含有一（单周期）、二（双周期）、三或四个机器周期。

指令的运算速度和指令所包含的机器周期数有关，机器周期数越少的指令执行速度越快。例如，当振荡脉冲频率为 12 MHz 时，一个机器周期为 1 μs，当振荡脉冲频率为 6 MHz 时，一个机器周期为 2 μs。对于振荡脉冲频率为 12 MHz 的单周期指令、双周期指令、三周期指令和四周期指令，其指令的执行时间分别为 1 μs、2 μs、3 μs 和 4 μs。

1.4.2 复位电路

在单片机系统中，复位电路是不可缺少的。单片机在正常工作（即执行指令）前，必须要进行复位操作，这样做的目的是将 CPU 以及系统中其他部件都处于一个明确的初始状态，便于系统启动。

要实现复位操作，必须使单片机 RST 引脚至少保持 2 个机器周期以上的高电平即可。在实际系统中，考虑到系统电源电压的上升时间和晶体振荡器的起振时间，为了保证系统能可靠复位，复位信号应该至少维持 20 ms 以上高电平。

单片机的复位电路有很多种，主要分为上电复位和外部复位两种，如图 1-13 所示。

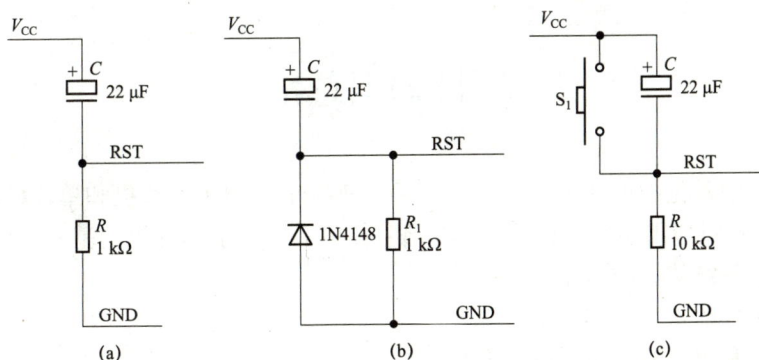

图 1-13 复位电路

图 1-13（a）所示为上电复位方式电路。它利用电容充电来实现复位，在接电瞬间，RST

端的电位与 V_{CC} 相同，随着充电电流的减少，RST 的电位逐渐下降。只要保证 RST 为高电平的时间大于两个机器周期，便能正常复位。

图 1-13（b）所示也为上电复位方式电路，增加了一个二极管并联在电阻两端。当电源断电后，电容通过二极管迅速放电，待电源恢复时便可实现可靠上电自动复位。若没有二极管，当电源因某种干扰瞬间断电时，电容不能迅速将电荷放掉，而待电源恢复时，单片机不能上电自动复位，导致程序运行失控。

图 1-13（c）所示为外部按键复位方式。该电路除具有上电复位功能外，还可以通过按键 S_1 实现复位，此时电源 V_{CC} 经过按键，在 RST 端产生一个复位高电平。

任务实施

（1）认真查看 MCS-51 单片机，能理解单片机引脚编号规律，说出单片机引脚功能。
（2）熟悉各种元器件网站，了解多家芯片生产厂家，增加相关知识。
（3）熟悉一些单片机学习网站，会下载芯片资料，并进行学习。

任务小结

本任务主要介绍了单片机硬件基本结构，包括单片机信号引脚及其功能、单片机最小系统的组成部分，建立单片机从外部到内部，从直观到抽象的认识过程，为后面的项目学习硬件打下基础。

项目微课与视频

认识单片机

项目知识总结

本项目从识别常见的单片机应用系统入手，任务 1 介绍了单片机和单片机应用系统的基本概念，以及单片机应用系统设计的基本步骤；任务 2 介绍了单片机的基本结构和引脚功能，以及单片机最小系统的组成电路。

本项目要掌握的重点内容如下：
（1）单片机和单片机应用系统的概念；
（2）单片机的内部结构；
（3）单片机信号引脚；

（4）单片机最小系统。

习 题

1. 填空题

（1）十进制数 29 的二进制表示为_____。

（2）微处理器由少量寄存器、控制器和_____三部分组成。

（3）除了单片机和电源外，单片机最小系统还包括_____电路和_____电路。

（4）1 个机器周期=_____个节拍；1 个状态=___个节拍；1 个振荡周期=_____个节拍。

（5）51 单片机的 XTAL1 和 XTAL2 引脚是_____引脚。

2. 单项选择题

（1）单片机应用程序一般存放在_____中。

A. RAM　　　　　B. ROM　　　　　C. 寄存器　　　　　D. CPU

（2）MCS-51 单片机的 CPU 主要的组成部分为_____。

A. 运算器、控制器　　　　　　　B. 加法器、寄存器

C. 运算器、加法器　　　　　　　D. 运算器、译码器

（3）8051 单片机若晶振频率为 f_{osc} =12 MHz，则一个机器周期等于_____μs。

A. 1/12　　　　　B.1/2　　　　　C.1　　　　　D.2

（4）8051 单片机的 VSS（20）引脚是_____引脚。

A. 主电源+5 V　　B. 接地　　　　C. 备用电源　　　　D. 访问片外存储器

（5）8051 单片机中，I/O 引脚中用于专门的第二功能的引脚是_____。

A. P0　　　　　B. P1　　　　　C. P2　　　　　D. P3

3. 问答题

（1）什么是单片机？它由哪几个部分组成？

（2）什么是单片机应用系统？

（3）节拍、状态、机器周期、指令周期有何区别？

（4）单片机复位电路连接有哪几种？

项目二 熟悉单片机开发工具

任务 1　一个发光二极管的闪烁控制

任务描述

通过单片机控制一个 LED 发光二极管闪烁，了解什么是单片机控制系统的制作过程。首先，在 Proteus 硬件仿真软件上，设计单片机控制 LED 电路；然后，将控制 LED 亮灭的 C 语言软件程序，在 Keil C51 里编辑，生成二进制代码程序；最后，导入 Proteus 硬件仿真电路，实现发光二极管的闪烁效果。单片机系统设计有一定的规划性和结构性，如电路设计、元件参数、软件语法、软件控制等，若不遵守这些规则，电路、系统就会出错，就如做人一样，要守规矩，遵守法律，遵守法规，这样才能正常有序地生活和工作。

相关知识

2.1 Keil C51 软件的基本使用

2.1.1 认识 Keil C51 软件

单片机开发中除必要的硬件外，同样离不开软件，我们写的汇编语言源程序要变为 CPU 可以执行的机器码有两种方法，一种是手工汇编，另一种是机器汇编。机器汇编是通过汇编软件将源程序变为机器码，用于 MCS-51 单片机的汇编软件有早期的 A51，随着单片机开发技术的不断发展，从普遍使用汇编语言到逐渐使用高级语言开发，单片机的开发软件也在不断发展，Keil 软件是目前最流行开发 MCS-51 系列单片机的软件。

Keil C51 μVision4 是美国 Keil Software 公司出品的 51 系列兼容单芯片 C 语言整合发展环境（Integrated Development Environment，IDE），与汇编语言相比，C 语言在功能上、架构性、可读性、可维护性上有明显的优势，因而易学易用。

Keil 提供了包括 C 编译器、宏汇编、连接器、库管理和一个功能强大的仿真调试器等在内的完整开发方案，通过一个集成开发环境（μVision）将这些部分组合在一起。该软件提供丰富的函数库和功能强大的除错工具，以及全窗口界面，编译后生成的汇编语言代码效率非常高，多数语句生成的汇编语言代码很紧凑，容易理解。在开发大型软件时更能体现高级语言的便利与优势。

下面我们来学习 Keil C51 软件的基本操作方法。

2.1.2 Keil C51 操作步骤

1. 启动 Keil C51 软件

当正确安装了该软件后，就会在桌面上建立名为"Keil μVision4"的一个快捷图标，我们只需双击这个快捷图标就可以启动该软件，打开如图 2-1 所示窗口。

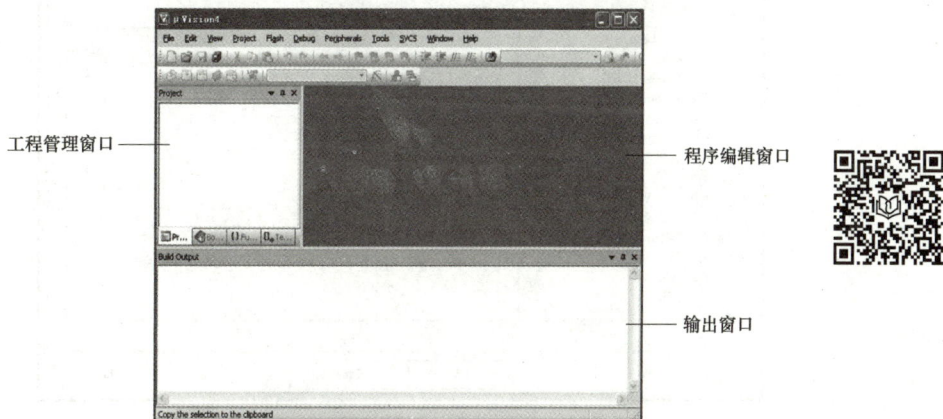

图 2-1 Keil C51 启动后窗口

2. 建立工程文件

（1）在如图 2-1 所示的工作窗口中，单击"Project"→"New μVision Project"菜单命令，打开"Create New Project"对话框，如图 2-2 所示。

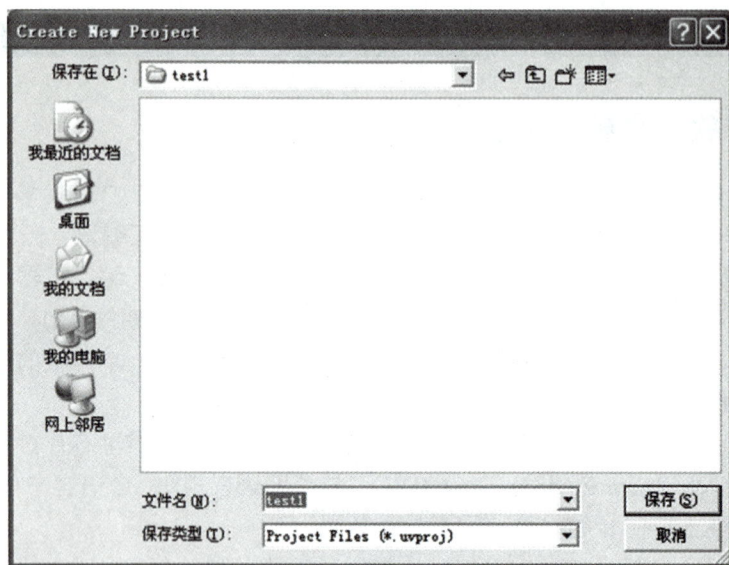

图 2-2　建立工程文件

（2）在"保存在"下拉列表框中，选择工程保存目录（如 F：\Mytest\test1），并在"文件名"文本框中输入工程名字（如 test1），不需要加扩展名，然后单击"保存"按钮，出现如图 2-3 所示的选择目标器件"Select Device for Target"对话框。

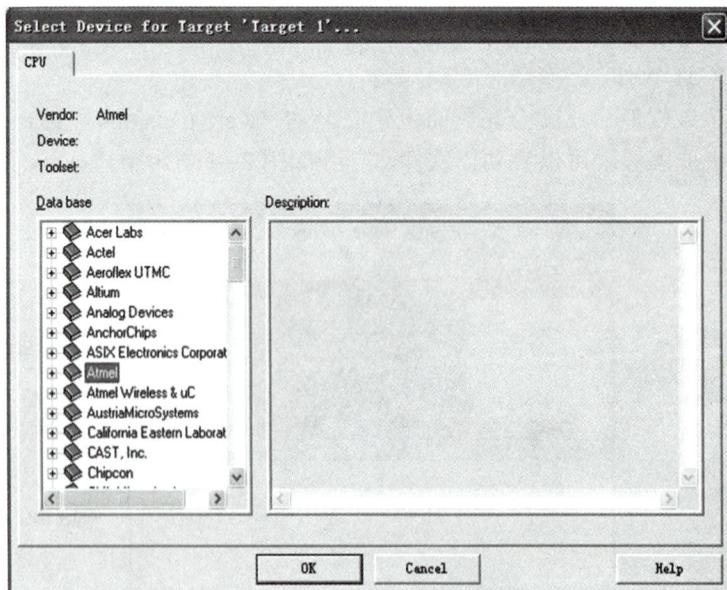

图 2-3　选择目标器件窗口

（3）在图 2-3 中，这个对话框要求选择目标 CPU（即所用芯片的型号），Keil 支持的 CPU 很多，我们选择 Atmel 公司的 AT89C51 芯片。单击左侧列表框中"Atmel"项前面的"＋"号，展开该层，单击其中的"AT89C51"，如图 2-4 所示，然后再单击"OK"按钮，完成选择 MCU 型号。

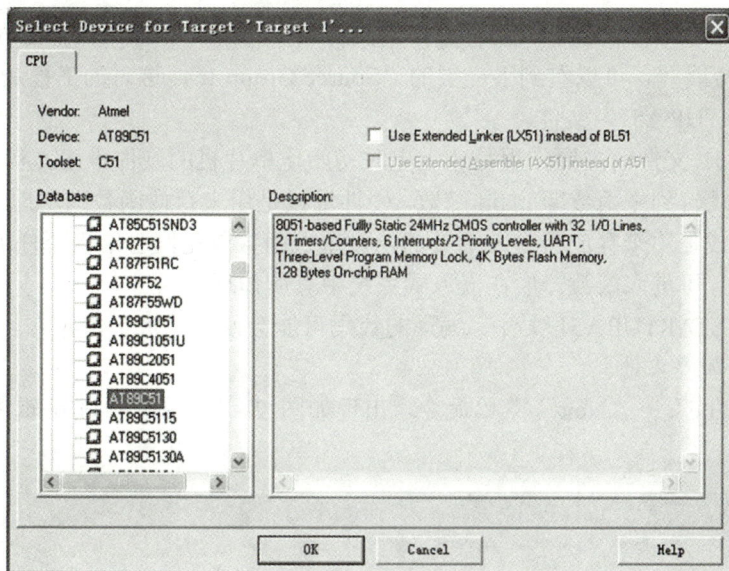

图 2-4　选择目标 CPU

（4）在完成选择 MCU 型号后，软件会打开如图 2-5 所示窗口，提示我们是否要复制标准的 8051 启动代码到这个工程中，单击"是（Y）"按钮回到主界面，如图 2-6 所示。

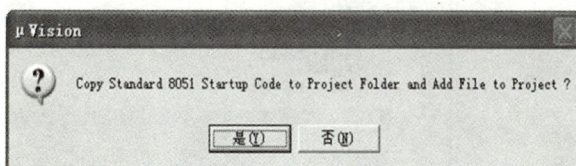

图 2-5　复制标准 8051 启动代码选择窗口

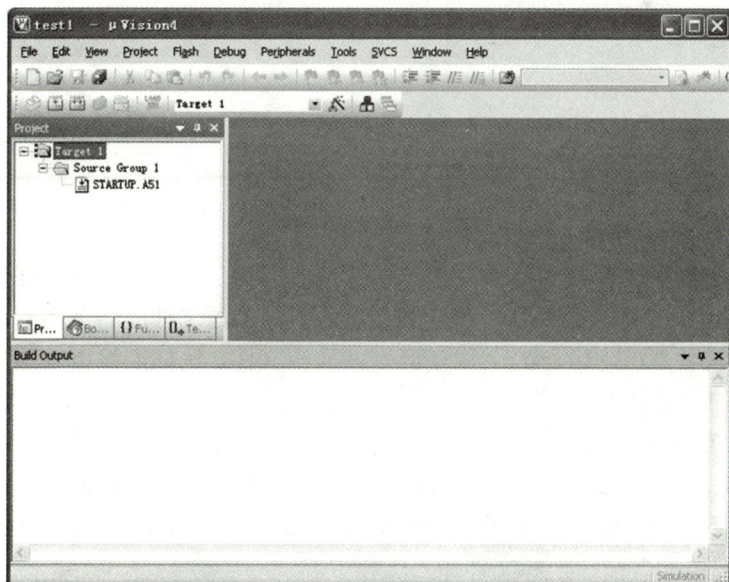

图 2-6　建立工程后的主界面

（5）在执行上一步后，就能在工程窗口的文件页中，出现"Target 1"工程，前面有"＋"号，单击"＋"号展开，可以看到下一层的"Source Group 1"，这时的工程是一个空的工程，但有一个"STARTUP.A51"文件。

STARTUP.A51 文件的主要作用是：上电时初始化单片机的硬件堆栈、初始化 RAM、初始化模拟堆栈和跳转到主函数即 main 函数。硬件堆栈是用来存放函数调用地址、变量和寄存器值的；模拟堆栈是用来存放可重入函数的，可重入函数就是同时给多个任务调用，而不必担心数据的丢失，可重入函数一般在嵌入式系统中有所体现。

如果不加载 STARTUP.A51 文件，编译的代码可能会使单片机工作异常。

3. 建立并添加源文件

（1）单击"File"→"New"菜单命令，出现如图 2-7 所示的文本编辑窗口，在该窗口中输入源程序。

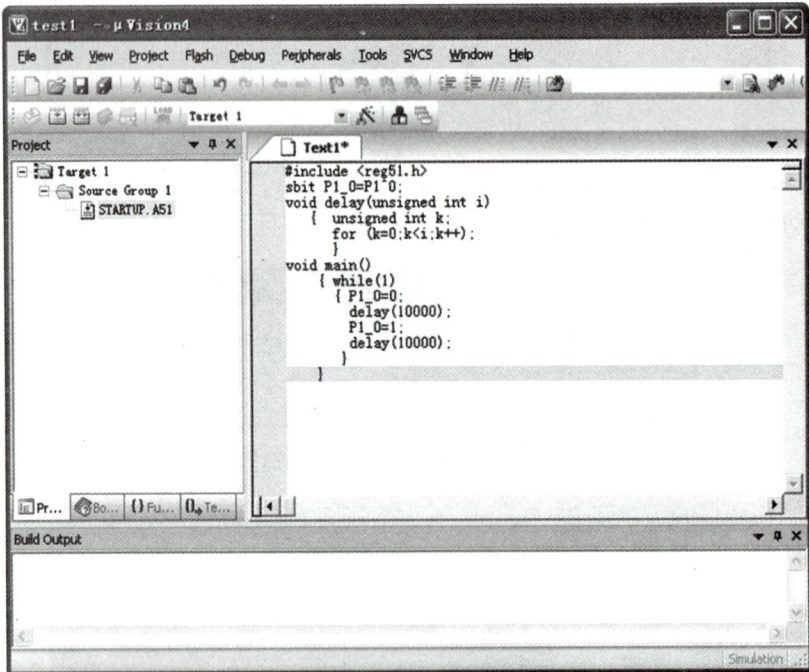

图 2-7　文本编辑窗口

（2）对输入的程序检查后，单击"File"→"Save As…"菜单命令，打开文件另存为对话框，如图 2-8 所示。在"文件名"右边的文本框中输入源文件的名字和后缀名，源文件名的后面必须加扩展名".c"，如 test.c，用于区别其他源文件，例如汇编语言源文件的扩展名为".asm"，头文件的扩展名为".h"等。

（3）在如图 2-9 所示的工程管理窗口中"Source Group 1"项上单击鼠标右键，打开快捷菜单，选择"Add Files to Group 'Source Group 1'…"菜单命令，出现如图 2-10 所示窗口。在"文件类型"下拉列表框中选择"C Source file（*.c）"项，找到前面新建的"test.c"文件并选择后，单击"Add"按钮把源文件加入工程中。

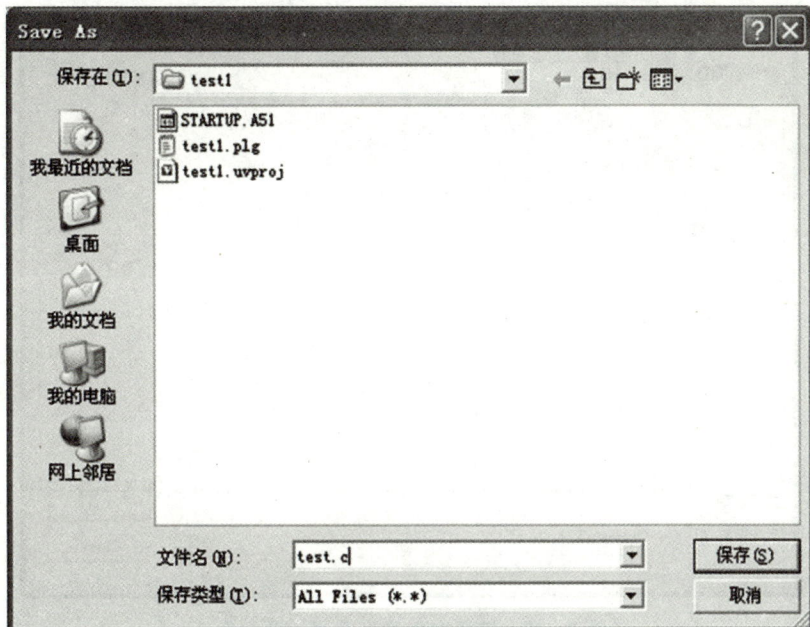

图 2-8　源程序保存界面

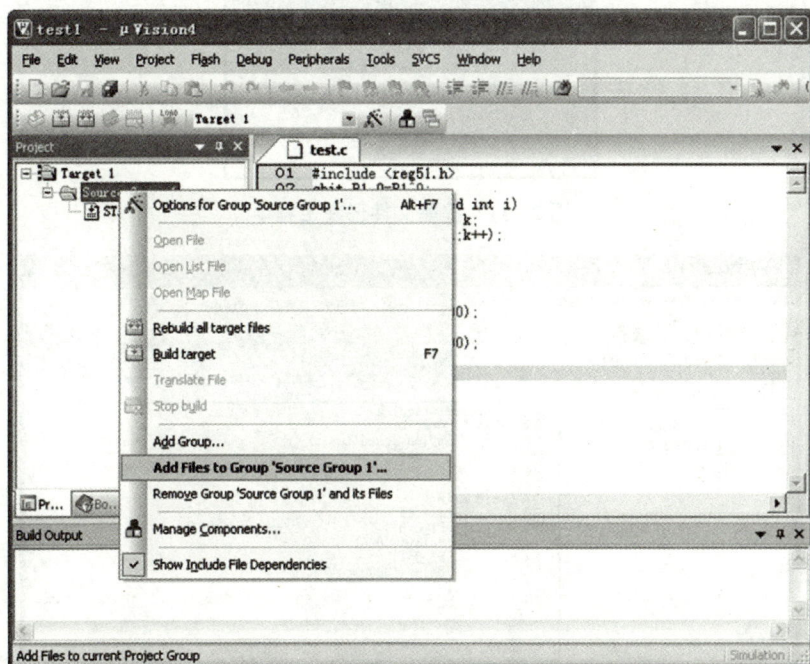

图 2-9　添加源文件到工程中

（4）在文件加入项目后，该对话框并不消失，等待继续加入其他文件，但初学时常会误认为操作没有成功而再次双击同一文件，这时会出现如图 2-11 所示的对话框，提示你所选文件已在列表中。在工程管理窗口"Source Group 1"项中会出现名为"test.c"的文件，说明源文件的添加已经完成，如图 2-12 所示。

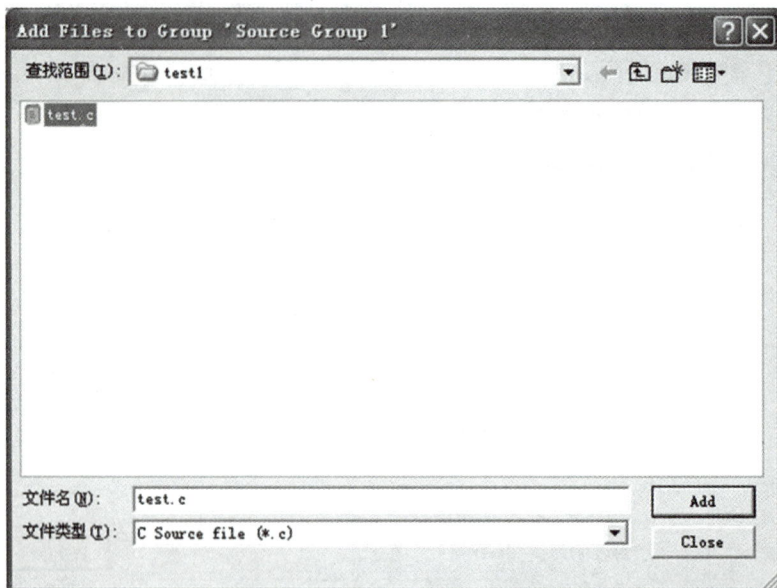

图 2−10　选择文件类型及添加源文件

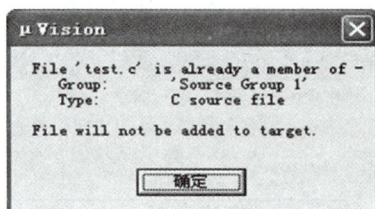

图 2−11　提醒文件已在工程中

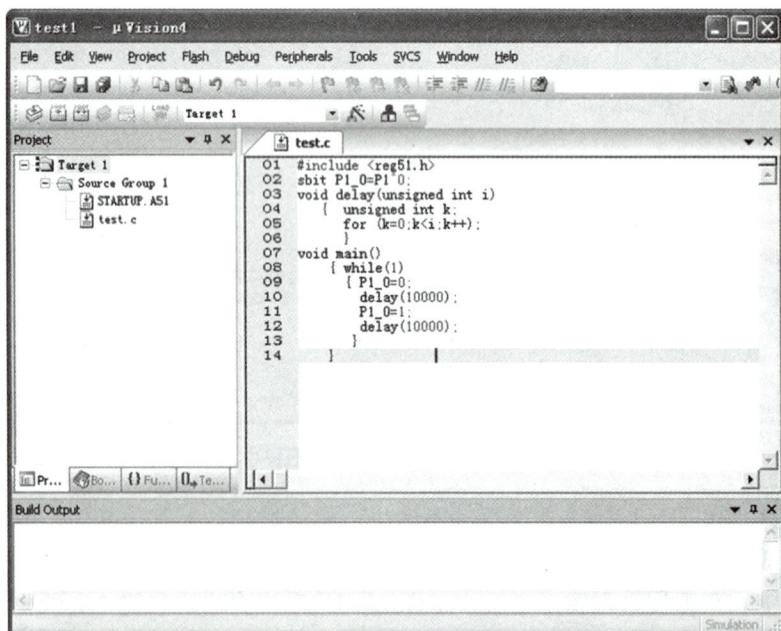

图 2−12　源文件添加后窗口

4. 配置工程属性

（1）如图 2-13 所示，在工程管理窗口的"Target 1"上，单击鼠标右键，再选择"Options for Target'Target1'"菜单命令，如图 2-13 所示，也可以按快捷键"Alt"＋"F7"来完成，还可以单击快捷图标 来完成，弹出如图 2-14 所示的目标属性窗口，这个对话框比较复杂，有多个选项卡，绝大部分设置项取默认值就可以。

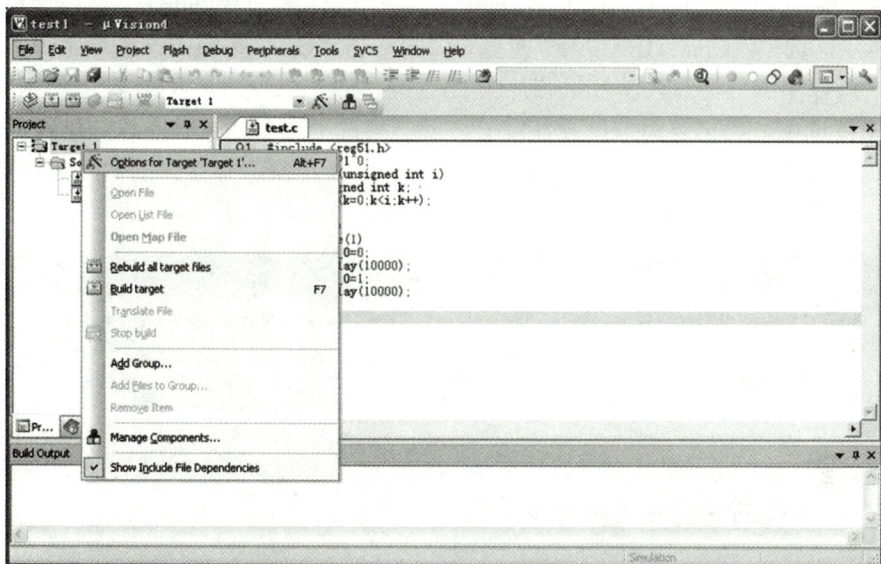

图 2-13　配置工程属性

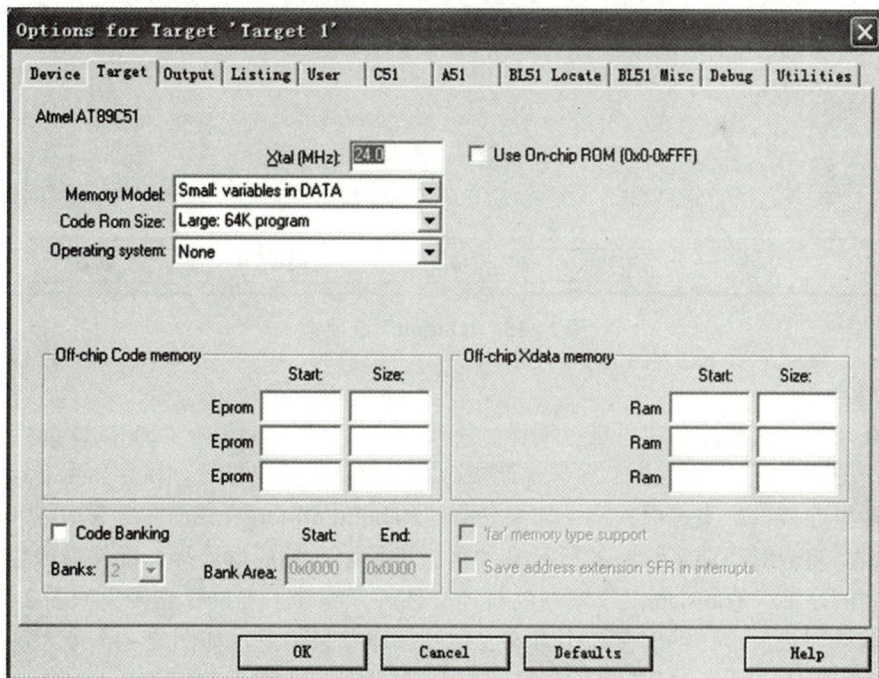

图 2-14　目标属性"Target"选项卡

（2）如图2-14所示，"Xtal（MHz）"后面的数值是晶振频率值，默认值是所选目标CPU的最高可用频率值，对于我们所选的AT89C51而言是24 MHz，该数值与最终产生的目标代码无关，仅用于软件模拟调试时显示程序执行时间。正确设置该数值可使显示时间与实际所用时间一致，一般将其设置成与你的硬件所用晶振频率相同，如果没必要了解程序执行的时间，也可以不设。

（3）在如图2-15所示窗口中单击"Output"选项卡，打开"Output"选项设置页面，如图2-15所示，选中"Creat HEX File"复选框，再单击"OK"按钮。该选项用于生成可执行代码文件（可以用编程器写入单片机芯片的HEX格式文件，文件的扩展名为.HEX），默认情况下该项未被选中，如果要写片做硬件实验，就必须选中该项，这一点是初学者易疏忽的，在此特别提醒注意。按钮"Select Folder for Objects..."是用来选择最终的HEX目标文件所在的文件夹，默认是与工程文件在同一个文件夹中。

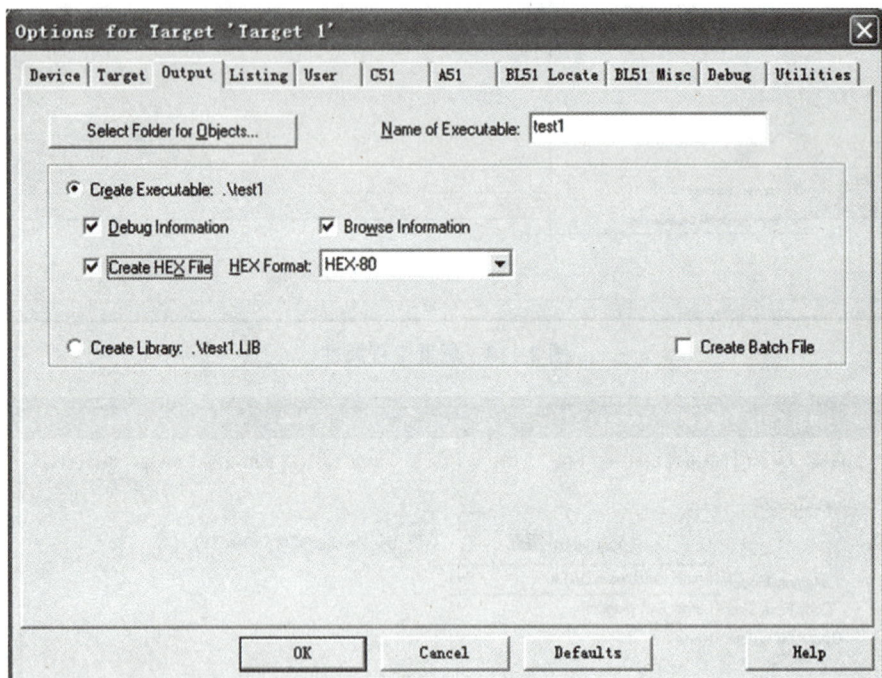

图2-15 "Output"选项卡

5. 编译工程

（1）在设置好工程后，即可进行编译、连接。选择"Project"→"Build target"命令，或者单击快捷图标"🖳"对当前工程进行连接，如果当前文件已修改，软件会先对该文件进行编译，然后再连接以产生目标代码；如果选择"Rebuild all target files"命令，或者单击快捷图标"🖳"，将会对当前工程中的所有文件重新进行编译然后再连接，确保最终生产的目标代码是最新的，而"Translate..."项则仅对该文件进行编译，不进行连接，如图2-16所示。

（2）编译完成后，在输出窗口中查看出现的编译结果信息，如图2-17所示。如果提示"creating hex file from 'test1'..."表示获得了HEX的文件，出现"0 Error（s），0 Warning（s）"表示编译成功。如果编译后又修改了源程序，一定要重新进行编译，产生新的HEX目标文件。

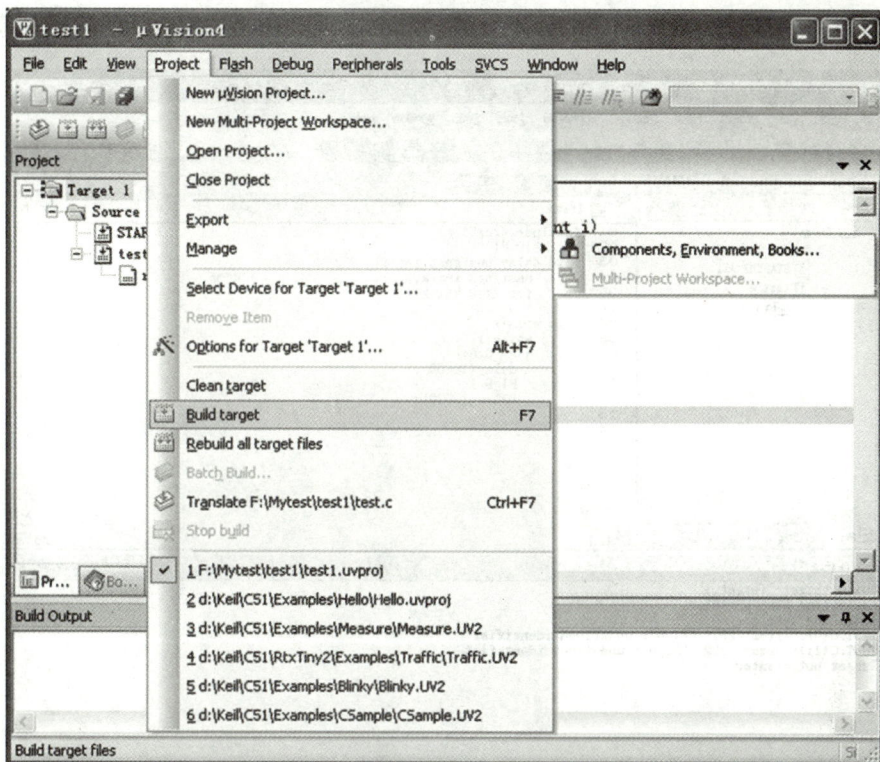

图 2-16　编译工程

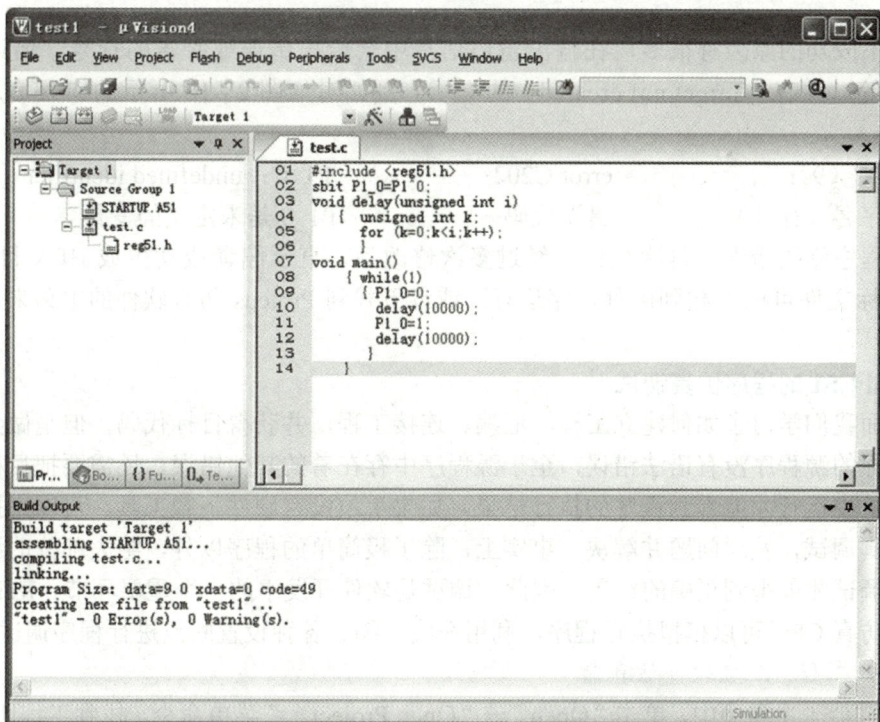

图 2-17　编译结果

（3）当源程序有语法错误时，编译不会成功，会出现如图2-18所示的输出信息。

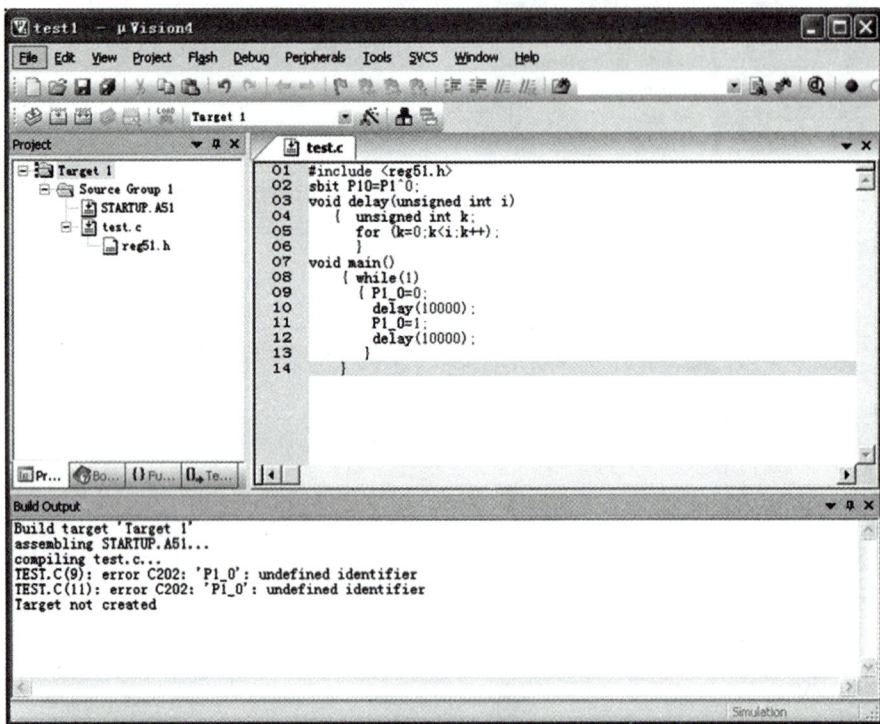

图 2-18　编译不成功输出信息

编译不成功的原因有很多，在输出窗口信息中会给出错误或警告的行号、错误代码、错误原因等，并有"Target not created"的提示。例如对如图2-18所示的错误信息详细解释如下：

TEST.C（9）：　　　　　　error C202：　　　　'P1_0'：undefined identifier
源程序名（行号）　　　　　错误代码　　　　　　P1_0 是未定义的变量

在源程序修改错误，再次编译，经过多次修改后，直至编译成功生成 HEX 目标文件。生成的目标文件可以下载到硬件电路运行，或者下载到 Proteus 仿真软件的电路来进行仿真运行。

2.1.3　Keil C51 的程序仿真调试

在前面我们学习了如何建立工程、汇编、连接工程，并获得目标代码，但是做到这一步仅仅代表你的源程序没有语法错误，至于源程序中存在着的其他错误，还需要把目标代码加载到单片机中运行才能看到程序的执行结果。如果手边没有硬件下载工具，可以直接采用软件进行仿真调试，发现问题并解决。事实上，除了极简单的程序以外，绝大部分的程序都要通过反复调试才能得到正确的结果，因此，调试是软件开发中的一个重要环节。Keil C51 内建了一个仿真 CPU 可以模拟执行程序，利用在线汇编、各种设置断点进行程序调试。

1. 打开工程，配置软件仿真器

在 Keil C51 主界面中，单击"Open"→"Open Project…"菜单命令，找到工程所在目录，打开工程。

将光标移到工程管理窗口的"Target 1"上，单击鼠标右键，选择"Options for Target 'Target1'"菜单命令，打开工程配置窗口，如图2-19所示，将"Xtal（MHz）"选项改为"12.0"，因为在本任务中，选用晶振频率为12 MHz。

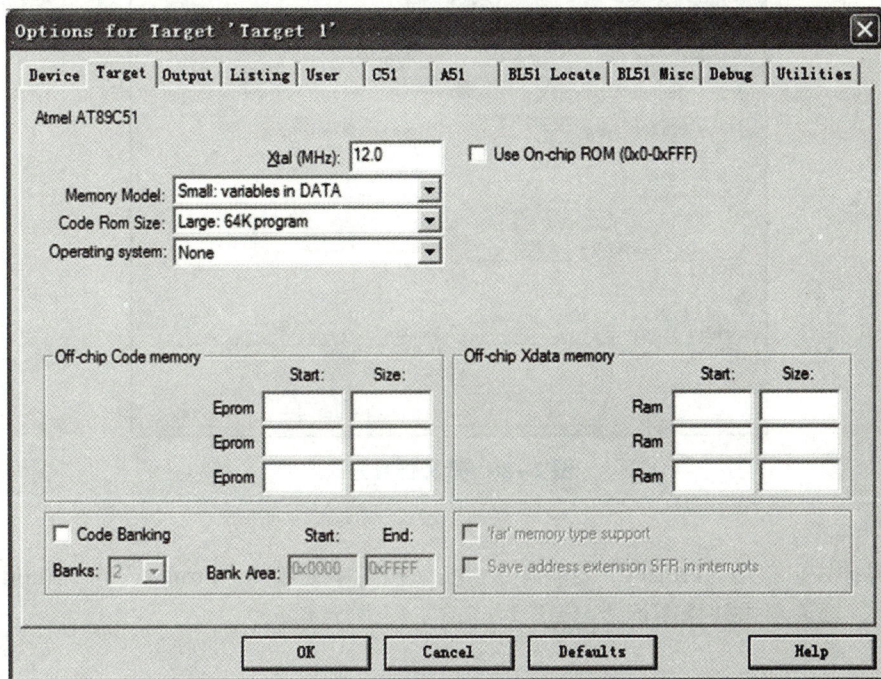

图 2-19　工程配置窗口

"Memory Model"用于设置 RAM 使用情况，有三个选择项，"Small：variables in DATA"是所有变量都在单片机的内部 RAM 中；"Compact：variables in PDATA"是可以使用一页（256 B）外部扩展 RAM，而"Large：variables in XDATA"则是可以使用全部 64 KB 外部的扩展 RAM。一般都是采用默认方式，也就是"Small：variables in DATA"方式。

"Code Rom Size"用于设置 ROM 空间的使用，同样也有三个选择项，即"Small：program 2K or less"模式，只用低于 2 KB 的程序空间；"Compact：2K functions，64K program"模式，表示单个函数的代码量不能超过 2 KB，整个程序可以使用 64 KB 程序空间；"Larger：64K program"模式，表示可用全部 64 KB 空间。一般都是采用默认方式，也就是"Larger：64K program"模式。

"Operating system"项是操作系统选择，Keil 提供了两种操作系统：RTX-51 Tiny 和 RTR-51 Full，通常我们不使用任何操作系统，即使用该项的默认值：None（不使用任何操作系统）。

"Use on-chip ROM"选择项，确认是否仅使用片内 ROM（注意：选中该项并不会影响最终生成的目标代码量）；"Off-chip Code memory"用以确定系统扩展 ROM 的地址范围，"Off-chip Xdata memory"组用于确定系统扩展 RAM 的地址范围，这些选择项必须根据所用硬件来决定，一般按默认值设置。

在图 2-19 中单击"Debug"选项卡，打开如图 2-20 所示窗口，选中"Use Simulator"

单选按钮，再单击"OK"按钮。该选项默认是已经选择的。

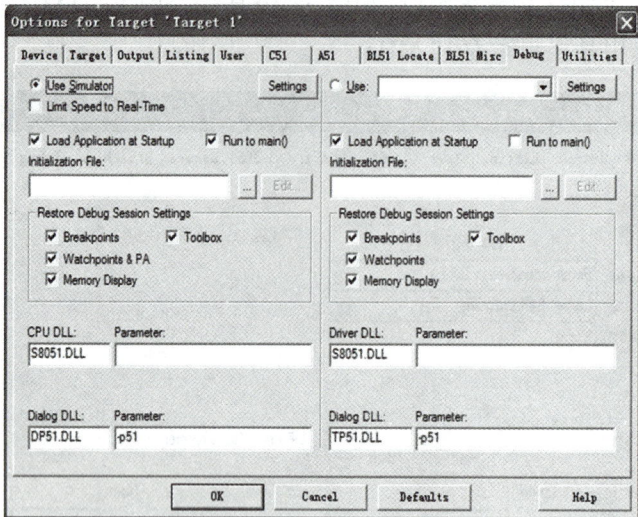

图 2-20 选择仿真方式

2. 编译工程

在主界面中，单击"Project"菜单命令，在下拉菜单中选择"Project"→"Build all target files"命令，或者单击快捷图标"▦"对当前工程进行编译。

3. 启动调试

在主界面中，单击"Debug"菜单命令，在下拉菜单中选择"Start/Stop Debug Session"命令或者单击快捷图标 ❓ 或者按快捷键"Ctrl"+"F5"，如图 2-21 所示，进入调试主界面，如图 2-22 所示。

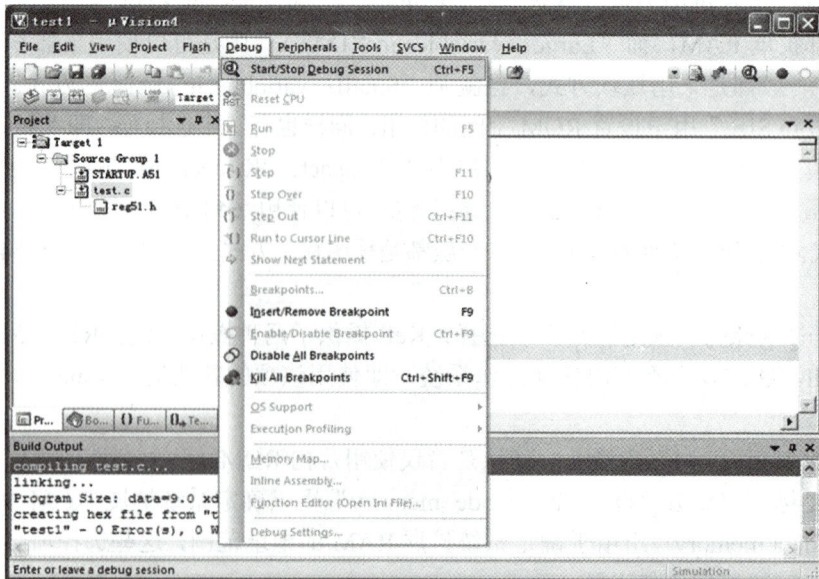

图 2-21 调试开始/结束命令

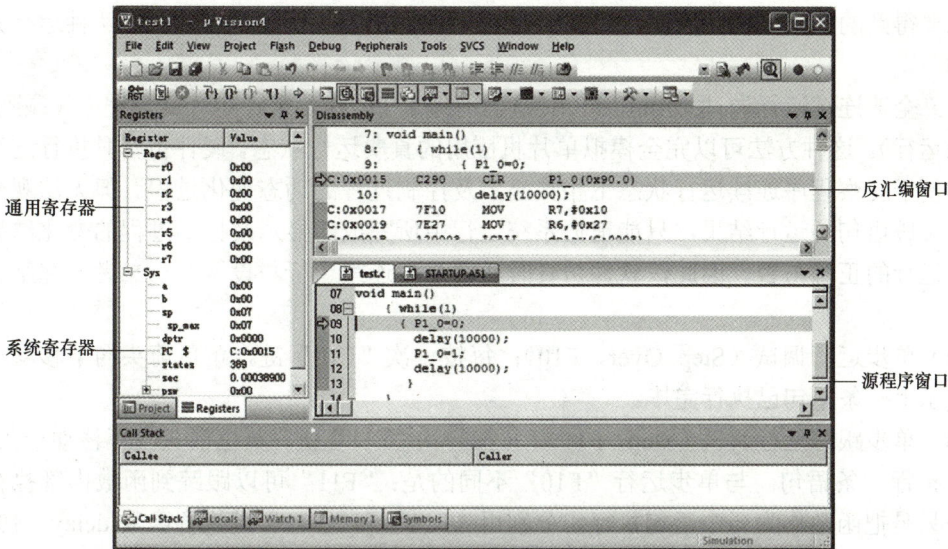

图 2-22 调试主界面

反汇编窗口提供了 C 语言源程序中的每条语句编译成汇编语言和机器语言的内容,例如:语句"P1_0=0;"反汇编后的结果如下:

C:0x0015	C290	CLR P1_0(0x90,0)
Code 首地址	机器语言	汇编指令

该指令在程序存储器中的存放情况如下:

地址	代码
0x0015	C2
0x0016	90

4. 程序执行

进入调试状态后,界面与编辑状态相比有明显的变化,"Debug"菜单项中原来不能用的命令现在已可以使用了,工具栏会多出一个用于运行和调试的工具条,如图 2-23 所示,"Debug"菜单上的大部分命令可以在此找到对应的快捷按钮,从左到右依次是复位(RST)、全速连续运行调试(Run,F5)、停止(Stop)、单步跟踪运行调试(Step,F11)、单步运行调试(Step Over,F10)、执行完当前子程序(Step Out,"Ctrl"+"F11")、全速运行至光标处调试(Run to Cursor Line,"Ctrl"+"F10")等命令,在工具栏上还有设置断点(Breakpoints)相关命令。

图 2-23 调试工具条

学习程序调试,必须明确两个重要的概念,即单步运行与全速运行。全速运行是指一行程序执行完以后紧接着执行下一行程序,中间不停止,这样程序执行的速度很快,并可以看到该段程序执行的总体效果,即最终结果正确还是错误,但如果程序有错,则难以确认错误出现在哪些程序行。单步运行是每次执行一行程序,执行完该行程序以后即停止,等待命令执行下一行程序,此时可以观察该行程序执行完以后得到的结果,是否与我们写该行程序所想要得到的结果相同，借此可以找到程序中问题所在。程序调试中，这两种运行方式都要用到。

（1）全速连续运行调试（Run，F5）：从当前地址 PC 开始全速运行用户程序（碰到断点，则停止运行）。这种方法可以完全模拟单片机应用的真实运行状态，硬件仿真时执行连续运行方式，便于观察程序连续运行状态下相关显示及控制过程的动态变化过程。但无法观察某条语句或某段语句的运行结果，只能根据系统运行中所完成的显示及控制过程的变化结果来判断程序运行的正确与否。因此，软件仿真时通常是将连续运行与设置断点二者一起结合起来使用。

（2）单步运行调试（Step Over，F10）：每按一次"F10"键，黄色箭头向下移动一条语句，表示上一条语句已执行完毕。

（3）单步跟踪运行调试（Step，F11）：每按一次"F11"键，黄色箭头向下移动一条语句，系统就执行一条语句。与单步运行"F10"不同的是："F11"可以跟踪到函数内部执行，而"F10"只是把函数作为一个语句执行，分别用"F10"和"F11"键执行函数 delay（10000）语句，就会发现二者的不同之处了。

（4）全速运行至光标处调试（Run to Cursor Line，"Ctrl"＋"F10"）：如果想有针对性地快速观察程序运行到某条语句处的结果，可预先将光标移到该条语句处，再按"Ctrl"＋"F10"组合键，程序将从当前所指示的位置全速运行到光标处。

（5）执行完当前子程序（Step Out，"Ctrl"＋"F11"）：连续运行到子程序最后，退出子程序，返回调用的下一行。

（6）设置断点调试（Breakpoints）：为了快速检查程序运行至某一关键位置处的结果，可以在指定语句前设置断点，该指令前将出现一个红色标记，表示此处已被设置为断点。再按"F5"键，从当前语句全速运行程序，至断点处就会停止。

与全速运行至光标处调试（"Ctrl"＋"F10"）方法相比，断点调试时对断点有记忆功能，当再次重复调试程序时，每当程序运行到断点处都会停在该断点处。此方法特别适用于循环程序的调试。根据需要也可在程序的不同位置设置多个断点，当不需要断点运行时，删除断点即可。

5. 观察单片机内部资源的当前状况

Keil C51 软件在调试程序时提供了多个窗口，主要包括输出窗口（Output Windows）、观察窗口（Watch Windows）、调用堆栈窗口（Call Stack Window）、存储器窗口（Memory Window）、反汇编窗口（Disassembly Window）、串行窗口（Serial Window）等。进入调试模式后，可以通过"View"菜单下的相应命令打开或关闭这些窗口。在单步、跟踪、断点等运行方式下，都可以通过这些窗口查看单片机内部资源的当前状态，这些状态对用户调试程序非常有帮助。

（1）观察存储器内容。

在调试主界面下，单击"View"→"Memory Windows"→"Memory 1"菜单命令，打开显示存储器窗口。在下部的"Address"文本框中输入"字母：数字"格式的地址即可显示相应内存值，其中字母可以是 C、D、I、X，分别代表代码存储空间、直接寻址的片内存储空间、间接寻址的片内存储空间、扩展的外部 RAM 空间，数字代表想要查看的地址。例如输入"D:0"即可观察到地址 0 开始的片内 RAM 单元值，键入"C:0"即可显示从 0 开始的 ROM 单元中的值，即查看程序的二进制代码，如图 2-24 所示。

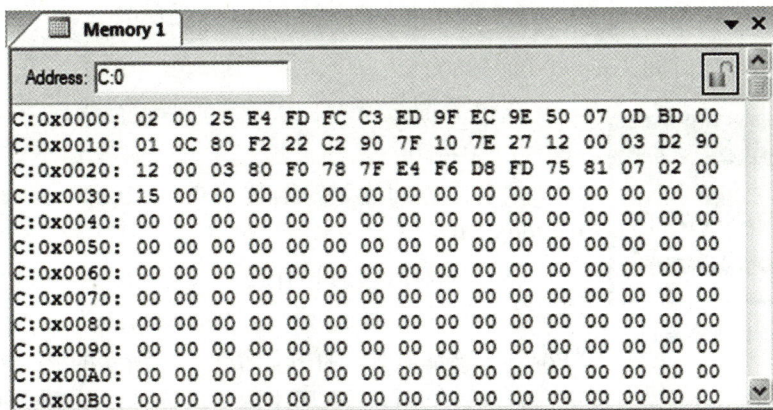

图 2-24　显示存储器窗口

（2）观察寄存器状态。

如图 2-25 所示是工程寄存器窗口的内容，寄存器页包括了当前的工作寄存器组和系统寄存器，系统寄存器组有一些是实际存在的寄存器，如 A、B、DPTR、SP、PSW 等，有一些是实际中并不存在或虽然存在却不能对其操作的如 PC、States 等。每当程序中执行到对某寄存器的操作时，该寄存器会以反色（蓝底白字）显示，用鼠标单击然后按下"F2"键，即可修改该值。

还可以利用其中系统寄存器的"sec"项计算延时函数的延时时间。

在调试主界面单击"Debug"→"Reset CPU"命令，使系统复位。将源程序的光标定位在第一个"delay（10000）；"语句上，按下"Ctrl"+"F10"组合键全速运行至光标处，运行结果如图 2-26 所示。

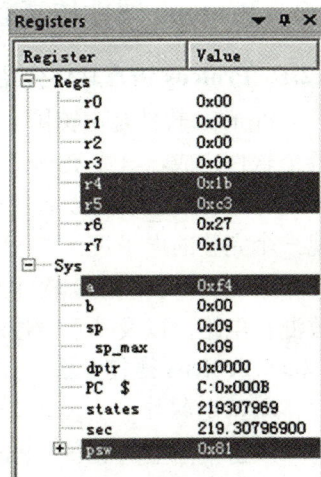

图 2-25　寄存器窗口

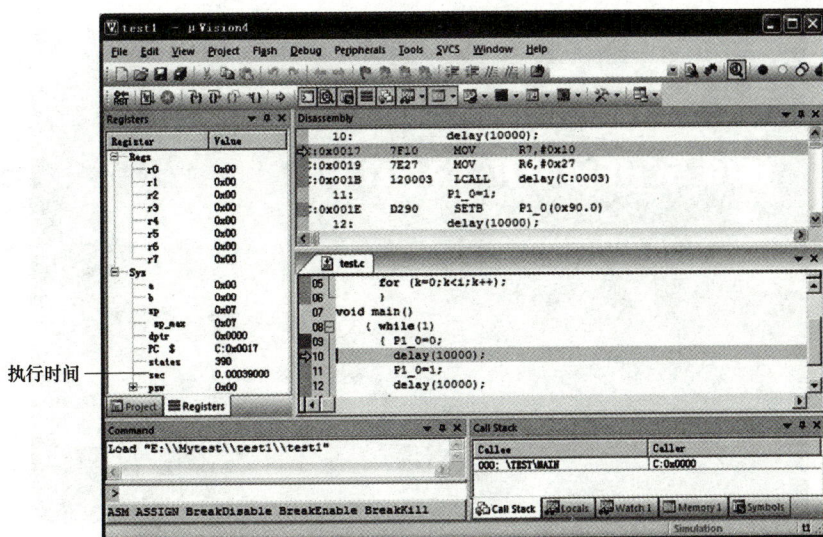

图 2-26　运行到光标处的调试界面

31

主界面左侧窗口中的"sec"项自动记录程序的执行时间，单位为 s。系统复位时，sec＝0；执行到光标处所花的时间，sec＝0.00039000 s。

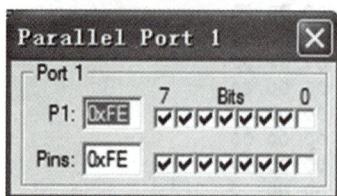

图 2-27　P1 端口观察窗口

在该界面按下"F10"键单步运行程序，此时再次记录 sec＝0.12044500 s。

两者之差即为延时函数 delay（10000）执行所花的时间 0.12005500 s。

（3）观察 I/O 端口当前的状态。

在调试主界面下，单击"Peripherals"→"I/O-Ports"→"Port 1"菜单命令，打开如图 2-27 所示的 P1 端口观察窗口。在图中，"√"表示该位为 1，空白表示该位为 0。当程序调试运行时，在图中可以随时观察、修改 P1 端口寄存器中的内容。

2.2　Proteus 硬件仿真软件的基本使用

2.2.1　Proteus 仿真软件介绍

Proteus 软件是由英国 Lab Center Electronics 公司开发的 EDA 工具软件，由 ISIS 和 ARES 两个软件构成，其中 ISIS 是一款便捷的电子系统仿真平台软件，ARES 是一款高级的布线编辑软件。它集成了高级原理布线图、混合模式 SPICE 电路仿真、PCB 设计以及自动布线来实现一个完整的电子设计。

通过 Proteus ISIS 软件的 VSM（虚拟仿真技术），用户可以对模拟电路、数字电路、模/数混合电路，以及基于微控制器的系统连同所有外围接口电子元器件一起仿真。

2.2.2　Proteus 操作步骤

1. 启动软件

双击桌面上的 ISIS 7 Professional 图标或者单击屏幕左下方的"开始"→"程序"→"Proteus 7 Professional"→"ISIS 7 Professional"命令，出现如图 2-28 所示屏幕，表明进入 Proteus ISIS 集成环境。

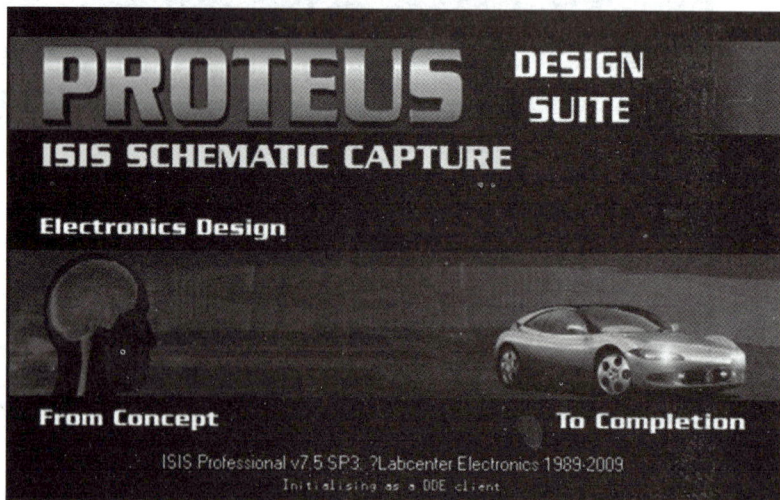

图 2-28　Proteus ISIS 集成环境启动

进入之后的界面类似如图 2-29 所示，图中已经标注各个部分的作用。

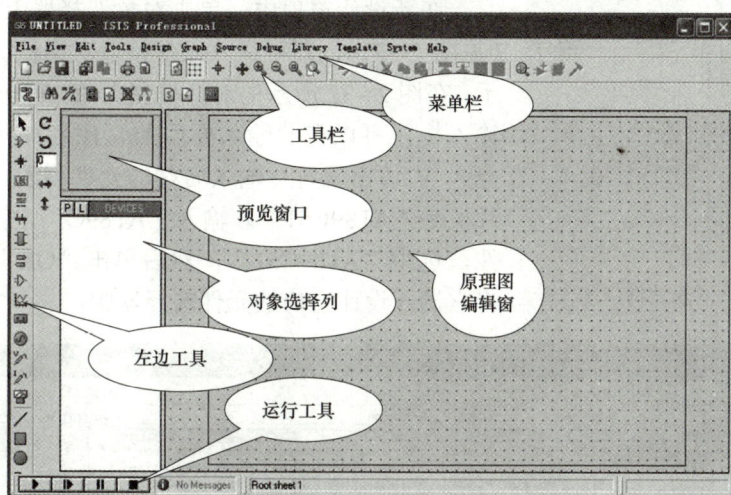

图 2-29　ISIS 主窗口

2. 建立新项目

单击"File"→"New Design"菜单命令，可出现如图 2-30 所示的对话框，以选择设计模板。一般选择 DEFAULT 或者 A4 图纸即可，然后单击"OK"按钮，关闭对话框，完成设计图纸的模板选择，出现一个空白的设计空间。

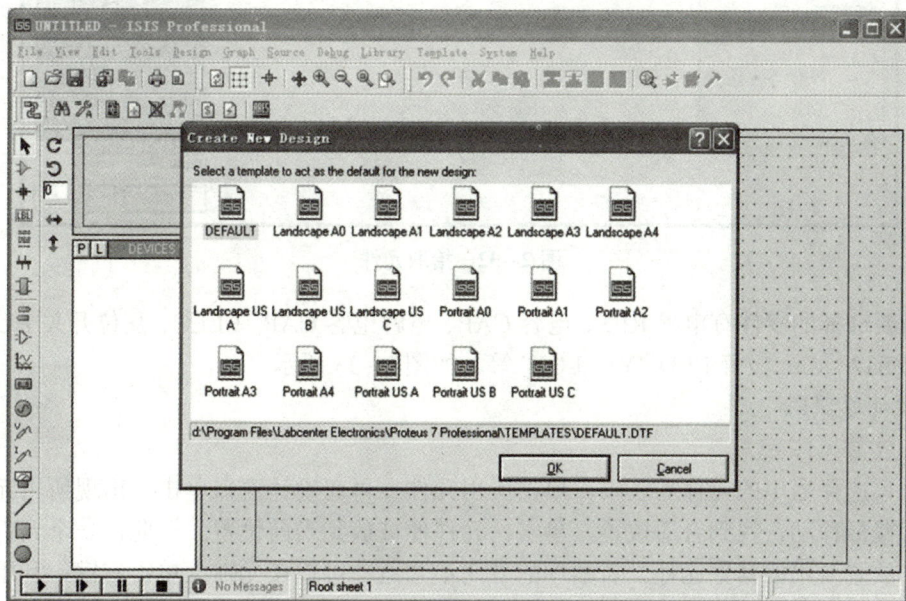

图 2-30　设计模板选择

这时设计名称为 UNTITLED（未命名），你可以单击"File"→"Save Design"菜单命令

图 2-31 调入元件

来给设计命名，也可以在设计过程中的任何时候命名。

3. 调入元件

在新设计窗口中，单击对象选择器上方的"P"按钮（见图 2-31），即可进入元件拾取对话框，如图 2-32 所示。在图 2-32 所示的对话框左上角，有一个"Keywords"输入框，可以在此输入要用的元件名称（或名称的一部分），右边出现符合输入名称的元件列表。我们要用的单片机是"AT89C51"，输入"AT89C"，就会出现一些元件，选中"AT89C51"，然后单击"OK"按钮，就可以将它调入设计窗口的元件选择器中。

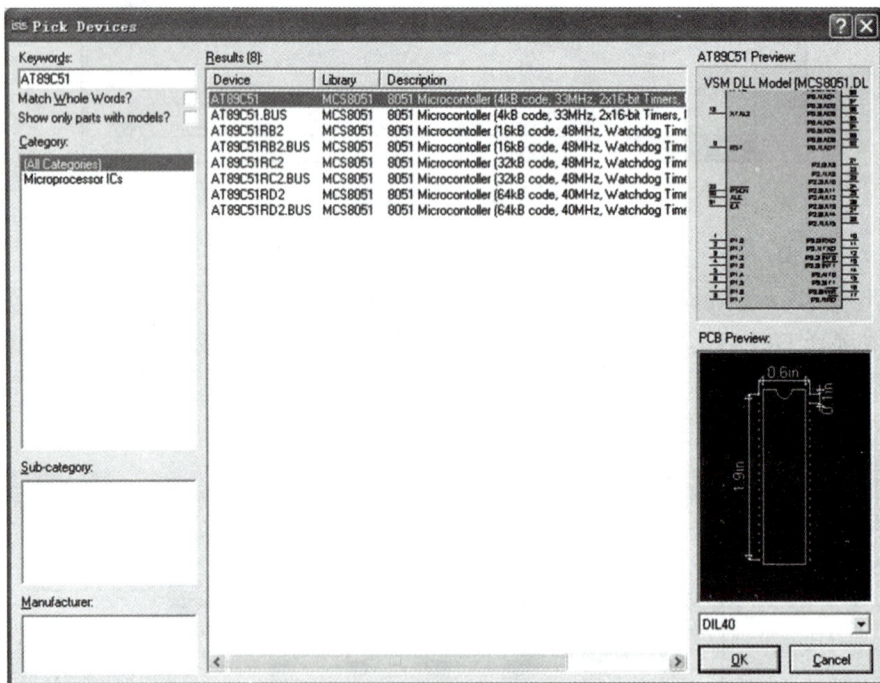

图 2-32 拾取元件

还需要选择的零件有电阻 RES、电容 CAP、电解电容 CAP-ELEC、复位开关 BUTTON、晶振 CRYSTAL、二极管 LED-YELLOW 等，如图 2-33 所示。

4. 设计原理图

（1）放置元件。

在对象选择器中的元件列表中，单击所用元件，再在设计窗口单击，出现所用元件的轮廓，并随鼠标移动，找到合适位置，单击，元件便被放到当前位置。至此，一个元件放置好了。继续放置要用的其他元件。若器件的方向不合适，可以在元件上单击右键，利用出现的旋转按钮 ↻↺ 来改变方向。

（2）移动元件。

如果要移动元件的位置，可以先右击元件，元件颜色变红，表示被选中，然后拖动到需要的位置放下即可。放下后仍然是红色，还可以继续拖动，直到位置合适，然后在空白处单击鼠标左键，取消选中。

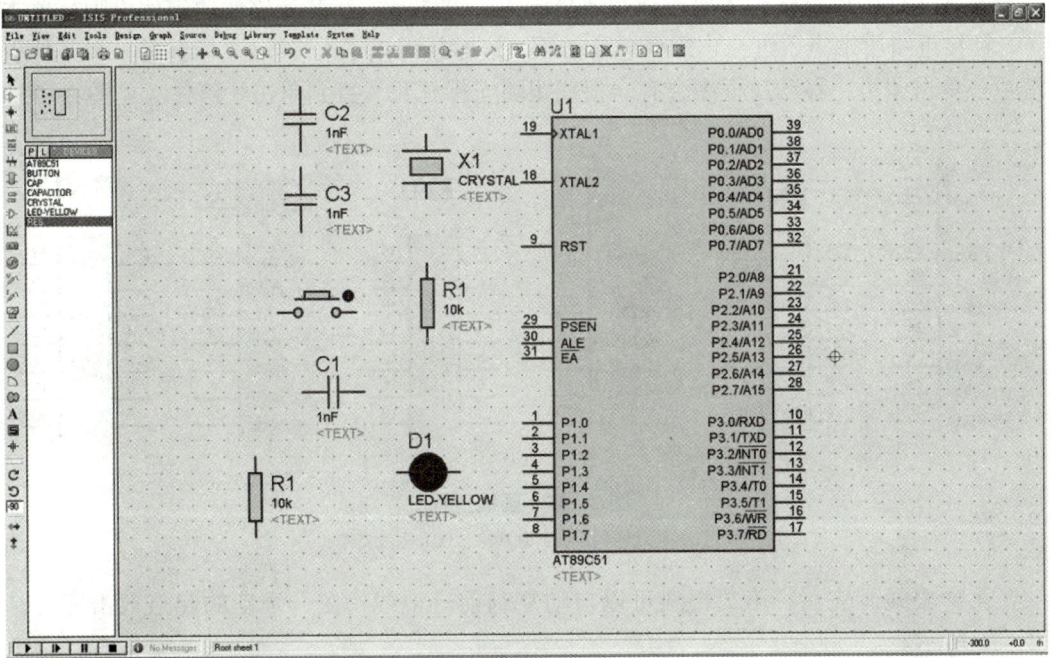

图 2-33　放置元件

（3）移动多个元件。

如果几个元件要一起移动，可以先把它们都选中，然后移动。选中多个元件的方法是，在空白处开始，单击左键并拖动，出现一个矩形框，让矩形框包含需要选中的元件再放开就可以了（参看图 2-34）。如果选择的不合适，可以在空白处单击，取消选中，然后重新选择。

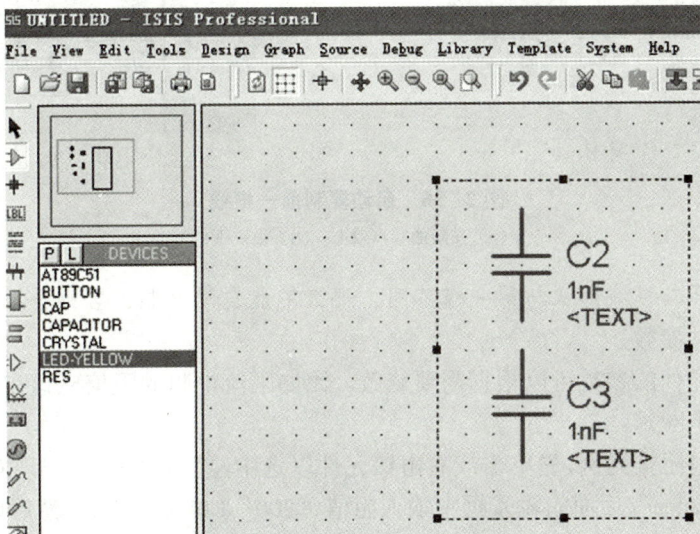

图 2-34　选中多个元件

移动元件的目的主要是为了便于连线，当然也要考虑美观。

（4）连线。

就是把元件的引脚按照需要用导线连接起来。方法是，在开始连线的元件引脚处单击左键（光标接近引脚端点附近会出现红色小方框，这时就可以了），移动光标到另一个元件引脚的端点，单击即可。移动过程中会有一根线跟随光标延长，直到单击才停住（见图2-35）。

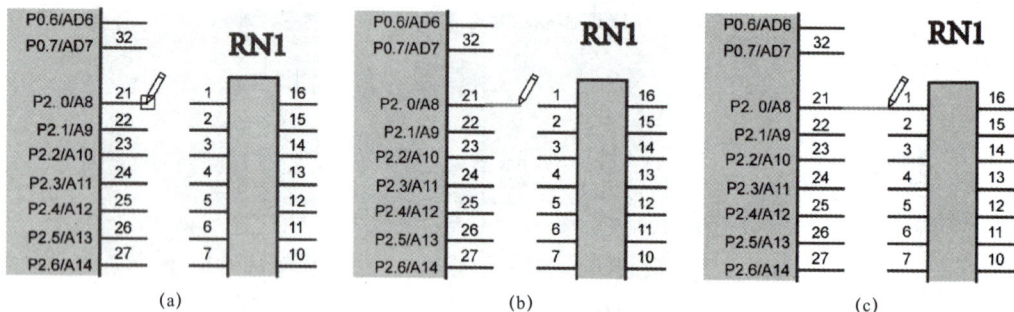

图2-35 画线过程
（a）画线开始；（b）划线中；（c）画线完毕

在第一根线画完后，第二根线可以自动复制前一根线，在一个新的起点双击即可。如图2-36所示。

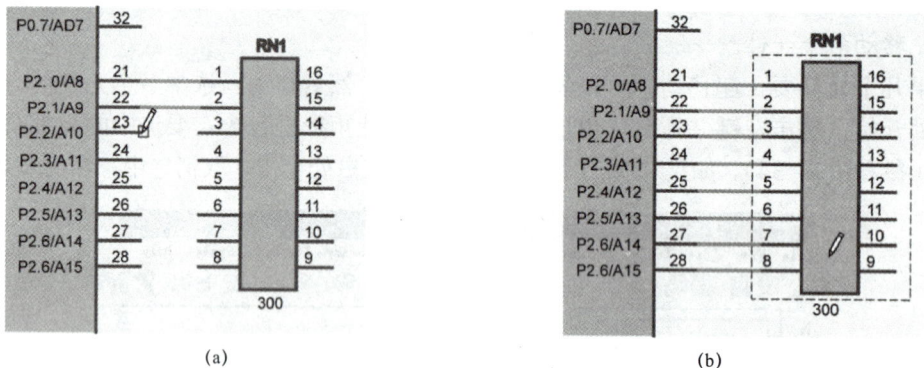

图2-36 自动复制前一根线
（a）在新的起点双击；（b）很快画完

注意：如果第二根线形状与第一根不同，那么不能自动复制，否则会很麻烦。

（5）修改元件参数。

电阻电容等元件的参数可以根据需要修改。比如限流电阻的阻值应该在200～500Ω，上拉电阻应该在几千欧姆。

以修改限流电阻排为例，先单击或右击该元件以选中，然后再单击，出现对话框如图2-37所示。在"Resistance"后面的输入框中输入阻值"200"（单位欧姆），然后单击"OK"按钮确认并关闭对话框，阻值设置完毕。

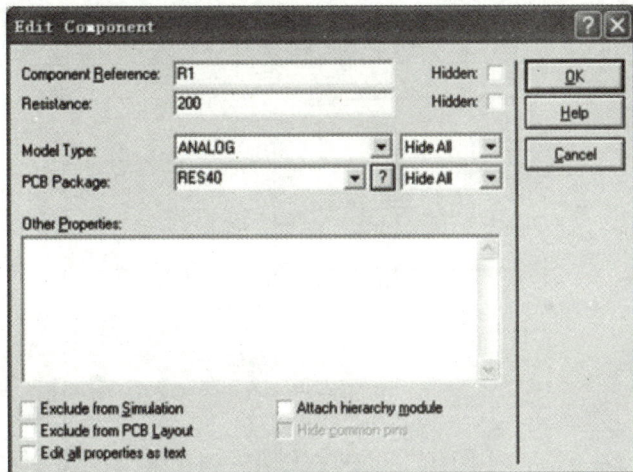

图 2-37 修改电阻值

（6）添加电源和地。

在左边工具栏单击终端图标 ，即可出现可用的终端，如图 2-38（a）所示。在对象选择器中的对象列表中，单击"POWER"项，如图 2-38（b）所示，在预览窗口出现电源符号，在需要放置电源的地方单击，即可放置电源符号，然后单击电源符号，在弹出的对话框中的"String"栏中选择"VCC"，如图 2-38（c）所示。放置之后，就可以连线了。

放置接地符号（地线）的方法与放置电源类似，在对象选择列表中单击"GROUND"项，然后在需要接地符号的地方单击放置，再单击地符号，在弹出的对话框中的"String"栏中选择"GND"。

注意：放置电源和地之后，如果又需要放置元件，应该先单击左边工具栏元件 图标，就会在对象列表中出现我们从元件库中调出来的元件。

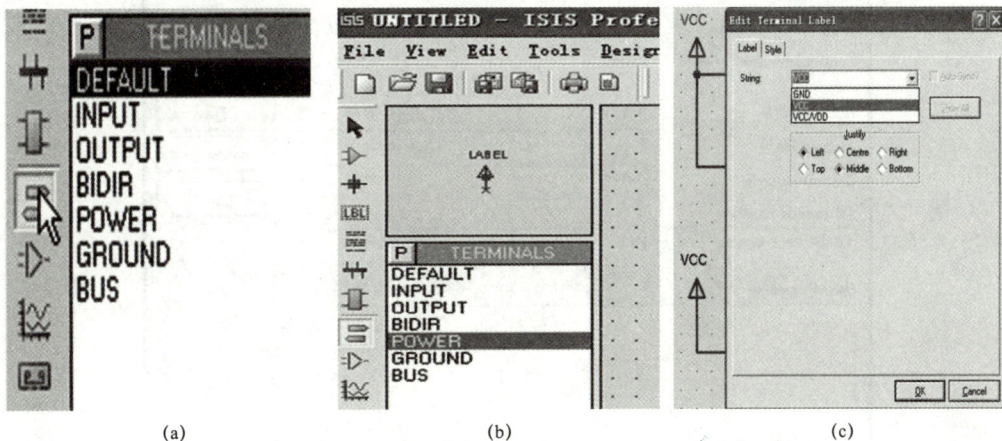

(a) (b) (c)

图 2-38 添加电源和地
（a）选择端口；（b）选择电源符号；（c）放置电源符号

按照电路原理图设计，最终完成的原理图如图 2-39 所示。

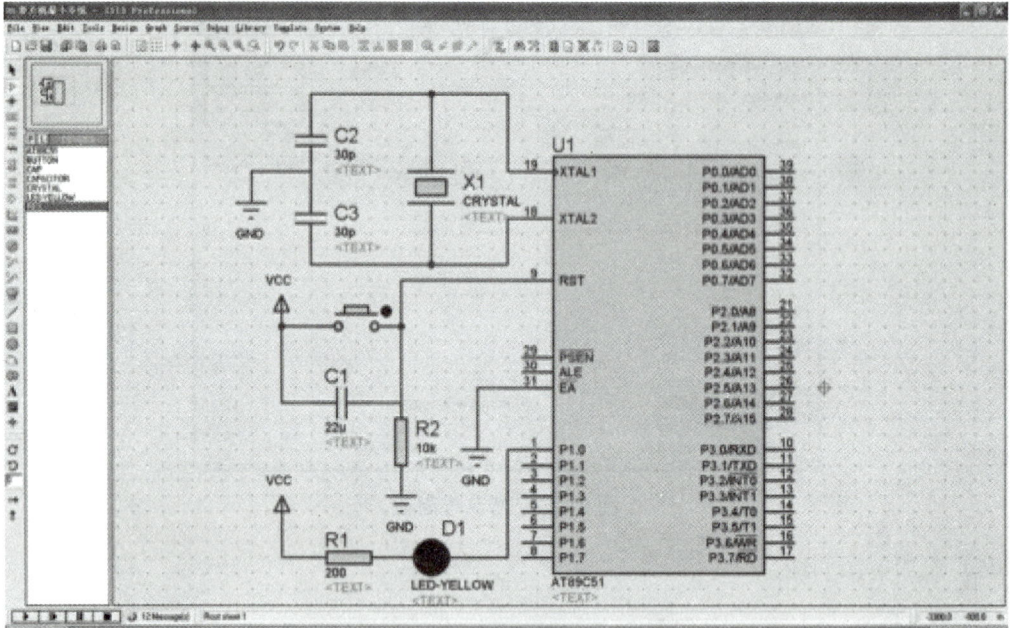

图 2-39　最终完成的原理图

5. 添加程序

单片机应用系统的原理图设计完成之后，还要设计和添加程序，否则无法仿真运行。实际的单片机也是这样。在原理图主界面中，单击单片机 AT89C51，出现如图 2-40 所示元件编辑对话框，在图中看到在"Program File"栏后边的方框是空白，表示还没有导入源程序机器码文件。这时可以单击其右边的打开文件图标，查找并选中前面我们用 Keil C51 软件生成的目标 HEX 文件。这样，就可以在仿真时执行程序。

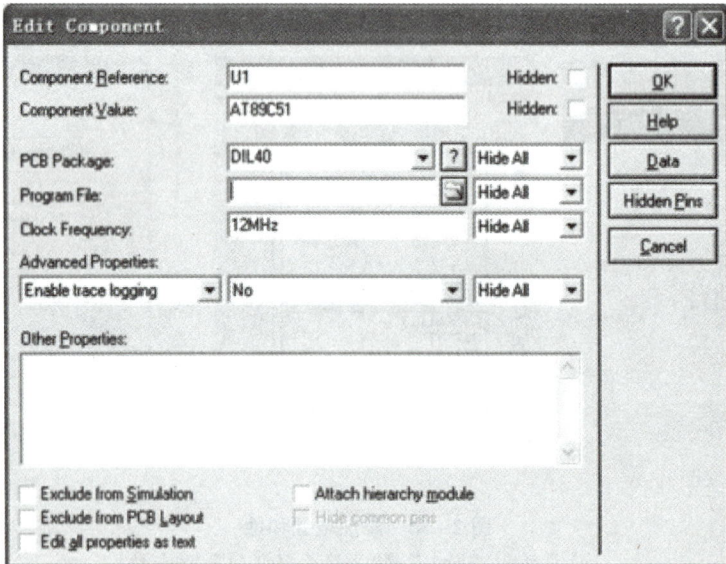

图 2-40　单片机元件编辑对话框

在图 2–40 中还有一个时钟频率（Clock Frequency）可以改变，在此我们改为 12 MHz。一般情况下，单片机的时钟频率就是在这里设定，而不是来自时钟电路，这就是为什么在 Proteus 仿真时其实可以省略时钟电路和复位电路的原因。

6. 仿真运行

在原理图编辑窗口下面有一排按钮 ▶ ▐▶ ▌▌ ■ ，利用它们可以控制仿真的过程。单击按钮 ▶ 开始进行仿真，开始以后按钮的小三角会变成绿色；单击按钮 ▐▶ 进行单步仿真；单击按钮 ▌▌ 可进行暂停和继续仿真切换；单击按钮 ■ 可停止仿真。仿真运行如图 2–41 所示。

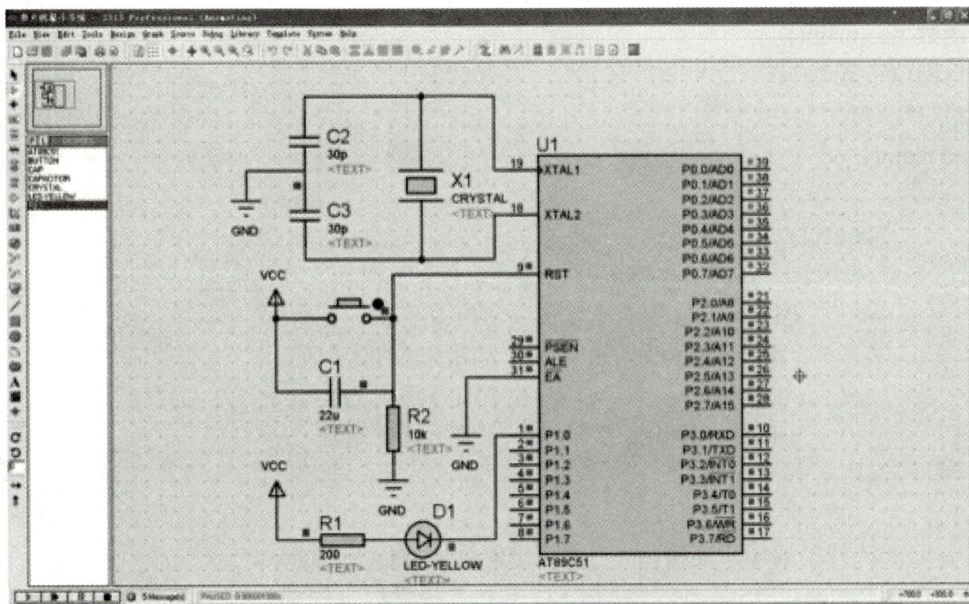

图 2–41　仿真运行（见彩插）

观察发现，单片机 P1.0 口引脚的旁边都有一个蓝色的小方框，表明当前引脚是低电平，如果小方框是红色，表明引脚当前是高电平。如果小方框是灰色，说明此引脚是悬空，P0 口的 8 个引脚就是悬空。与电源 V_{CC} 相连的引脚都是高电平，与地线 GND 相连的引脚都是低电平。

任务实施

（1）在 Keil C51 软件中新建工程和文件，输入发光二极管控制的 C 语言源程序如下。

```
/**************************************************/
/********test1.c 一个发光二极管的闪烁控制源程序*********/
/*      方法：Keil C51 和 Proteus 软件使用仿真              */
/*      功能：实现一个发光二极管的闪烁                      */
/**************************************************/
#include <reg51.h>        //包含头文件 reg51.h，定义单片机的专用寄存器
sbit P1_0=P1^0;           //定义位名称
```

```
/*****延时函数*********/
/*函数名：   delay(i)         */
/*返回值：无               */
/********************/
void delay(unsigned int i)              //延时函数，变量 i 控制空循环的循环次数
  {   unsigned int k;
       for (k=0;k<i;k++);
  }
/*****主函数*********/
/*函数名：main()          */
/*返回值：无               */
/*****************/
void main()                             //主函数
  {
       while(1)
        {
             P1_0=0;                    //P1.0 引脚为低电平
              delay(10000);             //调用延时函数
              P1_0=1;                   //P1.0 引脚为高电平
              delay(10000);             //调用延时函数
         }
     }
```

将 test1.c 源程序编译，连接后，生成 HEX 目标文件 test1.hex。

（2）打开 Proteus ISIS 软件，绘制 LED 发光二极管闪烁控制系统电路图。

（3）仿真运行，观察效果。

任务小结

（1）通过一个 LED 发光二极管闪烁控制系统的设计仿真过程，让读者对单片机、单片机最小系统和单片机应用系统的概念有初步了解和直观认识，掌握单片机 Keil C51 源程序开发工具和 Proteus 硬件仿真软件的基本操作和使用方法。

（2）系统调试是一个反复的过程，一般来讲，对单片机硬件电路和软件程序的调试很难一次成功，因此，必须通过反复调试，不断修改硬件和软件，直到运行结果完全符合要求为止。

任务 2   MCS-51 单片机开发板焊接

任务描述

本任务将在万能板上进行 MCS-51 单片机最小系统的焊接，以及在程序串口下载电路和

USB 供电电路基础上制作 LED 发光二极管控制电路，并将给定的二进制代码目标文件下载到单片机中，实现发光二极管的闪烁实物效果。

相关知识

2.3　单片机开发板硬件电路焊接

2.3.1　安全用电及焊接注意事项

1. 安全用电知识

（1）严格按照电器使用说明来使用电器，而且仔细阅读使用说明中提示或警告的注意事项，不要拿自己的生命来做危险的尝试。

（2）使用电器时，先插电源插头，后开电器开关。使用完时，先断电器开关，后拔电源插头。人本身就是导体，不要用手去碰通电电器的金属部位，也不要用力去拔电线和插头，会有触电危险。

（3）水是可以导电的，这个要千万注意，所以不要用湿手湿布去碰带电通电的电器，不要在电线上悬挂物品，否则都会引发触电事故。

（4）电器设备突然冒火喷火星，原因不明的情况下注意不要用手拔插头，也不要直接灭火，应该先断电，用绝缘体拔掉插头，再灭火。

（5）维修或者移动电器的时候要先断电，而且如果发现有裸露的电线时，一定要用绝缘的胶带把它缠上封好。不要私自乱拉乱接电线，这样很容易造成短路引发危险。

（6）带有金属外壳的可移动电源，要使用三芯塑料护套线或者配套的三脚插头和三眼插座。插座内要安装接地线，注意不要把接地线连接到水管或煤气管上，否则会引起重大事故。

（7）如果在路上发现电线掉落，不管有没有电，都不要上前触碰电线，应该保持一定的距离，及时报告有关部门。

（8）发现有人触电时，不要直接上去拉，这样自己也会触电，应该第一时间断电，如果没有开关，那么用干的绝缘物体将电线挑开，使触电者远离电线。

2. 电路焊接注意事项

（1）焊接前，准备好所有元器件，构思好元器件在板子上的布局，规划好电路布线。

（2）想好焊接次序，避免重复焊接，使得焊锡老化，元器件烧坏。

（3）注意电烙铁的摆放，防止烫伤和烧坏东西。

（4）电烙铁的接触头要打磨上锡，焊接时 45°接触焊点，预热 2 s 后迅速放下焊锡，进行引脚焊接。

（5）焊接完成后，整体排查，检查焊点和导线、器件的连接是否正确。

（6）测试时，先模块检测，再整体检测，无误后上电测试。

2.3.2　单片机开发板元器件清单

焊接 51 单片机最小系统所需的电路元器件见表 2-1。

表 2-1　51 单片机最小系统所需元器件清单

电路模块	名称	参数	数量	备注
	排针		若干	单排
	排座		若干	单排
	导线丝		若干	
MCU 电路	多孔万用板	100 mm × 100 mm	3 张	
	单片机	STC89C52RC	1 个	双列直插 40 引脚
	单片机底座			
	排阻 4.7K	A103J	1 个	P0 作 I/O 口需要接上拉电阻
时钟电路	瓷片电容	30 pF	2 个	
	晶振	12 MHz	1 个	
复位电路	电解电容	22 μF	1 个	
	电阻	10 kΩ	1 个	
	复位按键		1 个	四脚复位开关
电源电路	USB 母头		1 个	
	电阻	470 Ω	1 个	
	LED 电源指示灯			
下载电路	DB9 母头		1 个	
	DB9 电脑连接线		1 个	9 针-9 针（一端公头，一端母头）
	瓷片电容	0.1 μF	4 个	104
	MAX232 芯片		1 个	RS-232 串口接口电路芯片
	底座		1 个	双列直插 16 引脚
LED 电路	LED 灯		若干	
	电阻	470 Ω	若干	

2.3.3　单片机开发板原理图与电路焊接

1. 单片机最小系统的焊接

单片机最小系统原理图如图 2-42（a）所示，焊接后电路如图 2-42（b）所示。

2. 电源电路

本系统电路直接从电脑 USB 接口上取电，电源电路原理图如图 2-43（a）所示，电路板如图 2-43（b）所示。

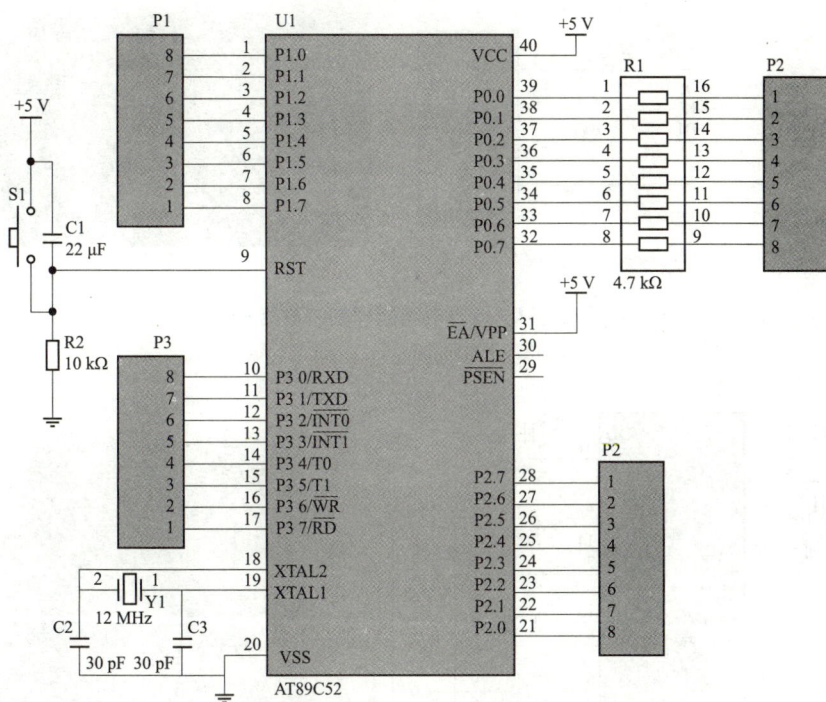

(a)

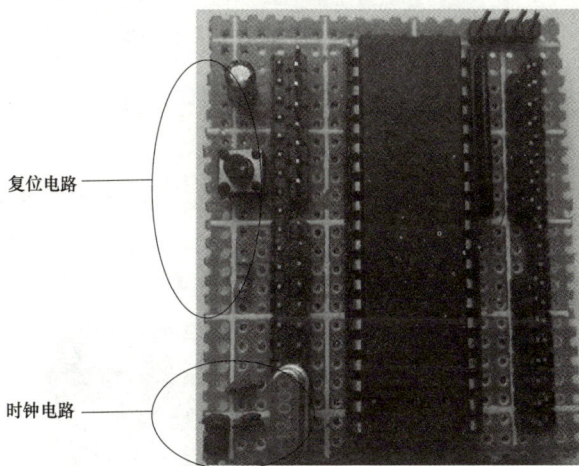

(b)

图 2−42 单片机最小系统焊接原理图和电路板

（a）单片机最小系统原理图；（b）单片机最小系统电路板

3. 下载电路

51 单片机有一个全双工的串行通信口，所以单片机和电脑之间可以方便地进行串口通信。进行串行通信时要满足一定的条件，电脑的串口是 RS−232 电平的，而单片机的串口是 TTL 电平的，两者之间必须有一个电平转换电路，我们采用了专用芯片 MAX232 进行转换，电路如图 2−44（a）所示，MAX232 的第 10 脚和单片机的 11 脚 P3.1 连接，第 9 脚和单片机的 10 脚 P3.0 连接，第 15 脚和单片机的 20 脚连接接地。如图 2−44（b）所示为焊接后电路板。

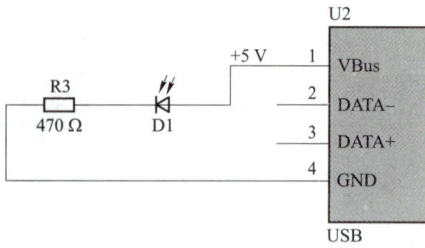

(a)　　　　　　　　　　　　　　　(b)

图 2-43　电源电路原理图和电路板

（a）电源电路原理图；（b）电源电路板

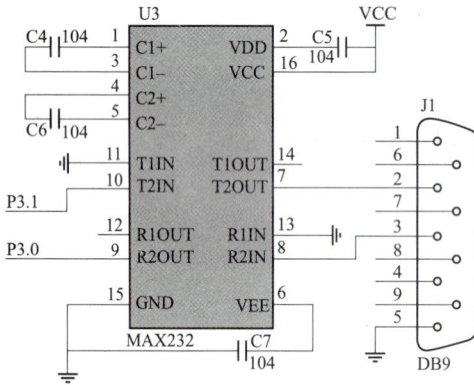

(a)　　　　　　　　　　　　　　　(b)

图 2-44　串口下载电路原理图和电路板

（a）下载电路原理图；（b）下载电路电路板

4. LED 电路

LED 电路如图 2-45 所示。

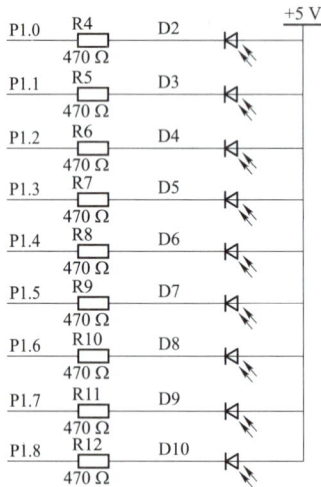
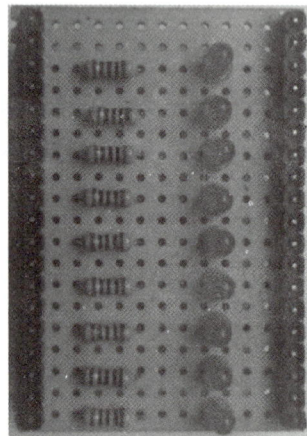

(a)　　　　　　　　　　　　　　　(b)

图 2-45　LED 电路原理图和电路板

（a）LED 电路原理图；（b）LED 电路板

2.3.3 ISP单片机下载软件的使用

STC-ISP是一款单片机下载编程烧录软件，是针对STC系列单片机而设计的，可下载STC89系列、12C2052系列和12C5410等系列的STC单片机，使用简便，现已被广泛使用。本任务采用的是绿色免安装版的STC-ISP程序下载软件。

（1）找到STC-ISP软件图标，双击打开，出现如图2-46所示界面。

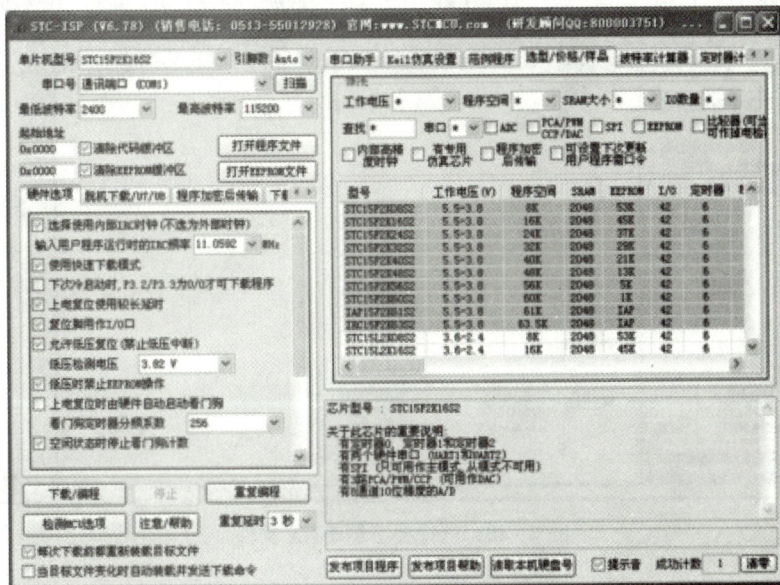

图2-46 STC-ISP软件启动后界面

（2）在"单片机型号"栏下选中本任务所用单片机STC89C52RC。根据串口数据线连接情况选中COM1端口，波特率一般保持默认，如图2-47所示。

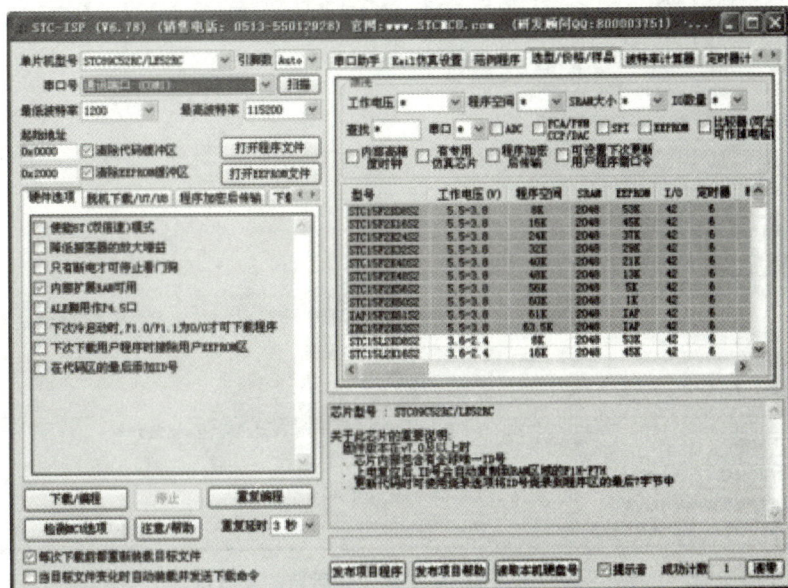

图2-47 选择单片机型号和串口号

（3）先确认硬件连接正确，按如图 2-48 所示单击"打开程序文件"按钮，并在对话框内找到要下载的 HEX 文件。

图 2-48　选择要下载 HEX 文件

（4）在界面"收到用户命令后复位到 ISP 监控程序区"选项卡中，可以勾选如图2-49所示两个条件项，这样可以使在每次编译 Keil 时 HEX 代码能自动加载到 STC-ISP。

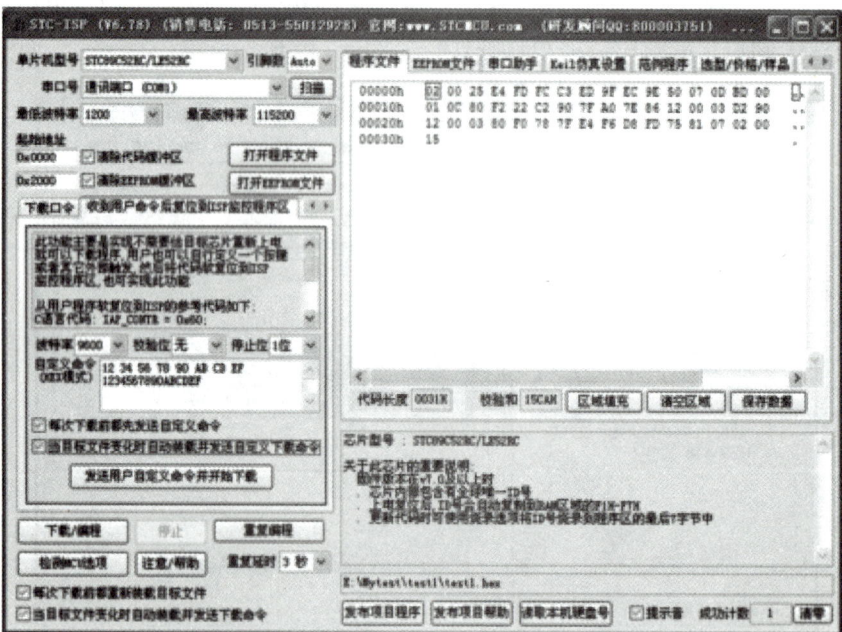

图 2-49　选择 HEX 文件变化后自动装载选项

（5）单击"下载/编程"按钮，接通电路电源，可以看到下载进度，很快把可执行文件 HEX 写入单片机内，如图 2-50 所示是写入程序成功后界面。

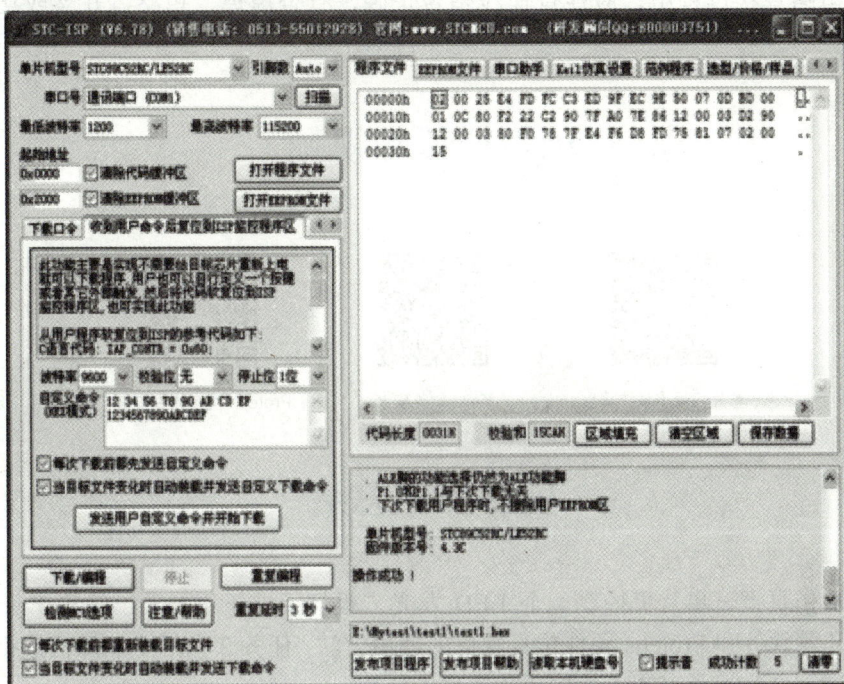

图 2-50　下载 HEX 文件成功界面

（6）程序写入完毕后，目标板开始运行程序结果。

注意：单击"下载/编程"按钮后，单片机必须断电进行冷启动！

任务实施

（1）按前所述焊接好单片机系统电路。

（2）打开 STC-ISP 软件，将 HEX 文件下载到单片机中。

（3）运行观察效果，如图 2-51 所示。

图 2-51　系统运行效果图（见彩插）

任务小结

在硬件电路焊接过程中，应注意连线是否正确，有否虚焊、短路、开路或接触不良的现象。

项目微课与视频

| 单片机最小系统焊接 | Keil3 软件安装 | Proteus 仿真软件安装 |

项目知识总结

本项目从仿真调试单片机控制一个 LED 发光二极管闪烁任务入手，任务 1 介绍了 Keil C51 源程序开发软件和 Proteus 硬件仿真软件的使用方法，任务 2 介绍了单片机最小系统电路的焊接和测试，并学习了 ISP 单片机下载软件的使用。

本项目要掌握的重点内容如下：

（1）Keil C51 软件的使用方法；

（2）Proteus 仿真软件的使用方法；

（3）单片机最小系统的焊接；

（4）ISP 单片机下载软件的使用。

习　　题

1. 使用 Keil C51 和 Proteus 软件设计制作 8 个 LED 灯同时闪烁的单片机控制系统。

2. 使用 Keil C51 和 Proteus 软件设计制作 8 个 LED 灯中，奇数个灯和偶数个灯交替闪烁的单片机控制系统。

项目三 单片机并行 I/O 口应用

■ 知识目标

（1）理解单片机存储器结构；

（2）掌握单片机并行 I/O 端口结构；

（3）掌握单片机特有数据类型、位逻辑运算符的使用。

■ 能力目标

会应用 C 语言进行单片机 I/O 端口的基本操作。

■ 思政目标

二十四字核心价值观。

任务 1　蜂鸣器触发控制

任务描述

　　编写程序实现通过单片机的 I/O 端口控制蜂鸣器发出声音。通过完成任务，了解单片机的存储器结构以及单片机特有数据类型。

相关知识

3.1　单片机存储器

3.1.1　数据存储器

　　数据存储器（RAM）也称为随机存取数据存储器。MCS-51 单片机的数据存储器在物理上和逻辑上都分为两个地址空间，一个内部数据存储区和一个外部数据存储区，如图 3-1 所示。8051 内部 RAM 共有 256 个单元，通常把这 256 个单元分为两部分：低 128 单元（单元地址 0x00～0x7F）和高 128 单元（单元地址 0x80～0xFF）。

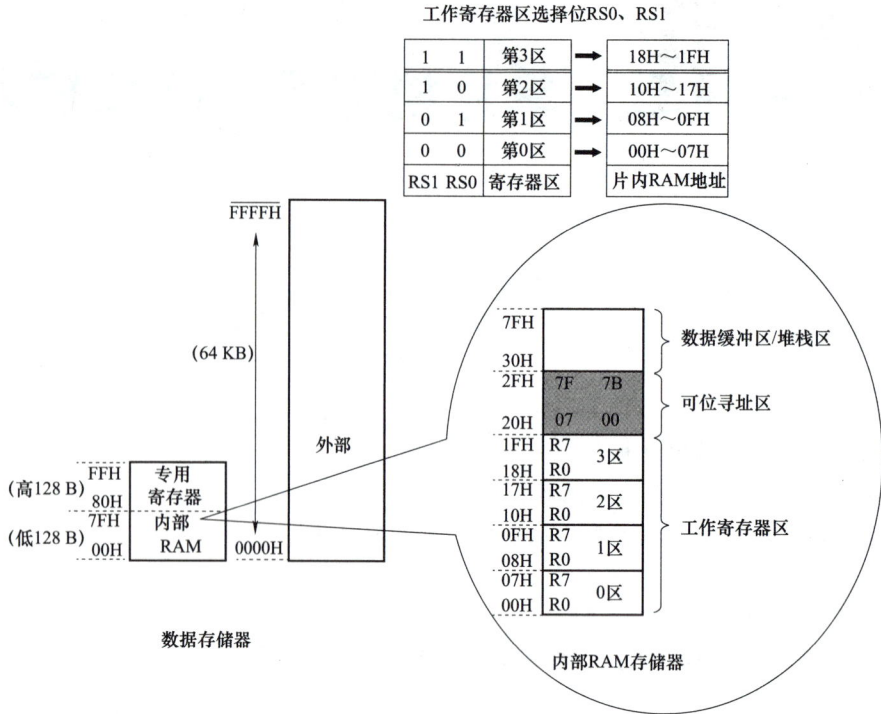

图 3–1　数据存储器结构

1. 片内数据存储器低 128 单元

8051 单片机片内数据存储器低 128 字节用于存储程序执行过程中的各种变量和临时数据，使用时可分为工作寄存器区、可位寻址区和堆栈区，基本配置见表 3–1。

表 3–1　片内 RAM 低 128 单元的配置

序号	区域	地址	功能
1	工作寄存器区	0x00～0x07	第 0 组工作寄存器（R0～R7）
		0x08～0x0F	第 1 组工作寄存器（R0～R7）
		0x10～0x17	第 2 组工作寄存器（R0～R7）
		0x18～0x1F	第 3 组工作寄存器（R0～R7）
2	可位寻址区	0x20～0x2F	位寻址区，位地址为：0x00～0x7F
3	用户 RAM 区	0x30～0x7F	用户数据缓冲区

（1）工作寄存器区。

8051 单片机的工作寄存器区位于片内 RAM 的低 32 个单元，按地址由小到大分为 4 组，每个组包括 8 个 8 位的寄存器，地址由低到高依次命名为 R0～R7。

在任一时刻，CPU 只能使用其中一组寄存器，至于选用哪个工作寄存器组，由 PSW 中的 RS0 和 RS1 位确定，可由指令设置。单片机复位时 RS0=0、RS1=0，因此工作寄存器组 0 为默认的工作寄存器组。

（2）位寻址区。

片内 RAM 的 0x20～0x2F 区间 16 个单元为固定的可位寻址存储区，可进行字节操作也可进行位寻址。每个单元有 8 位，16 个单元共 128 位，每一位都有一个位地址，相应的位地址为 0x00～0x7F。表 3-2 为片内 RAM 位寻址区的位地址，其中 MSB 表示高位，LSB 表示低位。

表 3-2　片内 RAM 位寻址区

单元地址	MSB			位地址			LSB	
2F	7F	7E	7D	7C	7B	7A	79	78
2E	77	76	75	74	73	72	71	70
2D	6F	6E	6D	6C	6B	6A	69	68
2C	67	66	65	64	63	62	61	60
2B	5F	5E	5D	5C	5B	5A	59	58
2A	57	56	55	54	53	52	51	50
29	4F	4E	4D	4C	4B	4A	49	48
28	47	46	45	44	43	42	41	40
27	3F	3E	3D	3C	3B	3A	39	38
26	37	36	35	34	33	32	31	30
25	2F	2E	2D	2C	2B	2A	29	28
24	27	26	25	24	23	22	21	20
23	1F	1E	1D	1C	1B	1A	19	18
22	17	16	15	14	13	12	11	10
21	0F	0E	0D	0C	0B	0A	09	08
20	07	06	05	04	03	02	01	00

（3）用户数据缓冲区。

剩下的 80 个单元就是片内 RAM，供用户使用，地址单元为 0x30～0x7F。对这部分区域的使用不作任何规定和限制，但在应用中一般把堆栈开辟在这个区域。

2. 片内数据存储器高 128 单元

片内 RAM 的高 128 单元是供给特殊功能寄存器（SFR，也称专用寄存器）使用的。特殊功能寄存器是单片机各功能部件所对应的寄存器，用来存放相应功能部件的控制命令、状态和数据的区域。它们离散地分部在片内 RAM 的高 128 单元中，共 21 个字节，其分配情况见表 3-3。

表 3-3　特殊功能寄存器分配表

SFR	字节地址	MSB			位地址/位定义			LSB	
B	F0H	F7	F6	F5	F4	F3	F2	F1	F0
ACC	E0H	E7	E6	E5	E4	E3	E2	E1	E0
PSW	D0H	D7	D6	D5	D4	D3	D2	D1	D0
		CY	AC	F0	RS1	RS0	OV	F1	P
IP	B8H	BF	BE	BD	BC	BB	BA	B9	B8
		—	—	—	PS	PT1	PX1	PT0	PX0
P3	B0H	B7	B6	B5	B4	B3	B2	B1	B0
		P3.7	P3.6	P3.5	P3.4	P3.3	P3.2	P3.1	P3.0
IE	A8H	AF	AE	AD	AC	AB	AA	A9	A8
		EA	—	—	ES	ET1	EX1	XT0	EX0
P2	A0H	A7	A6	A5	A4	A3	A2	A1	A0
		P2.7	P2.6	P2.5	P2.4	P2.3	P2.2	P2.1	P2.0
SBUF	99H								
SCON	98H	9F	9E	9D	9C	9B	9A	99	98
		SM0	SM1	SM2	REN	TB8	RB8	TI	RI
P1	90H	97	96	95	94	93	92	91	90
		P1.7	P1.6	P1.5	P1.4	P1.3	P1.2	P1.1	P1.0
TH1	8DH								
TH0	8CH								
TL1	8BH								
TL0	8AH								
TMOD	89H	GATE	$C/\overline{T}$	M1	M0	GATE	$C/\overline{T}$	M1	M0
TCON	88H	8F	8E	8D	8C	8B	8A	89	88
		TF1	TR1	TF0	TR0	IE1	IT1	IE0	IT0
PCON	87H	SMO	—	—	—	—	—	—	—
DPH	83H								
DPL	82H								
SP	81H								
P0	80H	87	86	85	84	83	82	81	80
		P0.7	P0.6	P0.5	P0.4	P0.3	P0.2	P0.1	P0.0

这些特殊功能寄存器中，凡是字节地址能被 8 整除（字节末位为 0 或者 8）的特殊功能寄存器都是既可字节寻址又可位寻址的，否则，只能按字节寻址。可位寻址的特殊功能寄存器的每一位都有位地址，有的还有位名称、位编号。需要注意的是有的 SFR 有位名称，却无

位地址，也不可以进行位寻址、位操作，如 TMOD。全部特殊功能寄存器区可位寻址的位共有 83 位。

（1）常用的特殊功能寄存器。

1）程序计数器 PC。

程序计数器 PC 是一个 16 位计数器，其内容为下一条将要执行指令的地址，寻址范围为 64 KB。PC 有自动加 1 的功能，从而控制程序的执行顺序。PC 没有物理地址，是不可寻址的，因此用户无法对它进行读写。但可以通过转移、调用、返回等指令改变其内容，以实现程序的转移。

2）程序状态字 PSW。

程序状态字 PSW 是一个 8 位的寄存器，用于存放程序运行中的各种状态信息。PSW 的各位定义见表 3-4。

表 3-4　PSW 各位的定义

位地址	0xD7	0xD6	0xD5	0xD4	0xD3	0xD2	0xD1	0xD0
位名称	CY	AC	F0	RS1	RS0	OV	F1	P

① CY 或 C（PSW.7）：进位标志位。

② AC（PSW.6）：辅助进位标志位，用于 BCD 码的十进制调整运算。

③ F0（PSW.5）：用户自定义标志位。可用软件使它置 1 或清 0，也可由软件来测试标志 F0 以控制程序的流向。编程时，该标志很有用。

④ RS1、RS0（PSW.4、PSW.3）：4 组工作寄存器区选择控制位 1 和位 0。RS1、RS0 与片内工作寄存器组的对应关系见表 3-5。

表 3-5　RS1、RS0 与片内工作寄存器组的对应关系

RS1	RS0	寄存器组	片内 RAM 地址	通用寄存器名称
0	0	0 组	0x00～0x07	R0～R7
0	1	1 组	0x08～0x0F	R0～R7
1	0	2 组	0x10～0x17	R0～R7
1	1	3 组	0x18～0x1F	R0～R7

⑤ OV（PSW.2）：溢出标志位，指示运算是否产生溢出。

⑥ F1（PSW.1）：保留位，未用。

⑦ P（PSW.0）：奇偶标志位。存放累加器 ACC 数据的二进制形式中"1"的个数的奇偶性。一般用于异步串行通信中的奇偶校验。当 ACC 中"1"的个数为奇数时 P=1，当 ACC 中"1"的个数为偶数时 P=0。

（2）位操作与字节操作。

8051 单片机有一部分存储器既可以位操作也可以字节操作，例如特殊功能寄存器 TCON，存储器地址为 0x88，存储器可字节寻址也可位寻址。

执行 TCON=0x40 与执行 TR1=1 时，TCON 存储器结果如图 3-2 所示。

0	1	0	0	0	0	0	0

X	1	X	X	X	X	X	X

图 3-2　字节操作与位操作结果

3. 片外数据存储器

若片内 RAM 不够用时，可扩展片外数据存储器（片外 RAM），最大范围为 64 KB，称为 XDATA 区。在 XDATA 区进行分页寻址操作时，称为 PDATA 区。

3.1.2　程序存储器

51 单片机的程序存储器用来存放编好的程序和程序执行过程中不会改变的原始数据。一般用于存放用户程序、数据和表格等信息。程序存储器内部结构如图 3-3 所示。

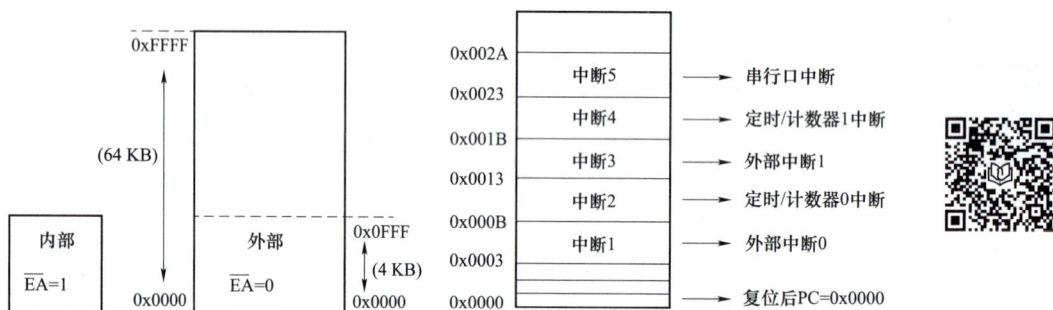

图 3-3　程序存储器内部结构

MCS-51 单片机按程序存储器可分为内部无 ROM 型（如 8031）和内部有 ROM 型（如 8051）两种。

51 单片机片外最多能扩展 64 KB 程序存储器，片内外的 ROM 是统一编址的。如果单片机的 $\overline{EA}$ 保持高电平，8051 的程序计数器 PC 在 0x0000～0x0FFF 地址范围内，则执行片内 ROM 存储的程序，PC 在 0x1000～0xFFFF 地址范围内，则自动执行片外程序存储器中的程序；如果单片机的 $\overline{EA}$ 保持低电平，则只能寻址外部程序存储器，片外程序存储器的地址从 0x0000 开始编址。

程序存储器中有一部分存储单元用于特定功能：

第一组特殊单元是 0x0000～0x0002。系统复位后，PC=0x0000，表示单片机从 0x0000 单元开始执行程序。

第二组特殊单元是 0x0003～0x002A，共 40 个单元。这 40 个单元被平均分为 5 段，用作存储 5 个中断源的中断程序入口地址。

0x0003～0x000A：外部中断 0 中断入口地址存放区；

0x000B～0x0012：定时/计数器 0 中断入口地址存放区；

0x0013～0x001A：外部中断 1 中断入口地址存放区；

0x001B～0x0022：定时/计数器 1 中断入口地址存放区；

0x0023～0x002A：串行口中断入口地址存放区。

3.2　单片机数据类型

3.2.1　特殊功能寄存器

在单片机的 C 语言程序设计中，可以通过关键字 sfr 来定义所有特殊功能寄存器，从而在程序中直接访问它们。

1. 一般形式

　　　　sfr　特殊功能寄存器名＝特殊功能寄存器地址

2. 说明

（1）特殊功能寄存器名可以随意按变量命名规则选取。

（2）赋值运算符右边为特殊功能寄存器地址，其地址范围为 80H～FFH，且只能为常数。

例如：

　　　　sfr　PSW＝0xd0；

　　　　sfr　B＝0xe0；

　　　　sfr　P1＝0x90；　　//特殊功能寄存器 P1 的地址是 90H

对应 P1 口的 8 个 I/O 引脚在程序中就可以直接使用 P1 这个特殊功能寄存器了，下面语句是合法的：

　　　　P1＝0x00；　　　　　//将 P1 口的 8 位 I/O 口全部清 0

3.2.2　可寻址位

C 语言中，还可以通过关键字 sbit 来定义特殊功能寄存器中的可寻址位。利用它可以访问芯片内部 RAM 中的可寻址位或特殊功能寄存器中的可寻址位。

1. 一般形式

　　　　sbit 位名称＝位地址

2. 举例

例如：

　　　　sbit　CY＝0xd7；

　　　　sbit　A＝0xd6；

　　　　sbit　F0＝0xd5；

也可以写成：

　　　　sbit　CY＝0xd0^7；

　　　　sbit　A＝0xd0^6；

　　　　sbit　F0＝0xd0^5；

还可以写成：

　　　　sbit　CY＝PSW^7；

　　　　sbit　A＝PSW^6；

　　　　sbit　F0＝PSW^5；

通常情况下，这些特殊功能寄存器已经在头文件 reg51.h 中定义了，只要在程序中包含了该头文件，就可以直接使用已定义的特殊功能寄存器。

如果没有头文件 reg51.h，或者该文件中只定义了部分特殊功能寄存器和位，用户也可以在程序中自行定义。

3.2.3 位类型

1. 一般形式

    bit   位名称=位值（0、1）

2. 说明

只能定位类型变量，不能定义位数组和位指针。

例如：

    bit   flag=0；

或

    bit   flag；

        flag=0；

任务实施

1. 任务分析

从硬件角度分析，系统由单片机、复位电路、时钟电路、电源以及无源蜂鸣器组成。无源蜂鸣器用方波信号驱动发声，频率一般为 2～5 kHz，由单片机的 I/O 端口即可输出一定频率的高低电平信号，从而控制蜂鸣器。

从软件角度分析，编写程序控制单片机的 I/O 端口输出高低电平信号，控制延时时间，从而控制信号的频率。

2. 电路设计

根据以上分析，蜂鸣器触发控制电路设计如图 3-4 所示。

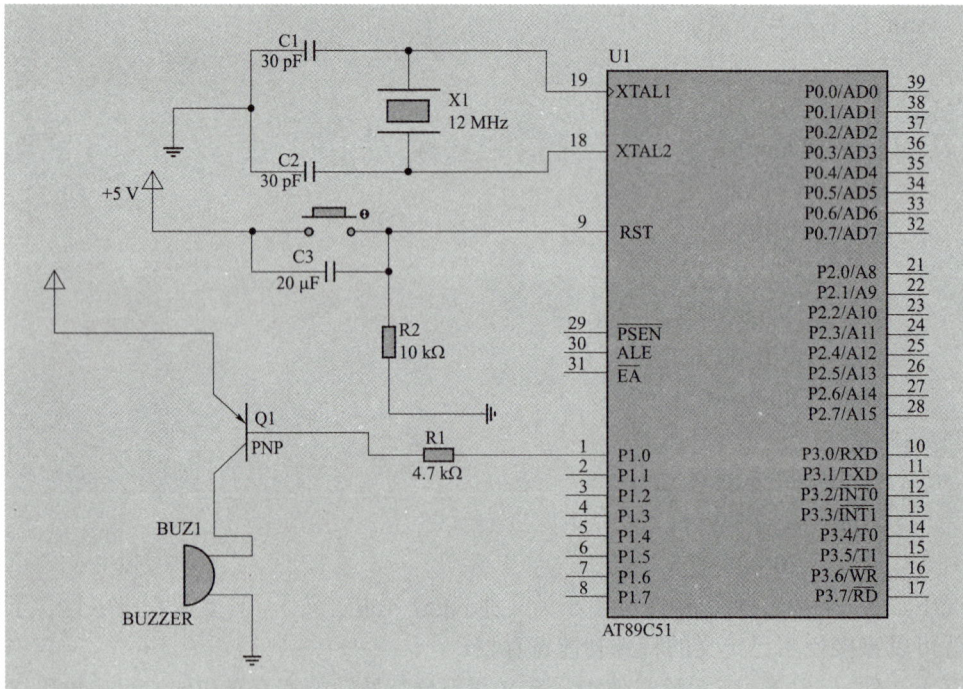

图 3-4　蜂鸣器控制系统硬件电路设计

3. 程序设计

```
/***********蜂鸣器控制系统*****************/
/*功能：I/O 口控制蜂鸣器的开关            */
/*****************************************/
#include  <reg51.h>
sbit buzz=P1^0;            //定义位名称
/**********延时函数**************/
/*函数名：  delay()            */
/*函数功能：实现软件延时         */
/*形式参数：无符号整形变量 i     */
/*控制空循环的循环次数           */
/*返回值：无                    */
/****************************/
void delay(unsigned int i)
{
  unsigned int j,k;          //定义无符号整形变量 i、k
  for(j=0;j<i;j++)           //双重 for 循环语句实现软件延时
    for(k=0;k<100;k++)   ;
}
/*****主函数*********/
/*函数名：main()     */
/*返回值：无          */
/*****************/
void main()              //主函数
  {
    while(1)
    {
        buzz=0;          //蜂鸣器发声
        delay(100);      //调用延时程序
        buzz=1;          //蜂鸣器不发声
        delay(100);      //调用延时程序
    }
  }
```

任务小结

通过蜂鸣器触发控制系统的制作，掌握单片机位操作基本方法，对单片机的 I/O 端口操作有一个初步了解。

任务 2   二十四字价值观流水灯设计

任务描述

请以"富强、民主、文明、和谐、自由、平等、公正、法治、爱国、敬业、诚信、友善"命名 12 个 LED 发光二极管，通过单片机控制 12 个 LED 发光二极管循环点亮。了解单片机并行 I/O 端口的基本结构，掌握位运算的使用，会编写 C 程序对单片机的 I/O 端口进行控制。此任务以 8 个 LED 发光二极管为例，还有 4 个 LED 发光二极管读者自行完成。

相关知识

3.3   位逻辑运算符

51 单片机的存储器中有一部分的存储器是允许位操作的，单片机应用系统开发时对 I/O 端口的操作也是非常频繁的，因此往往要求程序在位（bit）一级进行运算或处理。C51 语言直接面对 51 单片机硬件，提供了强大的位运算功能，使得 C 语言也能像汇编语言一样用来编写系统程序、单片机控制程序。

C51 提供了 6 种位运算符，见表 3–6。

表 3–6   位运算符

运算符	功能
&	按位与
|	按位或
^	按位异或
~	按位取反
>>	右移
<<	左移

3.3.1   位运算符

1. 按位与运算（参与运算的数以补码方式出现）

（1）清零特定位（mask 中特定位置 0，其他位为 1，$s=s\&mask$）。

例如：把 a 的高八位清 0，保留低八位，$a=4560$（10001110010000）。

可作 $a\&255$ 运算（255 的二进制数为 0000000011111111）：

```
        0010001110010000
&       0000000011111111
        0000000010010000
```

（2）取某数中指定位（mask 中特定位置 1，其他位为 0，$s=s\&mask$）。

例如：取末三位　|（1101101->101）　|x& 7

2. 按位或运算（参与运算的数以补码方式出现）

常用来将源操作数某些位置 1，其他位不变（mask 中特定位置 1，其他位为 0，$s=s|\text{mask}$）。

例如：将数据 101100 最后一位置 1，即实现 101100->101101

位运算实现方法：$x|1$

将数据 101101 最后一位清 0，即实现 101101->101100

位运算实现方法：$x|1-1$

3. 按位异或运算（参与运算的数以补码方式出现）

（1）使特定位的值取反（mask 中特定位置 1，其他位为 0，$s=s\wedge\text{mask}$）。

例如：9^5 的结果为

00001001^00000101=00001100

（2）不引入第三变量，交换两个变量的值（设 $a=a_1$，$b=b_1$），见表 3-7。

表 3-7　不引入第三变量，交换两个变量的值

目标	操作	操作后状态
$a=a_1\wedge b_1$	$a=a\wedge b$	$a=a_1\wedge b_1$，$b=b_1$
$b=a_1\wedge b_1\wedge b_1$	$b=a\wedge b$	$a=a_1\wedge b_1$，$b=a_1$
$a=b_1\wedge a_1\wedge a_1$	$a=a\wedge b$	$a=b_1$，$b=a_1$

4. 求反运算

求反运算符"～"为单目运算符，具有右结合性。其功能是对参与运算的数的各二进位按位求反。

例如：～9 的运算为

～（0000000000001001）=1111111111110110

3.3.2　移位运算

1. "≪"（左移）

一般形式：操作数 1≪操作数 2

功能：把"≪"左边的操作数 1 的各二进制位全部左移若干位，移动的位数由"≪"右边的操作数 2 决定，移动时高位丢弃，低位补 0。

例如：$a=00000011$（十进制 3），执行 $a\ll4$，即将 a 的各二进位向左移动 4 位，00000011 左移 4 位后为 00110000（十进制数 48）。

相当于 $a\times2^n$（n 为左移的位数），即 $3\times2^4=48$。

2. "≫"（右移）

一般形式：操作数 1≫操作数 2

功能：把"≫"左边的操作数 1 的各二进制位全部右移若干位，移动的位数由"≫"右边的操作数 2 决定，移动时低位丢弃，如果是正数，高位补 0；如果是负数，高位补 0 或补 1，由所用的计算机系统决定。

例如：$a=00001111$（十进制 15），执行 $a\gg2$，即将 a 的各二进位向右移动 2 位，00001111 右移 2 位后为 00000011（十进制数 3。）

相当于 $a/2^n$（n 为右移的位数），即 $15/2^2=3$。

3.4 单片机并行 I/O 端口

3.4.1 并行 I/O 端口介绍

I/O 端口又称为 I/O 接口或 I/O 通路，是 MSC-51 单片机对外部实现控制和信息交换的必经之路，是一个过渡的大规模集成电路，用于信息传递过程中的速度匹配和增强单片机的负载能力。

MCS-51 单片机共有 4 个 8 位并行 I/O 端口，分别用 P0、P1、P2 和 P3 表示，每个端口都有八条端口线，每个 I/O 端口既可以按位操作单个引脚，也可以按照字节操作使用 8 个引脚。单片机的 4 个 I/O 端口在结构和特性上基本相似，但也各有特点。

3.4.2 P0 端口

1. P0 端口功能介绍

P0 端口（P0.7～P0.0）字节地址为 0x80，位地址范围是 0x80～0x87。P0 端口具有较大的负载能力，最多可驱动 8 个 TTL 门。

一般来说，P0 端口具有两种功能：第一，P0 可以作为通用 I/O 端口使用，输出数据时可以得到锁存，不需要外接专用锁存器，输入时数据可以得到缓冲。第二，P0 端口在 CPU 访问外部存储器时作为第八位地址和数据复用线。

2. P0 端口电路结构

P0 口的位电路结构如图 3-5 所示，是由一个输出锁存器（D 型触发器）、两个三态门缓冲器、与门和多路开关 MUX 组成的控制电路、一对场效应晶体管 FET 构成的输出电路所组成。

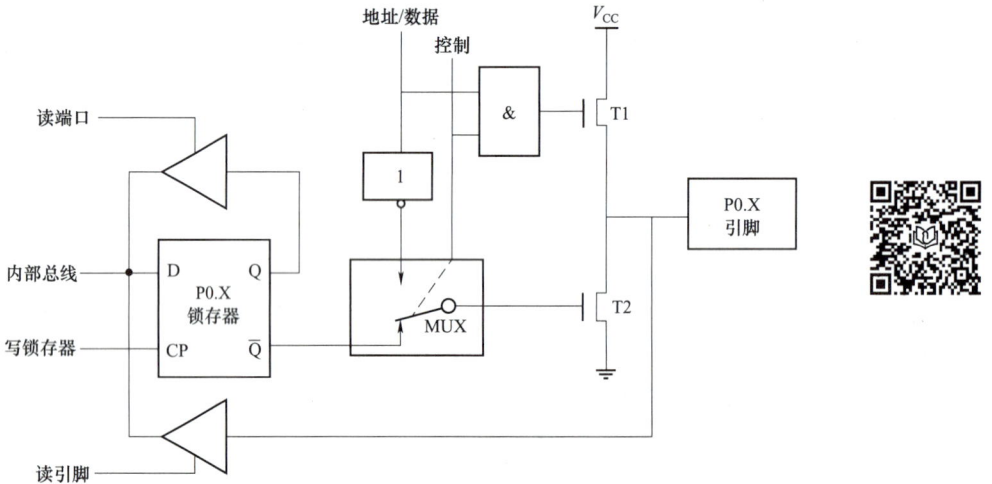

图 3-5 P0 端口位电路结构

3. P0 端口工作原理

当 P0 口作为输出口使用时，内部总线将数据送入锁存器，内部的写脉冲加在锁存器时钟端 CP 上，锁存数据到 Q 端。经过 MUX，T2 反相后正好是内部总线的数据，送到 P0 口引脚输出。

当 P0 口作为输入口使用时，应区分读引脚和读端口两种情况，所谓读引脚，就是读芯片引脚的状态，这时使用下方的数据缓冲器，由"读引脚"信号把缓冲器打开，把端口引脚上的数据从缓冲器通过内部总线读进来。

读端口是指通过上面的缓冲器读锁存器 Q 端的状态。读端口是为了适应对 I/O 口进行"读—修改—写"操作语句的需要。

除了 I/O 功能以外，在进行单片机系统扩展时，P0 端口是作为单片机系统的地址/数据线使用的，一般称为地址/数据分时复用引脚。

当输出地址或数据时，由内部发出控制信号，使"控制"端为高电平，打开与门，并使多路开关 MUX 处于内部地址/数据线与驱动场效应管栅极反相接通状态。此时，输出驱动电路由于两个 FET 处于反相，形成推拉式电路结构，使负载能力大为提高。输入数据时，数据信号直接从引脚通过输入缓冲器进入内部总线。

3.4.3 P1 端口

1. P1 端口功能介绍

P1 端口是准双向口，只能作为通用 I/O 口使用。

2. P1 端口电路结构

P1 端口的位电路结构如图 3-6 所示，包含输出锁存器、2 个输入缓冲器以及 FET 晶体管和内部上拉电阻组成的输出驱动器。

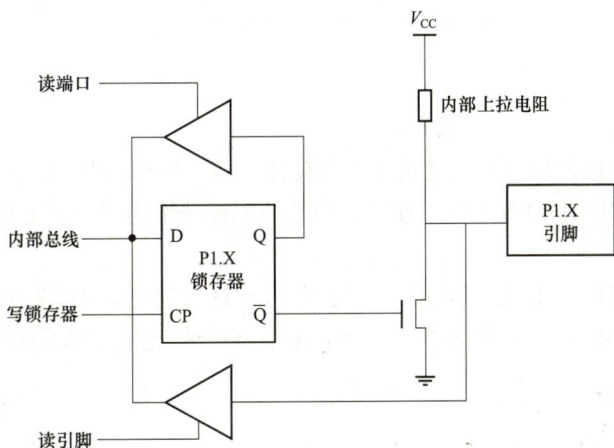

图 3-6 P1 端口位电路结构

3. P1 端口工作原理

P1 端口作为输出口使用时，无须再外接上拉电阻。P1 端口作为输入口使用时，应区分读引脚和读端口。读引脚时，必须先向电路中的锁存器写入"1"，使输出级的 FET 截止。

3.4.4 P2 端口

1. P2 端口功能介绍

P2 端口是准双向口，在实际应用中，可以用于为系统提供高 8 位地址，也能作为通用 I/O 口使用。

2. P2 端口电路结构

P2 端口的位电路结构如图 3-7 所示。电路含有输出锁存器、两个输入缓冲器以及 FET 晶体管、内部上拉电阻以及多路选择开关。

3. P2 端口工作原理

P2 端口作为通用 I/O 口的输出口使用时，与 P1 端口一样无须再外接上拉电阻。P2 端口作为通用 I/O 口的输入口使用时，应区分读引脚和读端口。读引脚时，必须先向锁存器写入"1"。

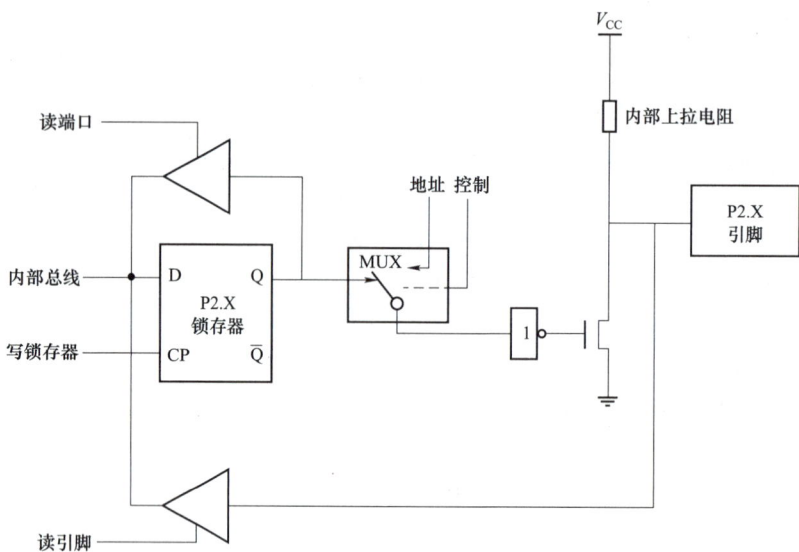

图 3-7　P2 端口位电路结构

3.4.5　P3 端口

1. P3 端口功能介绍

P3 端口是准双向口，可以作为通用 I/O 口使用，还可以作为第二功能使用。作为第二功能使用的端口，不能同时当作通用 I/O 口使用，但其他未被使用的端口仍可作为通用 I/O 口使用。

2. P3 端口电路结构

P3 端口的位电路结构如图 3-8 所示，P3 端口有第二功能。P3 端口位电路含有输出锁存器、两个输入缓冲器以及 FET 晶体管、与非门和内部上拉电阻组成的输出驱动器。

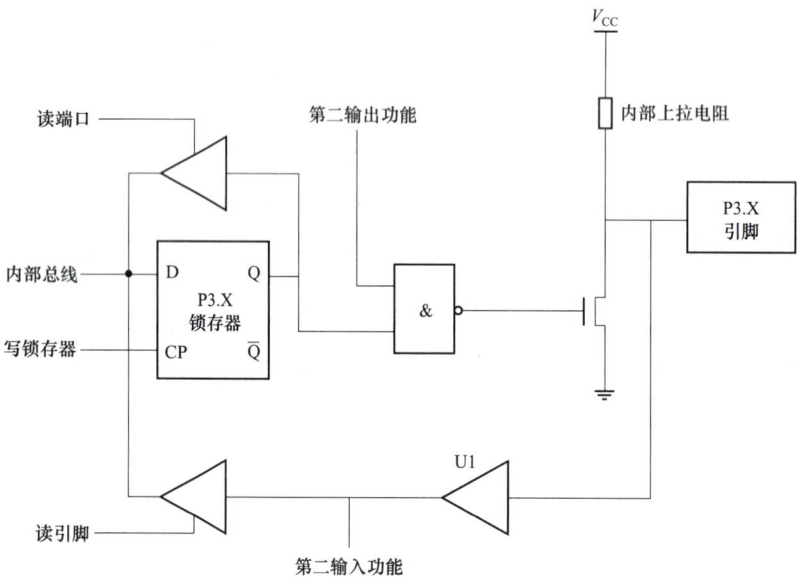

图 3-8　P3 端口位电路结构

3. P3 端口工作原理

P3 端口作为通用 I/O 端口使用时，工作原理与 P1 端口基本相似。

P3 端口作为第二功能时，锁存器输出 1，通过第二输出功能线输出特定的信号；在输入方面，可以通过缓冲器读入引脚信号。

任务实施

1. 任务分析

从硬件角度分析，系统由单片机、复位电路、时钟电路、电源以及发光二极管组成。单片机的 I/O 口输出高电平"1"时，发光二极管熄灭，单片机的 I/O 口输出低电平"0"时，发光二极管点亮。

从软件角度分析，编写程序控制单片机的 I/O 端口输出高低电平信号，控制发光二极管的闪烁效果。通过分析，P0.7～P0.0 的状态见表 3-8。

表 3-8　P0 端口各位的状态

P0.7	P0.6	P0.5	P0.4	P0.3	P0.2	P0.1	P0.0
1	1	1	1	1	1	1	0
1	1	1	1	1	1	0	1
1	1	1	1	1	0	1	1
1	1	1	1	0	1	1	1
1	1	1	0	1	1	1	1
1	1	0	1	1	1	1	1
1	0	1	1	1	1	1	1
0	1	1	1	1	1	1	1

P0.7～P0.0 端口的状态取反之后见表 3-9。

表 3-9　P0 端口各位状态取反后的状态

P0.7	P0.6	P0:5	P0.4	P0.3	P0.2	P0.1	P0.0
0	0	0	0	0	0	0	1
0	0	0	0	0	0	1	0
0	0	0	0	0	1	0	0
0	0	0	0	1	0	0	0
0	0	0	1	0	0	0	0
0	0	1	0	0	0	0	0
0	1	0	0	0	0	0	0
1	0	0	0	0	0	0	0

P0 端口的状态为二进制数据 00000001 依次左移 1 位得到。

2. 电路设计

根据以上分析，二十四字核心价值观流水灯设计电路设计如图 3-9 所示。

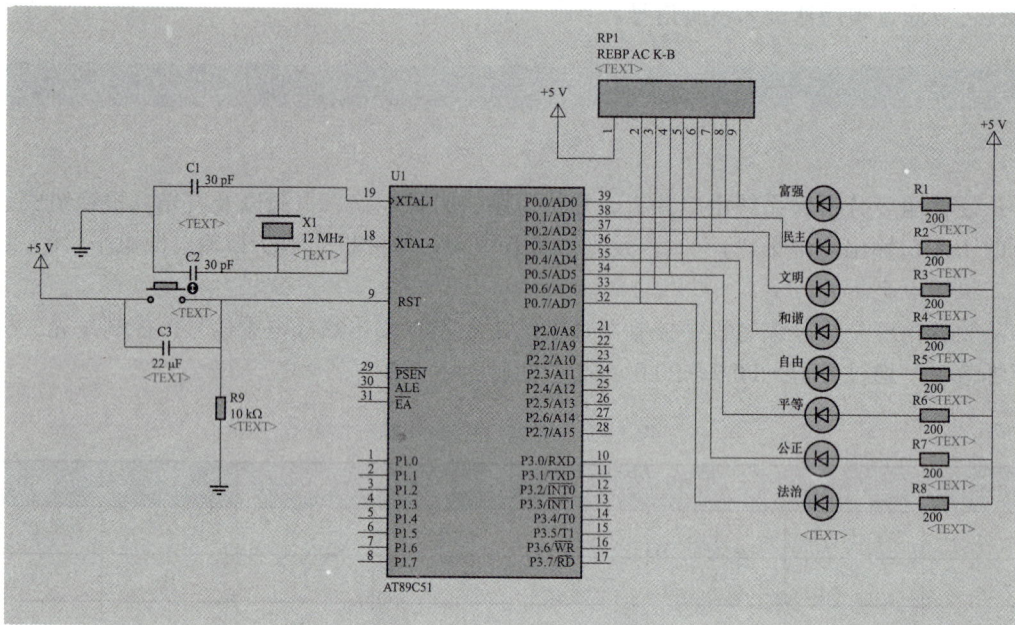

图 3-9　流水灯控制系统硬件电路设计

3. 程序设计

函数流程图如图 3-10 所示。

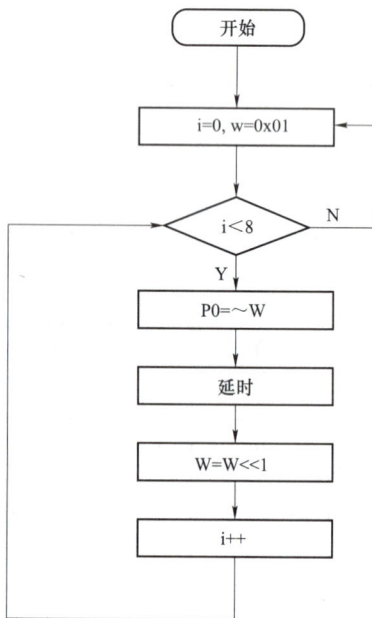

图 3-10　流水灯控制系统函数流程图

参考程序：
```
/************流水灯控制系统************/
/*功能：控制 8 个发光二极管闪烁程序*/
/***********************************/
#include <reg51.h>   //包含头文件 reg51.h
/*********延时函数*********/
/*函数名： delay()  */
/*函数功能：实现软件延时*/
/*形式参数：无符号整形变量 i，控制空循环的循环次数*/
/*返回值：无            */
void delay(unsigned int i)         //延时函数
{
   unsigned int j,k;              //定义无符号整形变量 i、k
   for(j=0;j<i;j++)               //双重 for 循环语句实现软件延时
      for(k=0;k<100;k++);
}
/*****主函数*********/
/*函数名：main()       */
/*返回值：无           */
/*****************/
void main()
{
    unsigned char i;
    unsigned char w;
    while(1)
    {
        w=0x01;              //设定 w 初值为 0x01
        for(i=0;i<8;i++)
        {
            P0=~w;           //将 w 中的值从 P0 端口输出
            delay(500);      //调用延时程序
            w=w<<1;          //将 w 中的值左移一位
        }
    }
}
```

任务小结

通过单片机控制流水灯系统设计，掌握单片机并行 I/O 端口字节操作，理解在硬件设计中 P0 端口外接上拉电阻的方法。

任务拓展　花样彩灯设计

任务描述

通过单片机控制并行 I/O 端口所接 8 个发光二极管，当选择开关 K1 闭合时，8 个发光二极管呈现第一种彩灯样式；当选择开关 K2 闭合时，8 个发光二极管呈现第二种彩灯样式。当 K1 闭合时，彩灯逐渐点亮，直到全部点亮，然后重复下去；当 K2 闭合时，彩灯由两端逐渐点亮，待全部点亮后再由中间逐渐熄灭，直到全部熄灭，然后重复下去。

通过完成任务，进一步了解 I/O 端口的读操作，掌握 C 语言中数组在单片机控制系统中的运用。

任务实施

1. 任务分析

从硬件角度分析，系统由单片机、复位电路、时钟电路、电源、开关以及发光二极管组成。开关断开时，单片机的 I/O 引脚为高电平；开关闭合时，单片机的 I/O 引脚为低电平。

从软件角度分析，单片机读取引脚的状态，根据读回的状态调用不同的子函数控制 8 个发光二极管呈现不同的彩灯样式。

2. 电路设计

根据以上分析，花样彩灯设计电路如图 3-11 所示。

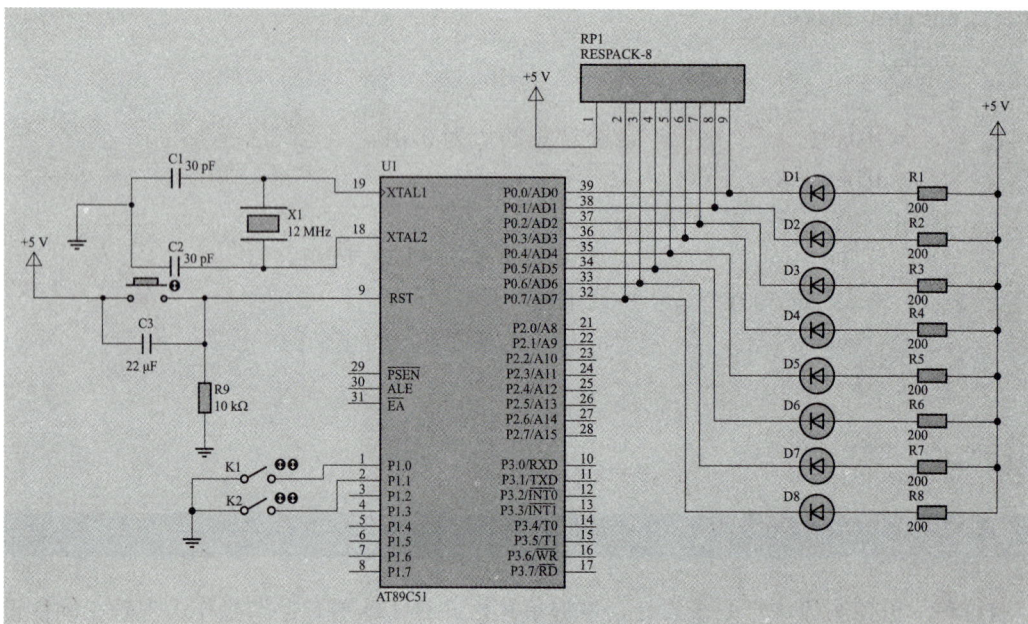

图 3-11　可控彩灯控制系统硬件电路设计

3. 程序设计

主函数流程图如图 3-12 所示。

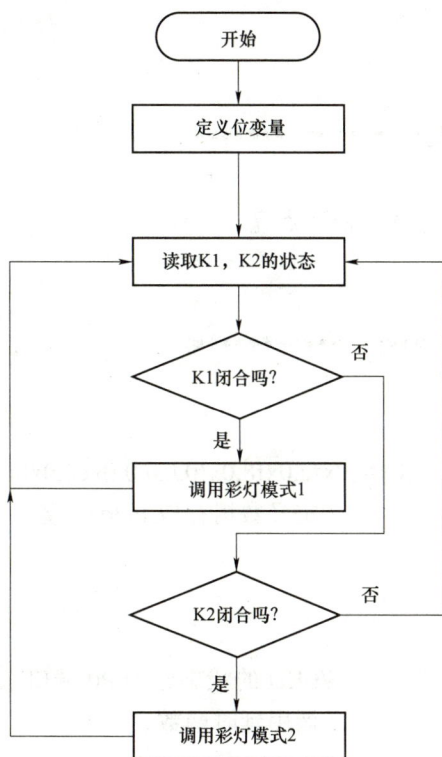

图 3-12　主函数流程图

```
/******************可控花样彩灯*******************/
/*功能：开关 K1 闭合时，控制发光二极管呈现彩灯样式 1*/
/*       开关 K2 闭合时，控制发光二极管呈现彩灯样式 2 */
/****************************************************/
#include <reg51.h>              //包含头文件 reg51.h，
//定义 MCS-51 单片机的特殊功能寄存器
sbit P1_0=P1^0;                 //开关 K1 口
sbit P1_1=P1^1;                 //开关 K2 口
/*********延时函数***************************/
/*函数名：  delay()                              */
/*函数功能：实现软件延时                         */
/*形式参数：无符号整形变量 i，控制空循环的循环次数*/
/*返回值：无                                     */
/********************************************/
void delay(unsigned int i)      //延时函数
{
```

```
    unsigned int j,k;                   //定义无符号整形变量 i、k
    for(j=0;j<i;j++)                     //双重 for 循环语句实现软件延时
        for(k=0;k<100;k++)
        ;
}
```

/**********LED 点亮模式 1*************/
/*函数名：led_mode1   */
/*函数功能：控制 LED 灯逐渐依次点亮   */
/*形式参数：无   */
/*返回值：无   */
/***********************************/

```
void led_mode1()
{
    unsigned char led1[]={0xfe,0xfc,0xf8,0xf0,0xe0,0xc0,0x80,0x00};
                                //定义数组存放 mode1 模式下 LED 的所有状态
    unsigned char i;
    for(i=0;i<8;i++)
    {
        P0=led1[i];             //LED 的状态送到 P0 端口
        delay(500);             //调用延时函数
    }
}
```

/**********LED 点亮模式 2*****************/
/*函数名：led_mode2   */
/*函数功能：控制 LED 灯从两端逐渐点亮，然后再逐渐熄灭*/
/*形式参数：无   */
/*返回值：无   */
/***/

```
void led_mode2()
{
    unsigned char led1[]={0x7e,0x3c,0x18,0x00,0x18,0x3c,0x7e,0xff};
                                //定义数组存放 mode2 模式下 LED 的所有状态
    unsigned char i;
    for(i=0;i<8;i++)
    {
        P0=led1[i];             //将 LED 的状态送到 P0 端口
        delay(500);             //调用延时函数
    }
```

```
    }
/*****主函数*********/
/*函数名：main       */
/*返回值：无         */
/*******************/
void main()                    //主函数
{
    bit mode1,mode2;           //定义位变量，存放 K1、K2 的状态
    while(1)
    {
      mode1=P1_0;              //读取 P1^0 引脚的状态
      mode2=P1_1;              //读取 P1^1 引脚的状态
      if(mode1==0)             //判断 K1 是否闭合
      {
        led_mode1();           //调用 led_mode1()子函数
      }
      if(mode2==0)             //判断 K2 是否闭合
      {
        led_mode2();           //调用 led_mode2()子函数
      }
    }
}
```

任务小结

通过可控花样彩灯的系统设计进一步掌握了单片机并行 I/O 的读入以及输出操作。

项目微课与视频

#Include 指令的作用	单片机数据类型	延时函数 delay	位方法流水灯	字节方法流水灯	移位方法流水灯

项目知识总结

本项目通过完成蜂鸣器控制系统设计、流水灯控制系统设计以及可控花样彩灯控制系统

设计，详细介绍了以下内容：

（1）单片机的存储器结构；

（2）单片机数据类型；

（3）位逻辑运算；

（4）单片机并行 I/O 口结构及功能。

习　　题

一、填空题

1. 在 MCS-51 系列单片机的 4 个并行 I/O 端口中，_____端口常用于第二功能。

2. MCS-51 系列单片机的数据存数器可扩展的最大容量是_____。

3. 用 C51 编程时，单片机的并行 I/O 口可以按_____寻址，也可以按_____寻址。

4. MCS-51 系列单片机片内数据存器区间的工作寄存器共有_____组，单片机复位后系统默认使用的是第_____组。

二、选择题

1. MCS-51 系列单片机的 4 个并行 I/O 端口在作为通用 I/O 端口使用的，在输出数据时，必须要外接上拉电阻的是（　　　）。

A. P0　　　　　　　B. P1　　　　　　　C. P2　　　　　　　D. P3

2. MCS-51 系列单片机的片内数据存储器的容量为（　　　）。

A. 128 KB　　　　B. 4 KB　　　　　C. 256 B　　　　　D. 64 KB

3. 当 MCS-51 系列单片机应用系统需要扩展存储器时，作为高 8 位地址使用的是（　　　）。

A. P0　　　　　　　B. P1　　　　　　　C. P2　　　　　　　D. P3

4. 当 $a=0x04$，执行 $a=a \ll 2$ 后的结果为（　　　）。

A. 0x02　　　　　　B. 0x80　　　　　　C. 0x10　　　　　　D. 0x08

三、实践题

编写程序，使发光二极管先按状态 1 点亮，经过一段时间后再按状态 2 点亮，状态见表 3-10。

表 3-10　状态表

P1 端口	P1.7	P1.6	P1.5	P1.4	P1.3	P1.2	P1.1	P1.0
状态 1	1	0	1	0	1	0	1	0
状态 2	0	1	1	0	1	1	0	1
注：1—灯灭；0—灯亮。								

项目四　单片机外部中断系统应用

■ 知识目标
　（1）理解单片机中断的作用；
　（2）掌握单片机中断处理过程；
　（3）掌握外部中断特殊功能寄存器的设置；
　（4）掌握外部中断软件程序设计。

■ 能力目标
　学会使用外部中断进行单片机控制。

■ 思政目标
　科技强国。

任务1　防盗报警系统设计

任务描述

　　采用按键模拟门的开关制作防盗报警系统，按键断开相当于门关，无小偷，指示灯亮；按键闭合相当于门开，有小偷，指示灯灭，蜂鸣器长响。
　　通过完成此任务，了解单片机中断系统、中断系统结构、中断响应过程、外部中断的程序编写、电平触发方式的使用等。

相关知识

4.1　单片机中断基本概念

4.1.1　什么是中断

1. 中断及相关概念

　　如图4-1所示，当有随机事件发生时，中断源向CPU发出中断请求，CPU同意中断请求并中止其正在执行的主程序（出现断点，保护现场），转而去执行随机事件的中断服务子程序，执行完中断服务子程序后恢复现场返回执行原来中止的程序。

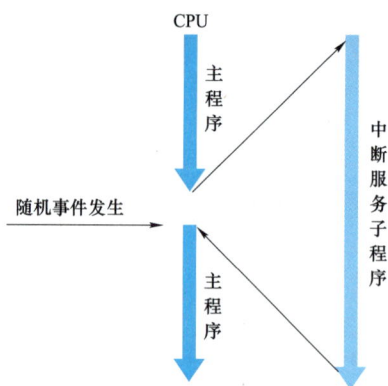

图 4-1　中断过程示意图

其相关概念见表 4-1。

表 4-1　中断相关概念

概念	定义
中断	CPU 暂时中止其正在执行的程序，转去执行请求中断的那个外设或事件的服务程序，等处理完毕后再返回执行原来中止的程序
中断源	请求中断的那个外设或事件
中断请求	中断源要求中断服务的请求
中断服务子程序	执行外设或事件的服务程序
主程序	CPU 现行运行的程序
保护现场	将断点保存下来，以便中断返回时继续从这个断点运行
恢复现场	将中断断点读出来给单片机，让 CPU 继续中断前的工作
断点	主程序断开的位置称为断点

中断举例，见表 4-2。

表 4-2　中断举例

步骤	举例	中断过程
第一步	某人看书	执行主程序
第二步	电话铃响	中断请求
第三步	暂停看书	中断响应
第四步	书中做记号	保护现场
第五步	电话谈话	中断服务子程序
第六步	从记号处继续看书	恢复现场返回主程序

2. 单片机为什么设置中断

（1）提高 CPU 工作效率。

（2）具有实时处理功能：CPU 及时处理随机事件。

（3）具有故障处理功能：电源掉电、存储出错、运算溢出。

（4）实现分时操作：CPU 可以同多个外设"同时"工作。

4.1.2　中断系统的功能

中断技术是十分重要而复杂的技术，由计算机的软硬件共同完成，称之为中断系统。一个完整的中断系统应具备如下功能。

（1）设置中断源：中断源是系统中允许请求中断的事件。设置中断源就是确定中断源的中断请求方式。

（2）中断源识别：当中断源有请求时，CPU 能够正确地判别中断源，并能够转去执行相应的中断服务子程序。

（3）中断源判优：当有多个中断源同时请求中断时，系统能够自动地进行中断优先权判断，优先权最高的中断请求将优先得到 CPU 的响应和处理。

（4）中断处理与返回：能自动地在中断服务子程序与主程序之间进行跳转，并对断点进行保护。

4.2　MCS−51 单片机中断系统结构

MCS−51 单片机中断系统结构如图 4−2 所示。由图 4−2 可知，当随机事件采用外部中断 0 发出中断请求时，信号由单片机 P3.2 引脚输入，在输入信号之前，要设置触发中断请求的方式，有两种方式，一种为电平触发方式，设置标志 IT0＝0；一种为跳沿触发方式，设置

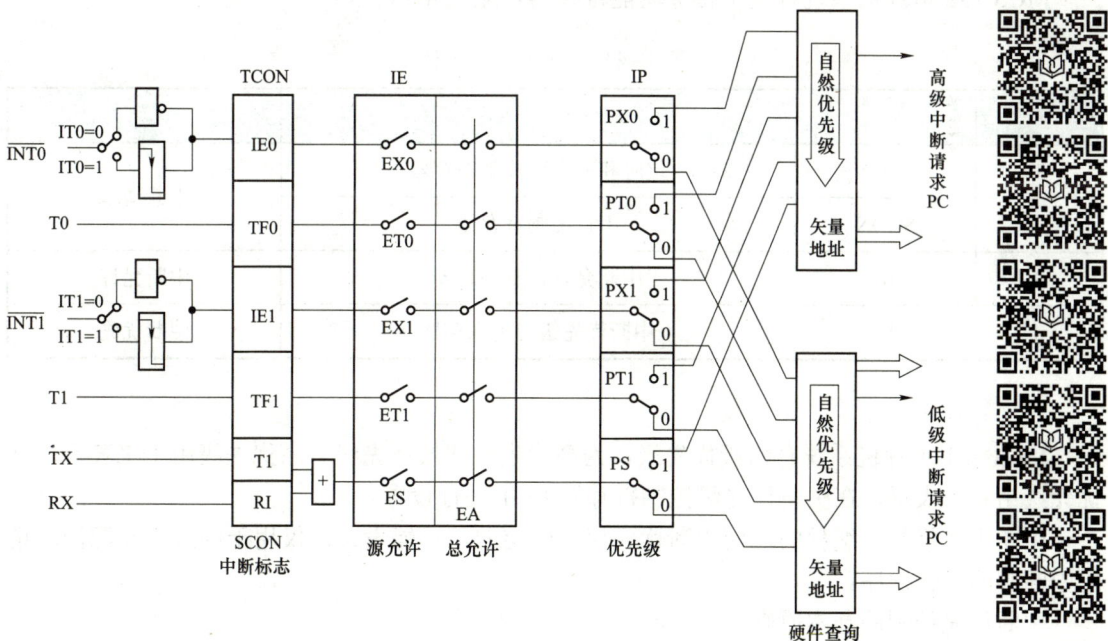

图 4−2　中断系统结构

标志 IT0=1，CPU 检测到有中断请求时，会自动将中断控制寄存器 TCON 中的 IE0 标志位置
"1"，然后检查中断允许控制寄存器 IE 标志位 EX0 和 EA 是否由用户置"1"，若为"1"，则
以默认的 0 优先级执行中断服务子程序。

4.2.1 中断各功能部件

从中断系统结构可知，中断系统有 5 个中断源，4 个特殊功能寄存器，2 个中断优先级。

1. 中断源

MCS-51 单片机系统有 5 个中断源，见表 4-3。

表 4-3 中断源

序号	中断源		引脚	使用说明
1	$\overline{INT0}$	外部中断 0	P3.2	有外部触发方式的选择
2	$\overline{INT1}$	外部中断 1	P3.3	有外部触发方式的选择
3	T0	定时/计数器 0 溢出中断	P3.4	内部定时/计数器溢出请求中断
4	T1	定时/计数器 1 溢出中断	P3.5	内部定时/计数器溢出请求中断
5	RI/TI	串行中断	P3.6 P3.7	串行接收中断 RI 和串行发送中断 TI

2. 特殊功能寄存器

MCS-51 单片机系统有 4 个特殊功能寄存器，见表 4-4。

表 4-4 特殊功能寄存器

序号	特殊功能寄存器		说明
1	TCON	定时和外中断控制寄存器	中断请求
2	SCON	串行控制寄存器	中断请求
3	IE	中断允许控制寄存器	中断允许
4	IP	中断优先级控制寄存器	中断优先

3. 中断优先级

MCS-51 单片机系统有两级优先级，为高优先级和低优先级。高优先级用 1 来表示，低
优先级用 0 来表示，在中断优先级控制寄存器 IP 中进行设置。

中断优先级是可编程的，而中断优先权是固定的，不能设置，仅用于同级中断源同时请
求中断时的优先次序。

中断优先控制的基本原则：

（1）高优先级中断可以中断正在响应的低优先级中断，反之则不能。

（2）同优先级中断不能互相中断。

（3）同一中断优先级中，若有多个中断源同时请求中断，CPU 将先响应优先权高的中断，后响应优先权低的中断。

4.2.2 中断处理过程

1. 中断处理过程

中断处理过程大致可分为四步：中断请求、中断响应、中断服务（中断处理）、中断返回。其处理流程图如图 4-3 所示。

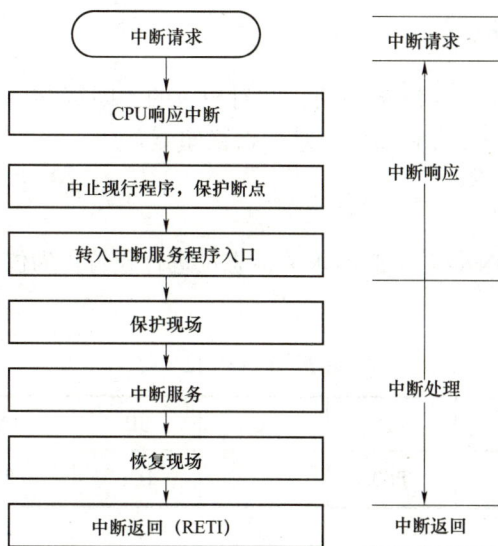

图 4-3 中断处理流程图

中断处理过程步骤说明见表 4-5。

表 4-5 中断处理过程步骤说明

步骤	中断过程	中断过程说明
第一步	中断请求	中断源发出中断请求信号，相应的中断请求标志位（在中断允许控制寄存器 IE 中）置"1"
第二步	中断响应	CPU 查询（检测）到某中断标志为"1"，在满足中断响应条件下，响应中断
第三步	中断服务	中断服务程序应包含以下几部分：（1）保护现场；（2）执行中断服务程序主体，完成相应操作；（3）恢复现场
第四步	中断返回	在中断服务程序最后，必须恢复断点，开放同级中断，以便允许同级中断源请求中断

2. 中断响应等待时间

若排除 CPU 正在响应同级或更高级的中断情况，中断响应等待时间为 3～8 个机器周期。

3. 中断请求的撤除

中断源发出中断请求，相应中断请求标志置"1"。CPU 响应中断后，必须清除中断请求"1"标志。否则中断响应返回后，将再次进入该中断，引起死循环出错。

（1）对定时/计数器 T0、T1 中断，外中断边沿触发方式，CPU 响应中断时就用硬件自动清除了相应的中断请求标志。

（2）对外中断电平触发方式，需要采取软硬结合的方法消除。

（3）对串行口中断，用户应在串行中断服务程序中用软件清除 TI 或 RI。

4.3 外部中断控制寄存器

要完成外部中断 $\overline{\text{INT0}}$、$\overline{\text{INT1}}$ 的使用，需对相应的中断寄存器进行设置，其主要分布在 TCON、IE、IP 三个特殊功能寄存器内，具体设置如下。

4.3.1 中断控制寄存器 TCON

1. TCON 各位名称

中断控制寄存器 TCON 是对中断请求的标志位进行设置，为位寻址寄存器，其各位名称见表 4-6。

表 4-6   TCON 位名称

TCON	8F	8E	8D	8C	8B	8A	89	88
位名称	TF1	—	TF0	—	IE1	IT1	IE0	IT0

2. 外部中断在 TCON 的中断标志位

外部中断在 TCON 中要设置的中断标志位见表 4-7。

表 4-7   TCON 中断标志位

中断标志位		默认设置	中断设置	备注
IT0	$\overline{\text{INT0}}$ 触发方式控制位	IT0=0 为电平触发方式	IT0=1（用户设置）为跳沿触发方式	不是中断标志位，是随机事件信号输入控制
IT1	$\overline{\text{INT1}}$ 触发方式控制位	IT1=0 为电平触发方式	IT1=1（用户设置）为跳沿触发方式	不是中断标志位，是随机事件信号输入控制
IE0	$\overline{\text{INT0}}$ 中断标志位	IE0=0 $\overline{\text{INT0}}$ 无中断申请	IE0=1（CPU 自动置"1"）$\overline{\text{INT0}}$ 向 CPU 申请中断	选择跳沿触发，中断响应后，CPU 自动将 IE0=0；选择电平触发，中断响应后，软、硬结合才能将 IE0=0
IE1	$\overline{\text{INT1}}$ 中断标志位	IE1=0 $\overline{\text{INT1}}$ 无中断申请	IE1=1（CPU 自动置"1"）$\overline{\text{INT1}}$ 向 CPU 申请中断	选择跳沿触发，中断响应后，CPU 自动将 IE1=0；选择电平触发，中断响应后，软、硬结合才能将 IE1=0

电平触发方式：中断标志直接反映外部中断引脚的状态，无记忆功能，低电平时间至少

需保持一个机器周期，才能保证中断请求能被采样到。

跳沿触发方式：在两个相邻机器周期采样到的是先高电平后低电平，则中断请求有效，由硬件将 IE0 或 IE1 置"1"，具有记忆功能，负脉冲的宽度也应至少为一个机器周期。

3. TCON 在程序中的使用

（1）直接对位设置。

若定义 $\overline{\text{INT0}}$ 为跳沿触发方式，在程序中的设置为：

```
void main()
{
    IT0＝1;//设置 INT0 为跳沿触发方式
while(1)
    {
      …
    }
}
```

（2）直接对字节设置。

还可以对字节进行设置，见表 4-8。

表 4-8　TCON 字节设置

TCON	—	—	—	—	IE1	IT1	IE0	IT0
位设置	0	0	0	0	0	0	0	1

其对应的字节设置为：TCON＝0x01，其中没有设置的位，默认值为 0 。

```
void main()
{
    TCON＝0x01;        //设置 INT0 为跳沿触发方式
while(1)
    {
    …
    }
}
```

4.3.2　中断允许寄存器 IE

1. IE 各位名称

中断允许寄存器 IE，是用户设置允许中断源发生中断，还是不允许发生中断，其对应的位名称见表 4-9。

表 4-9　IE 各位名称

IE	AF	AE	AD	AC	AB	AA	A9	A8
位名称	EA	—	—	ES	ET1	EX1	ET0	EX0

2. 外部中断在 IE 中的允许位设置

MCS-51 单片机对中断实行两级控制，总控制位是 EA，每一中断源还有各自的控制位。首先要 EA=1，其次还要自身的控制位置"1"。外部中断在 IE 中要设置的中断允许标志位见表 4-10。

表 4-10　IE 允许位设置

中断允许位		默认设置	用户设置
EA	总允许控制位	EA=0 为禁止所有中断	EA=1 为允许所有中断
EX0	$\overline{INT0}$ 允许控制位	EX0=0 为禁止 $\overline{INT0}$ 中断	EX0=1 为允许 $\overline{INT0}$ 中断
EX1	$\overline{INT1}$ 允许控制位	EX1=0 为禁止 $\overline{INT1}$ 中断	EX1=1 为允许 $\overline{INT1}$ 中断

3. IE 在程序中的使用

（1）直接对位设置。

若定义 $\overline{INT1}$ 允许中断，在程序中的设置为：

```
void main()
{
  IT1=1;        //设置 INT1 为跳沿触发方式
   EA=1;        //总允许位开放
  EX1=1;        //INT1 源允许位开放
while(1)
   {
   …
   }
}
```

（2）直接对字节设置。

还可以对字节进行设置，见表 4-11。

表 4-11　IE 字节设置

IE	EA	—	—	ES	ET1	EX1	ET0	EX0
位设置	1	0	0	0	0	1	0	0

其对应的字节设置为：IE=0x84，其中没有设置的位，默认值为 0。

```
void main()
{
   TCON=0x04;        //设置 INT1 为跳沿触发方式
```

```
    IE=0x84;        //设置 INT1 允许中断
    while(1)
    {
        …
    }
}
```

4.3.3　中断优先寄存器 IP

1. IP 各位名称

中断优先寄存器 IP 用于控制各中断源优先级，其格式见表 4-12。

表 4-12　IP 各位名称

IP	BF	BE	BD	BC	BB	BA	B9	B8
位名称	—	—	—	PS	PT1	PX1	PT0	PX0

2. 外部中断在 IP 中的优先位设置

MCS-51 有 5 个中断源，划分为 2 个中断优先级，即高优先级和低优先级。同一中断优先级之间的中断优先权，其默认从高到低的顺序为：INT0、T0、INT1、T1、串行口。若程序中只有一个中断源，则无须设置中断优先级；若程序中有两个及以上中断源，且没有设置中断优先级，则按照默认优先级执行。

外部中断在 IP 中要设置的优先标志位见表 4-13。

表 4-13　IP 优先位设置

中断优先位		默认设置	用户设置
PX0	INT0 的优先级控制位	PX0=0 为低优先级	PX0=1 为高优先级
PX1	INT1 的优先级控制位	PX1=0 为低优先级	PX1=1 为高优先级

IP 在程序中的使用：

（1）直接对位设置。

若定义 INT1 为高优先级，则

```
void main()
{
    IT1=1;          //INT1 为跳沿触发方式
    EA=1;           //总允许位开放
    EX1=1;          //INT1 源允许位开放
    PX1=1;          //INT1 为高优先级
```

```
while(1)
  {
   …
  }
}
```

（2）直接对字节设置。

还可以对字节进行设置，见表4-14。

表4-14 IP字节设置

IP	—	—	—	PS	PT1	PX1	PT0	PX0
位设置	0	0	0	0	0	1	0	0

其对应的字节设置为：IE=0x84，其中没有设置的位，默认值为0。

```
void main()
{
TCON=0x04;      //设置 INT1 为跳沿触发方式
 IE=0x84;        //设置 INT1 允许中断
 IP=0x04;        //设置 INT1 为高优先级
while(1)
  {
   …
  }
}
```

任务实施

1. 任务分析

从硬件角度分析，系统由蜂鸣器驱动电路、指示灯电路、按键电路组成。蜂鸣器驱动电路中连接一个 PNP 型三极管，起开关作用，基极为高电平时，蜂鸣器不发声，为低电平时，蜂鸣器发声；基极连接一个限流电阻，其电阻阻值不能太大，应低于 1 kΩ，否则蜂鸣器电压不足而不发声。

从软件角度分析，选择外部中断 0，电平触发方式，只要门开，进入中断服务子函数，定义蜂鸣器响，即使门再关上，蜂鸣器也一直响。

2. 电路设计

根据以上任务分析，防盗报警系统设计的硬件电路如图 4-4 所示。

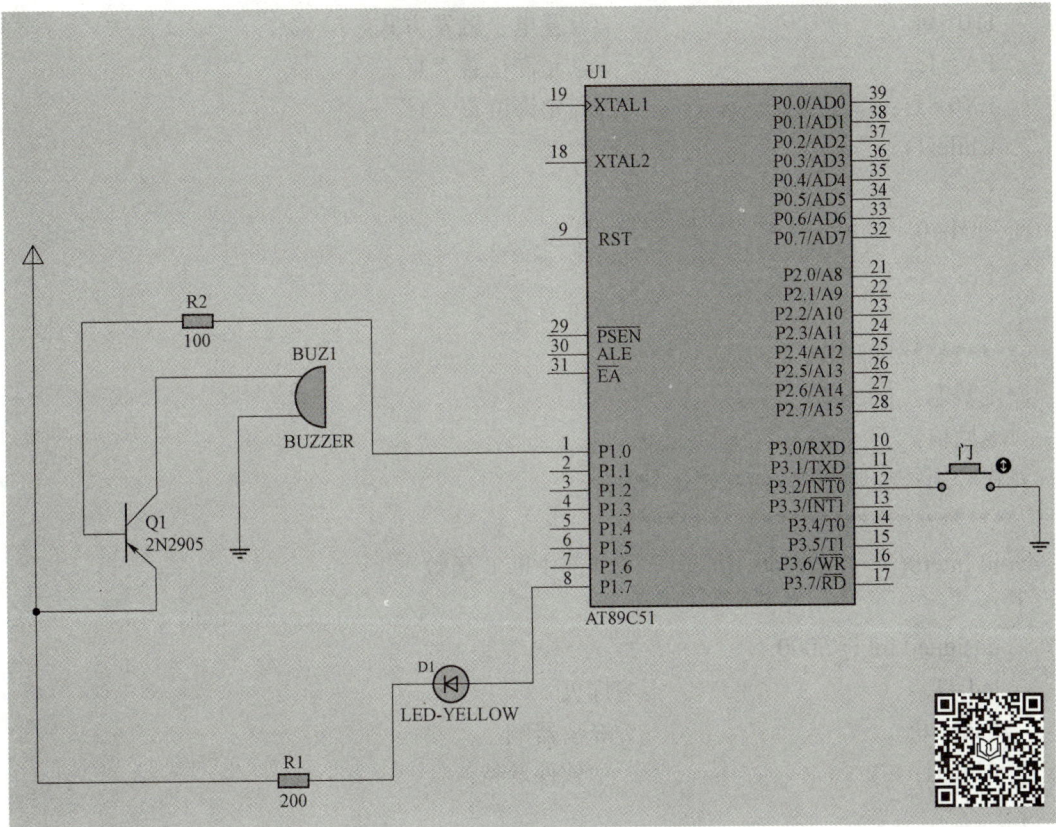

图 4-4　防盗报警系统硬件电路设计

3. 程序设计

```
/***********防盗报警系统*************/
/*功能：门闭，灯亮，蜂鸣器不响*******/
/*       门开，蜂鸣器发出警报声音*****/
/*方法：采用外部中断 0，电平触发方式*/
/*未发生中断，门闭，灯长亮；        */
/*发生中断，门开，灯灭，蜂鸣器长响  */
/***********************************/
#include <reg51.h>
sbit led=P1^7;                    //定义灯引脚
sbit buzz=P1^0;                   //定义蜂鸣器引脚
/***********主函数**********/
/*函数名：main( )           */
/*返回值：无               */
/**************************/
void main()
{
```

```
    IT0=0;                          //设置电平触发方式
    EA=1;                           //总允许位置"1"
    EX0=1;                          //源允许位置"1"
    while(1)
    {
     led=0;                         //灯亮
    }
}
/********外部中断 0 函数******/
/*函数名：Inter0( )              */
/*返回值：无                     */
/*作  用：控制蜂鸣器响          */
/*************************/
void Inter0( )   interrupt   0         //外部中断 0 函数
{
    unsigned int i=5000;
    led=1;                          //灯灭
    buzz=0;                         //蜂鸣器响
    while(i--);                        //软件等待
}
```

任务小结

（1）通过此任务的完成，实现了中断处理过程。

（2）中断函数与一般函数的区别：**中断函数**的执行事先无法确定，由外部因素决定，程序中无法事先安排调用语句；而**一般函数**的调用，在程序中是事先安排好的。

（3）电平触发方式与跳沿触发方式的区别，**电平触发方式**，CPU 不能对中断申请自动清零，避免一次按键引起多次中断响应，应该在每次按键按下引起的中断服务程序中执行完后先不退出中断服务程序，而是利用软件等待按键释放，按键释放后才结束中断服务程序。**跳沿触发方式**，每跳变一次，引起一次外部中断 0 请求，为了避免开关抖动引起的多次中断，可以考虑利用软件延时或者硬件去抖动法。

任务 2   北斗系统历程介绍设计

任务描述

北斗卫星导航系统（以下简称北斗系统）是中国着眼于国家安全和经济社会发展需要，

自主建设运行的全球卫星导航系统，是为全球用户提供全天候、全天时、高精度的定位、导航和授时服务的国家重要时空基础设施。2020 年我们见证了北斗三号系统的正式开通，卫星导航覆盖范围扩展至全球；实现了北斗三号空间段、地面段建设的进一步深入，星基、地基增强服务从满足基本需求向多元化发展，推动了北斗在众多领域的融合应用。

为了帮助人们了解北斗卫星导航系统的发展历程，设计北斗系统历程介绍。通过按键控制 8 个 LED 灯，当第一次按键时，一个 LED 灯亮，表示北斗一号研发建设；当第二次按键时，两个 LED 灯亮，北斗一号投入使用；当第三次按键时，三个 LED 灯亮，北斗二号系统工程建设；当第四次按键时，四个 LED 灯亮，北斗三号全球系统建设；当第五次按键时，五个 LED 灯亮，北斗二号为亚太地区提供服务；当第六次按键时，六个 LED 灯亮，北斗三号组网星首发；当第七次按键时，七个 LED 灯亮，北斗三号为周边国家提供服务；当第八次按键时，八个 LED 灯亮，北斗三号为全球用户提供服务；当第九次按键时，重复一个 LED 灯亮，以此循环。

通过完成此任务，了解中断系统的软件程序编写、下跳沿触发方式的使用等。

相关知识

4.4　MCS-51 外部中断系统的编程方法

中断系统的程序包含中断初始化（控制）程序和中断服务程序两部分。

4.4.1　中断初始化程序

中断初始化程序实质上就是对 TCON、SCON、IE 和 IP 寄存器的管理和控制。中断初始化程序一般不独立编写，而是包含在主程序中，中断初始化程序需完成以下操作：

（1）开总中断；

（2）某一中断源中断请求的允许与禁止（屏蔽）；

（3）确定各中断源的优先级别；

（4）若是外部中断请求，则要设定触发方式是电平触发还是边沿触发。

例如：设外部中断 0 为电平触发方式，高优先级，试写出有关的初始化程序。

可用两种方法完成。

第一种为位定义法：

```
void main()
{
    EA=1;          //总允许位开放
    EX0=1;         //INT0 源允许位开放
    PX0=1;         //INT0 为高优先级
    IT0=0;         //INT0 设置为电平触发方式
    while(1)
    {
        ……        //非中断事件处理
```

```
        }
    }
```
第二种为字节定义法：
```
void main()
{
    IE=0x81 ;              //同时置位 EA=1 和 EX0=1
    TCON=0xFE;             //IT0=0，为电平触发方式
    IP=0x01    ;           //置位 PX0=1，高优先级
    while(1)
    {
        ……               //非中断事件处理
    }
}
```

4.4.2　中断服务程序

中断服务程序是一种为中断源的特定情况要求服务的独立程序段。其定义格式如下，格式说明见表 4–15。

void　中断函数名() interrupt n[using m]
```
{
    ……//中断事件处理
}
```

表 4–15　中断服务函数格式说明

中断函数结构	说明
中断函数名	为用户自定义函数名，其命名规则与变量命名规则相同，一般根据使用哪个中断源命名
interrupt　n	选择哪个中断源进行中断服务，interrupt 为关键字，n 为中断源中断号，5 个中断源对应的中断号见表 4–16
［using　m］	为可选项，选择中断服务函数的临时数据存放在哪个工作寄存器组，using 为关键字，m 为寄存器组编号，其值为 0～3

5 个中断源对应的中断号见表 4–16。

表 4–16　中断源入口地址及标号

中断源	中断入口地址	中断标号 m
$\overline{\text{INT0}}$	0003H	0
T0	000BH	1

续表

中断源	中断入口地址	中断标号 m
$\overline{INT1}$	0013H	2
T1	001BH	3
串行口中断	0023H	4

工作寄存器组编号见表 4-17。

表 4-17　工作寄存器组编号及说明

工作寄存器组	寄存器编号 m	备注
0 组工作寄存器	0	CPU 使用 0 组工作寄存器，为保证中断函数执行后不改变主程序中的数据，中断服务函数一般先用 1~3 组工作寄存器
1 组工作寄存器	1	
2 组工作寄存器	2	
3 组工作寄存器	3	

例如，$\overline{INT0}$ 的中断服务函数可以定义为：

　　void int0() interrupt 0 using 1

　　{ 中断事件处理 }

T0 的中断服务函数可以定义为：

　　void Timer0() interrupt 1 using 2

　　{ 中断事件处理 }

$\overline{INT1}$ 的中断服务函数可以定义为：

　　void Int1() interrupt 2 using 3

　　{ 中断事件处理 }

T1 的中断服务函数可以定义为：

　　void Timer1() interrupt 3 using 2

　　{ 中断事件处理 }

任务实施

1. 任务分析

从硬件角度分析，系统由 LED 灯电路、单片机最小系统电路、按键电路组成，如图 4-5 所示。

从软件角度分析，选择外部中断 1，下跳沿触发方式，中断服务子函数主要负责计数与计数值清零，主函数负责根据计数值点亮相应的 LED 灯。

2. 电路设计

根据以上分析,按键计数器硬件电路设计如图 4-5 所示。

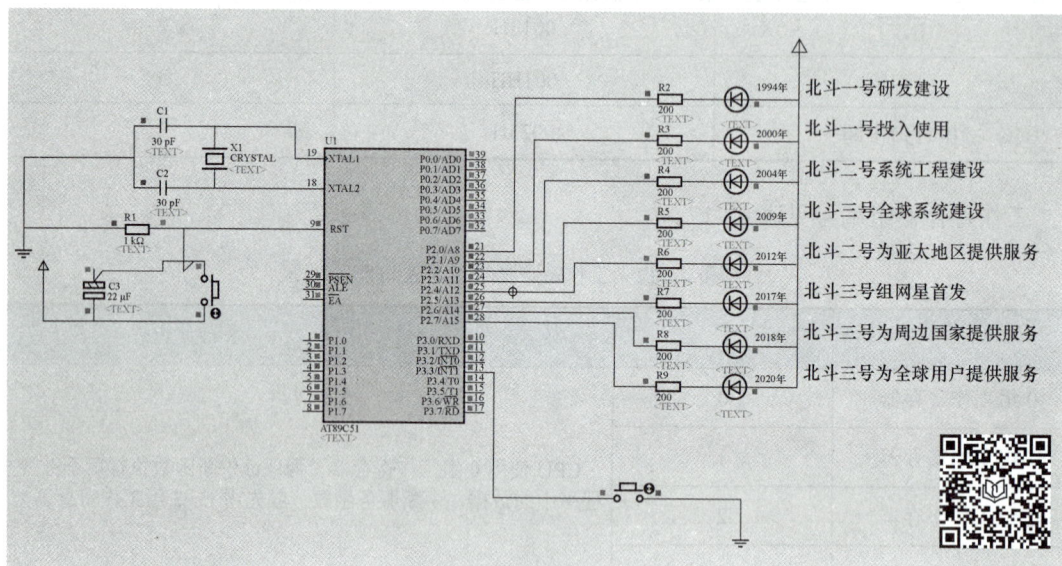

图 4-5   北斗系统历程介绍电路设计(见彩插)

3. 程序设计

主函数程序设计流程图如图 4-6 所示。

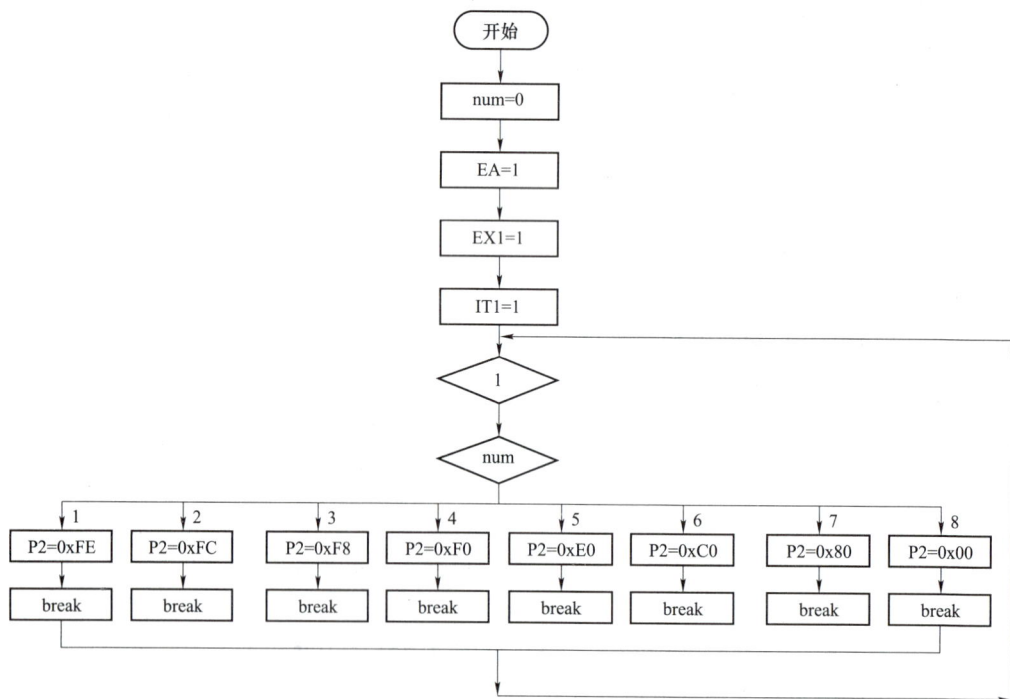

图 4-6   计数器主函数流程图

```
/**********按键计数器设计*************/
/*功能：按键按几次，几个 LED 灯亮*/
/*方法：采用外部中断 1，下跳沿触发方式*/
/***********************************/

#include <reg51.h>
unsigned char num=0;                  //计数变量
/**********主函数**********/
/*函数名：main( )            */
/*返回值：无                 */
/***********************/
void main()
{
  IT1=1;                      //INT1 设置为下跳沿触发方式
  EA=1;                       //总允许位开放
  EX1=1;                      //INT1 源允许位开放
  while(1)
   {
    switch(num)
     {
     case 1:P2=0xFE;break;      //点亮第一个 LED 灯
     case 2:P2=0xFC;break;      //点亮第二个 LED 灯
     case 3:P2=0xF8;break;      //点亮第三个 LED 灯
     case 4:P2=0xF0;break;      //点亮第四个 LED 灯
     case 5:P2=0xE0;break;      //点亮第五个 LED 灯
     case 6:P2=0xC0;break;      //点亮第六个 LED 灯
     case 7:P2=0x80;break;      //点亮第七个 LED 灯
     case 8:P2=0x00;break;      //点亮第八个 LED 灯
     default:num=0; break;      //默认为 LED 灯不亮
    }
   }
}
/********外部中断 1 函数******/
/*函数名：Int1( )            */
/*返回值：无                 */
/*作用：按键计数             */
/***********************/
void Int1( ) interrupt   2
{
```

```
        num++;                      // 每按键一次计数值增 1
        if(num>=9) num=1;           //计数值超过 8，则再从第一个 LED 灯亮
    }
```

任务小结

（1）使用了外部中断 1，下跳沿触发方式完成设计。
（2）中断系统的程序编写包括中断控制程序和中断服务程序两部分。

任务拓展　多故障源显示系统

任务描述

当系统无故障时，4 个故障源输入端全为低电平，显示灯全灭；当某部分出现故障，其对应的输入由低电平变为高电平，从而引起 MCS-51 单片机中断，中断服务程序的任务是判定故障源，并用对应的发光二极管 LED1～LED4 进行显示。

通过完成此任务，学会使用外部中断扩展方法等。

相关知识

4.5　外部中断扩展方法

利用单片机的中断功能可以提高 CPU 效率、提高事件的实时处理能力，但 MCS-51 单片机的外部中断源只有两个，如果需要中断处理的外部事件超过两个，就需要考虑扩展外部中断源，通常扩展方法有以下两种。

4.5.1　利用定时/计数器扩展

基本原理是：将定时/计数器设置成计数器，通过外部引脚 P3.4(T0) 及 P3.5(T1) 对外部脉冲计数，初始化时设置为工作方式 2，且计数初值设置为 0FFH，这样在中断允许并启动计数器后，只要引脚出现一个下降沿信号，计数器加 1 后便产生定时/计数器溢出中断。因此可以将引脚 P3.4 及 P3.5 作为外部中断引入端。其使用我们在下章进行讲解。

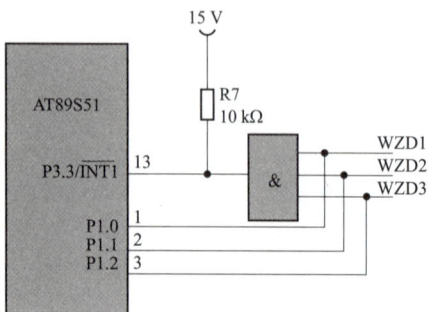

图 4-7　扩展三个外部中断

4.5.2　利用中断、查询相结合扩展法

如图 4-7 所示，3 个外部中断引入端通过一个与门连接至 80C51 的 $\overline{INT1}$，当 WZD1、WZD2、WZD3 全部为高时，与门输出高，没有中断申请，当 WZD1、WZD2、WZD3 中任何一个由高变低时，与门输出将由高变低，产生中断申请信号，CPU 即可以响应中断，

在中断服务程序中，首先就要判断是 WZD1、WZD2、WZD3 中的哪个引起的中断，确定中断源。电路上 WZD1、WZD2、WZD3 分别连接至 P1.0、P1.1、P1.2，所以通过查询 P1.0、P1.1、P1.2 三个引脚，就可以找到中断源。

利用定时/计数器扩展外部中断源，硬件结构和软件编程都很简单，但前提是 T0、T1 未被使用，且最多只能扩展两个外部中断源。中断、查询相结合的扩展法，原则上可以处理任意多个中断源。但是，当所要处理的外部中断源的数目较多，而其响应速度又要求很快时，采用这种方法有可能满足不了时间上的要求。在需要扩展的中断源数较多，且对响应时间有要求时，可以采用外加中断扩展芯片的方法，如芯片 8259A、74LS148，但这样将增加电路及编程的复杂程度。

任务实施

1. 任务分析

从硬件角度分析，系统由故障源检测电路、LED 显示电路组成。其中故障源检测电路由一个四输入的或非门完成，四个闭合的按键作为故障源，当按键断开，出现故障时，对应 LED 灯亮，同时利用 P2.4～P2.7 输入端口线作为各个中断源的识别线，如图 4-8 所示。

从软件角度分析，中断服务子函数主要负责查询 P2.4～P2.7 端口的高电平，出现高电平，则相对应的指示灯亮；主函数查询 P2.4～P2.7 端口的低电平，出现低电平，则相对应的指示灯灭。

2. 电路设计

多故障源显示电路设计如图 4-8 所示。

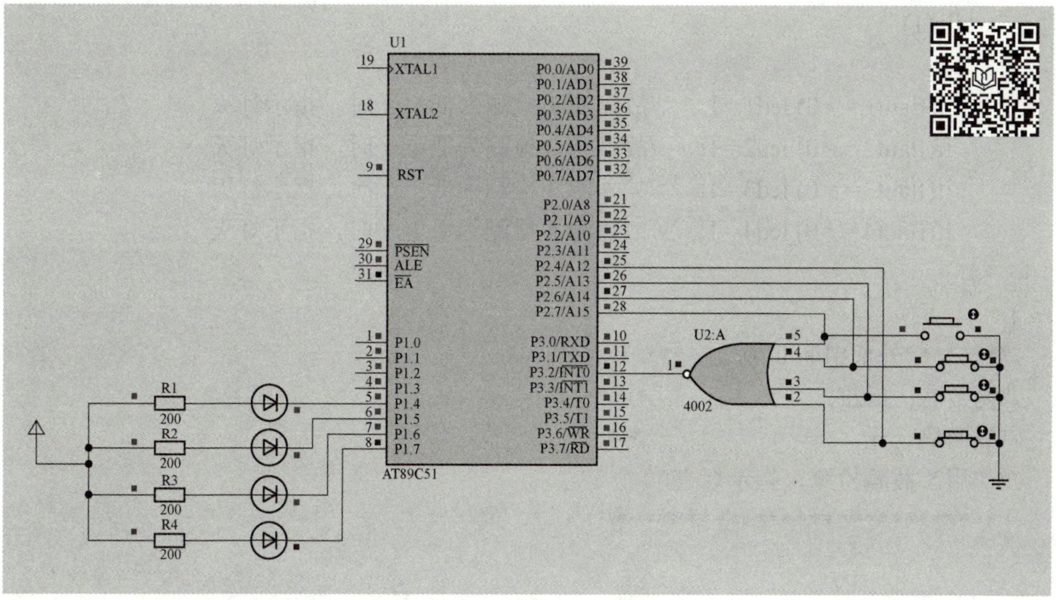

图 4-8　多故障源显示电路设计（见彩插）

3. 程序设计

/***********多故障源显示系统********************/

```
/*功能：按键断开，产生故障，对应指示灯亮*/
/*方法：采用外部中断0，四输入或非门作为*/
/*多个故障源输入，四个按键模拟故障产生*/
#include  <reg51.h>
 sbit flaut1=P2^4;              //故障源1检测端口
 sbit flaut2=P2^5;              //故障源2检测端口
 sbit flaut3=P2^6;              //故障源3检测端口
 sbit flaut4=P2^7;              //故障源4检测端口
 sbit led1=P1^4;               //指示灯1端口
 sbit led2=P1^5;               //指示灯2端口
 sbit led3=P1^6;               //指示灯3端口
 sbit led4=P1^7;               //指示灯4端口
/**********主函数**********/
/*函数名：main()             */
/*返回值：无                 */
/*************************/
void main()
{
  IT0=1;                      //外部中断0设置为下跳沿触发
  EA=1;                       //总允许位开放
  EX0=1;                      //外部中断0源允许位开放
  while(1)
   {
     if(flaut1==0) led1=1;   //故障源1检测为低电平时，指示灯灭
     if(flaut2==0) led2=1;   //故障源2检测为低电平时，指示灯灭
     if(flaut3==0) led3=1;   //故障源3检测为低电平时，指示灯灭
     if(flaut4==0) led4=1;   //故障源4检测为低电平时，指示灯灭
   }
}
/********外部中断0函数*****/
/*函数名：Int0()            */
/*返回值：无                */
/*作用：故障检测，指示灯亮*/
/*************************/

void Int0( ) interrupt 0
{
 if(flaut1==1) led1=0;       //故障源1检测为低电平，发生故障，指示灯亮
 if(flaut2==1) led2=0;       //故障源2检测为低电平，发生故障，指示灯亮
```

```
  if(flaut3==1) led3=0;        //故障源 3 检测为低电平，发生故障，指示灯亮
  if(flaut4==1) led4=0;        //故障源 4 检测为低电平，发生故障，指示灯亮
}
```

任务小结

将外部中断 0 通过四输入或非门扩展四个中断源，解决了外部中断源较少的问题。

项目微课与视频

| 乐于助人的中断 | 中断程序执行流程 | 中断系统结构 | 中断控制寄存器 | 外部中断 0 的程序编写 | 外部中断的扩展方法 |

项目知识总结

本项目主要完成了 3 个任务：

任务 1 防盗报警系统设计，讲解了中断的基本知识、中断系统的处理过程、外部中断控制寄存器设置，学会了中断源采用电平触发方式的程序设计。

任务 2 按键计数器的设计，讲解了中断系统的编程方法，学会了外部中断系统的编程方法，能够区分中断源两种触发方式的使用。

任务拓展多故障源显示系统，学习外部中断的扩展方法，主要针对单片机外部中断源只有两个，在实际应用中可能存在不够用的情况，并引出下一个项目单片机定时/计数器应用。

此项目要掌握的重点内容如下：

（1）单片机中断的基本概念及系统结构；

（2）单片机中断处理过程；

（3）单片机外部中断寄存器的设置；

（4）单片机外部中断的程序编写；

（5）单片机外部中断源的扩展方法。

习　题

一、填空题

1. MCS-51 单片机有_____个中断优先级。

2. MCS-51 中断优先级由软件填写特殊功能寄存器_____加以选择。

3. MCS-51 单片机外部中断有_____两种中断信号触发方式。

4. 外部中断 0 请求标志是_____。

二、选择题

1. 若 MCS-51 单片机的中断源都编程为同级，当它们同时申请中断时，CPU 首先响应（   ）。

A. $\overline{INT1}$　　　　B. $\overline{INT0}$　　　　C. T1　　　　D. T0

2. MCS-51 有中断源（　）。

A. 5 个　　　　B. 2 个　　　　C. 3 个　　　　D. 6 个

3. （   ）并非单片机系统响应中断的必要条件。

A. TCON 或 SCON 寄存器内有关中断标志为"1"

B. IE 中断允许寄存器有关中断允许位置"1"

C. IP 中断优先级寄存器内的有关位置"1"

D. 当前一条指令执行完

4. 各中断源发出的中断请求信号，都会标记在 MCS-51 单片机系统中（   ）。

A. IE　　　　B. TMOD　　　　C. TCON/SCON　　　　D. IP

三、问答题

1. 中断函数与一般函数调用有什么区别？

2. 电平触发方式与下跳沿触发方式有什么区别？

3. 简述 MCS-51 单片机的中断响应过程。

4. MCS-51 单片机提供几种中断？按中断优先级写出各中断源。

5. 中断处理中保护断点和保护现场主要解决什么问题？

四、实践题

如图 4-9 所示，要求每次按动按键，使外接发光二极管 LED 改变一次亮灭状态。

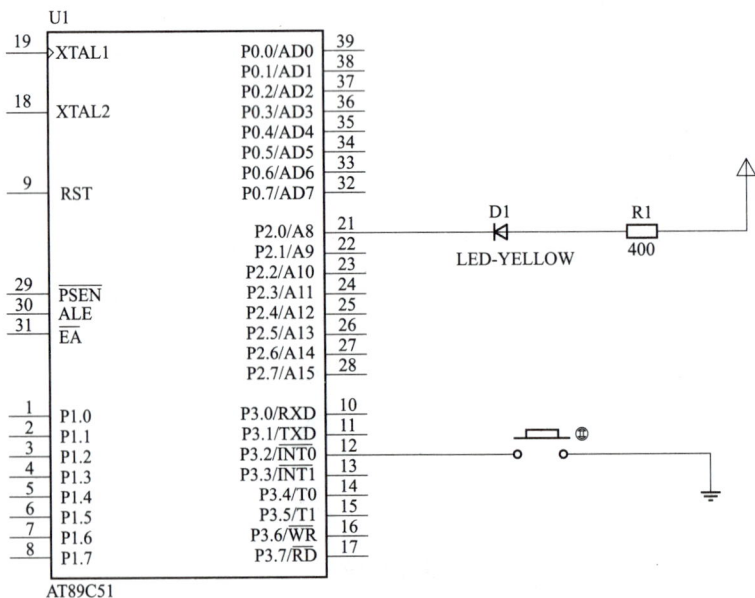

图 4-9　发光二极管改变一次亮灭状态的电路

项目五 单片机定时/计数器应用

■ 知识目标
(1) 掌握单片机定时/计数器的基本结构；
(2) 掌握定时/计数器特殊功能寄存器的设置；
(3) 掌握定时/计数器的四种工作方式；
(4) 掌握定时/计数器的编程方法。

■ 能力目标
(1) 学会使用定时/计数器定时 60 ms 以内的时间；
(2) 学会使用定时/计数器定时 60 ms 以上的时间。

■ 思政目标
国家的自豪感与荣誉感。

任务 1 简易方波发生器的设计

任务描述

用定时器 T0 的方式 1 产生 50 Hz 的方波，由 P1.0 输出此方波，时钟频率为 12 MHz。了解定时/计数器的结构及工作原理，学会定时/计数器特殊功能寄存器的使用。

相关知识

5.1 定时/计数器的结构及工作原理

5.1.1 定时/计数器的工作原理

1. 单片机常用的定时方法

单片机常用的定时方法见表 5-1。

表 5 – 1　单片机定时方法

定时种类	说明
软件定时	执行循环程序，定时时间较精确，无须硬件电路，但占用 CPU 时间，定时时间不宜太长
硬件定时	定时时间较长时，要用硬件电路来完成，不占 CPU 时间，靠调节元件参数设置定时时间
可编程定时器定时	定时时间靠对系统时钟脉冲计数完成，由程序设定改变定时时间，方便灵活，MCS – 51 单片机含有两个可编程定时器

2. 定时/计数器功能

定时/计数器的本质及功能见表 5 – 2。

表 5 – 2　定时/计数器本质及功能

定时/计数器本质	功能	说明
加 1 计数器	定时	对内部机器周期计数，直至计满溢出，发出定时器溢出中断请求
	计数	对来自输入引脚 T0（P3.4）和 T1（P3.5）的外部脉冲信号计数，直至计满溢出，发出定时器溢出中断请求

3. 定时/计数器工作原理

定时/计数器工作原理如图 5 – 1 所示。

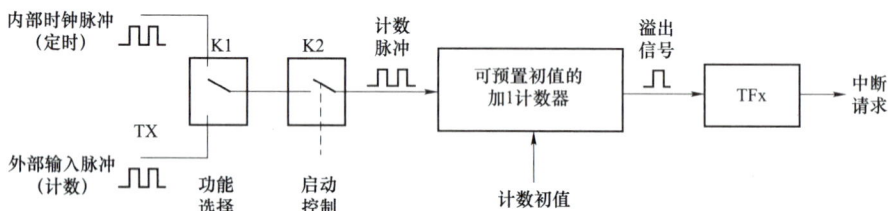

图 5 – 1　定时/计数器工作原理

5.1.2　定时/计数器的结构

定时/计数器的内部结构如图 5 – 2 所示。

MCS – 51 单片机有两个 16 位可编程定时/计数器 T0、T1，T0 由高 8 位特殊功能寄存器 TH0，低 8 位特殊功能寄存器 TL0 组成；T1 由高 8 位特殊功能寄存器 TH1，低 8 位特殊功能寄存器 TL1 组成。每个寄存器均可被单独访问，因此可以设置为 8 位、13 位、16 位的计数器使用。计数器位数的选择通过 TMOD 工作方式寄存器设置，计数器的启动、停止及溢出标志位由 TCON 中断控制寄存器设置。

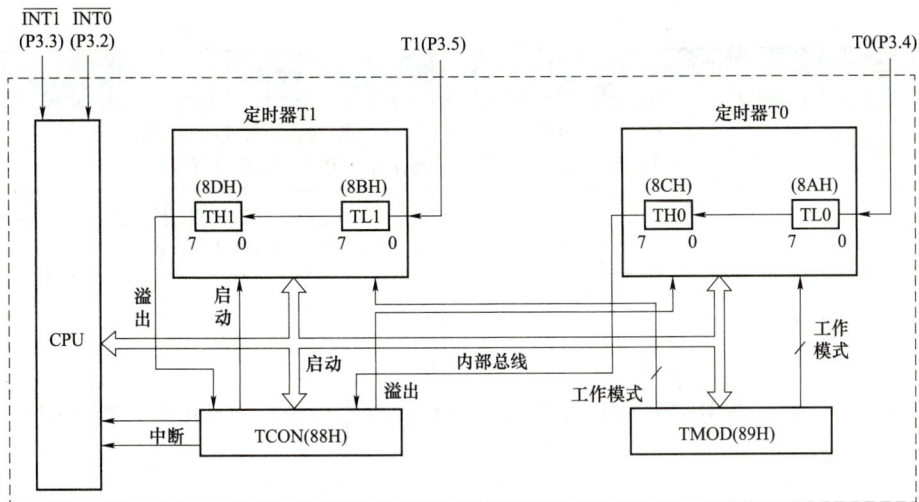

图 5-2 定时/计数器内部结构

5.2 定时/计数器特殊功能寄存器

定时/计数器包含的特殊功能寄存器有中断控制寄存器 TCON、中断允许寄存器 IE、中断优先寄存器 IP、工作方式寄存器 TMOD、T0 的高 8 位初值寄存器 TH0、T0 的低 8 位初值寄存器 TL0、T1 的高 8 位初值寄存器 TH1、T1 的低 8 位初值寄存器 TL1。

5.2.1 定时/计数器控制寄存器 TCON

1. 定时/计数器 TCON 各位名称

定时/计数器控制寄存器 TCON 是对中断请求的标志位、计数器的启动与停止进行设置，其各位名称见表 5-3。

表 5-3 TCON 各位名称

TCON	8F	8E	8D	8C	8B	8A	89	88
位名称	TF1	TR1	TF0	TR0	—	—	—	—

2. 外部中断在 TCON 的中断标志位

外部中断在 TCON 中要设置的中断标志位见表 5-4。

表 5-4 TCON 中断标志位

定时/计数器标志位		默认设置	定时/计数器设置	备注
TR0	定时/计数器 T0 启动与关闭	TR0=0 为关闭 T0	TR0=1（用户设置）为启动 T0	使用软件编程将 TR0 置"1"或清 0，但是当 GATE=1 时，需要同时满足 $\overline{INT0}$ 为高电平的条件，将 TR0 置"1"才会启动 T0
TR1	定时/计数器 T1 启动与关闭	TR1=0 为关闭 T1	TR1=1（用户设置）为启动 T1	使用软件编程将 TR1 置"1"或清 0，但是当 GATE=1 时，需要同时满足 $\overline{INT1}$ 为高电平的条件，将 TR1 置"1"才会启动 T1

续表

定时/计数器标志位		默认设置	定时/计数器设置	备注
TF0	T0 溢出标志位	TF0 = 0	TF0 = 1 （CPU 自动置 "1"）	计数器溢出，CPU 自动将 TF0 = 1；中断响应后，CPU 自动将 TF0 = 0
TF1	T1 溢出标志位	TF1 = 0	TF1 = 1 （CPU 自动置 "1"）	计数器溢出，CPU 自动将 TF1 = 1；中断响应后，CPU 自动将 TF1 = 0

5.2.2 定时/计数器允许寄存器 IE

1. IE 各位名称

定时/计数器允许寄存器 IE，是用户设置允许中断源发生中断，还是不允许发生中断，其对应的位名称见表 5-5。

表 5-5　IE 各位名称

IE	AF	AE	AD	AC	AB	AA	A9	A8
位名称	EA	—	—	ES	ET1	EX1	ET0	EX0

2. 定时/计数器在 IE 中的允许位设置

MCS-51 单片机对中断实行两级控制，总控制位是 EA，每一中断源还有各自的控制位。首先要 EA = 1，其次还要自身的控制位置 "1"。定时/计数器在 IE 中要设置的中断允许标志位见表 5-6。

表 5-6　IE 允许位设置

定时/计数器允许位		默认设置	允许位设置
EA	总允许控制位	EA = 0 为禁止所有中断	EA = 1 为允许所有中断
ET0	T0 允许控制位	ET0 = 0 为禁止 T0 中断	ET0 = 1 为允许 T0 中断
ET1	T1 允许控制位	ET1 = 0 为禁止 T1 中断	ET1 = 1 为允许 T1 中断

5.2.3 定时/计数器优先寄存器 IP

1. IP 各位名称

中断优先寄存器 IP 用于控制各中断源优先级，其格式见表 5-7。

表 5-7　IP 各位名称

IP	BF	BE	BD	BC	BB	BA	B9	B8
位名称	—	—	—	PS	PT1	PX1	PT0	PX0

2. 定时/计数器在 IP 中的优先位设置

定时/计数器在 IP 中要设置的优先标志位见表 5-8。

表 5-8 IP 优先位设置

定时/计数器优先位		默认设置	优先位设置
PT0	T0 的优先级控制位	PT0 = 0 为低优先级	PT0 = 1 为高优先级
PT1	T1 的优先级控制位	PT1 = 0 为低优先级	PT1 = 1 为高优先级

5.2.4 定时/计数器工作方式寄存器 TMOD

1. 定时/计数器 TMOD 各位名称

TMOD 为定时/计数器 T0、T1 的工作方式控制寄存器，高 4 位为 T1 的工作方式设置位，低 4 位为 T0 的工作方式设置位，只能按字节对它寻址。TMOD 的位结构如图 5-3 所示。

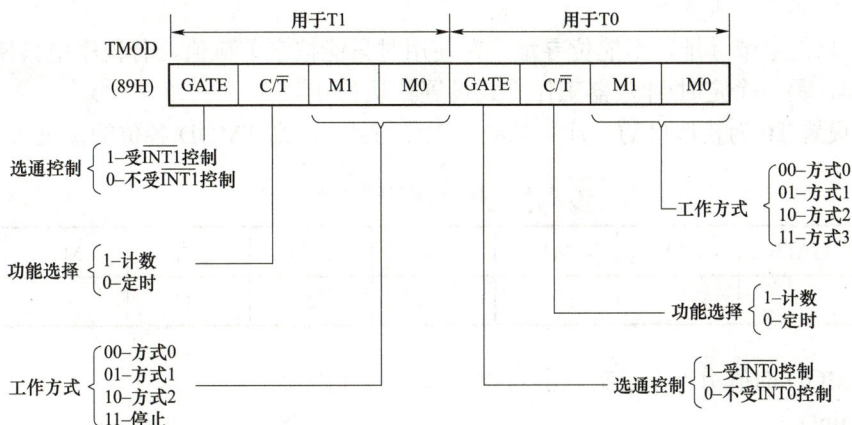

图 5-3 TMOD 控制寄存器

2. 定时/计数器在 TMOD 中的设置

定时/计数器在 TMOD 中的设置，见表 5-9。

表 5-9 TMOD 各位设置

定时/计数器工作方式位			说明
GATE	门控制位	GATE = 0	软件启动方式 T0 由 TR0 = 1 启动； T1 由 TR1 = 1 启动
		GATE = 1	软硬件共同启动方式 T0 由 TR0 = 1 和 $\overline{INT0}$（P3.2）引脚为高电平时共同启动； T1 由 TR1 = 1 和 $\overline{INT1}$（P3.3）引脚为高电平时共同启动
C/$\overline{T}$	功能选择位	C/$\overline{T}$ = 0	设置为定时功能
		C/$\overline{T}$ = 1	设置为计数功能
M1 和 M0	工作方式选择位		其含义见表 5-10

3. 工作方式选择位说明

工作方式选择位说明，见表 5-10。

表 5-10　工作方式选择位

M1　M0	工作方式	功能说明
0　　0	方式 0	13 位计数器
0　　1	方式 1	16 位计数器
1　　0	方式 2	初值自动重载的 8 位计数器
1　　1	方式 3	T0：分成两个 8 位计数器； T1：停止计数

4. TMOD 在程序中的使用

TMOD 只能字节寻址，不能位寻址，在使用时只能按字节赋值，若程序中只使用了一个定时/计数器，另一个定时/计数器工作方式设置默认为 0。

例 1　设置 T0 为软件启动、计数功能、工作方式 1，则 TMOD 各位的值见表 5-11。

表 5-11　TMOD 各位值

TMOD	GATE	C/$\overline{\text{T}}$	M1	M0	GATE	C/$\overline{\text{T}}$	M1	M0
位设置	0	0	0	0	0	1	0	1

所以 TMOD 的值用十六进制表示为 0x05，在程序中使用如下：

```
void main()
{
 TMOD=0x05;
 while(1)
  {
   …
  }
}
```

例 2　设置 T1 为软件启动、定时功能、工作方式 1；T0 为软硬启动，计数功能，工作方式 2，则 TMOD 各位的值见表 5-12。

表 5-12　TMOD 各位值

TMOD	GATE	C/$\overline{\text{T}}$	M1	M0	GATE	C/$\overline{\text{T}}$	M1	M0
位设置	0	0	0	1	1	1	1	0

所以 TMOD 的值用十六进制表示为 0x1E，在程序中使用如下：

```
void main()
{
```

```
    TMOD=0x1E;
  while(1)
    {
      …
    }
  }
}
```

5.2.5　定时/计数器的初值计算

T0、T1 都是 16 位加法计数器，T0 由 TL0、TH0 两个 8 位寄存器组成 16 位，T1 由 TL1、TH1 两个 8 位寄存器组成 16 位。

1. 初值计算公式

初值计算是已知定时时间或已知计数次数的情况下，求出所要设定的定时器初值或计数初值，其公式为：

$$定时初值 = 2^n - \frac{定时时间}{机器周期}$$

$$计数初值 = 2^n - 计数次数$$

其中，n 为计数器位数，根据工作方式的选择而定。

2. 初值计算举例

例 3　采用 T0，定时 5 ms，选择工作方式 0，晶振频率为 6 MHz，请计算定时初值。

分析：（1）工作方式 0 为 13 位计数器，n 为 13；

（2）晶振频率为 6 MHz，机器周期 = 2 μs；

（3）定时时间 5 ms，将单位转化为微秒 5 000 μs。

$$定时时间 = 2^{13} - \frac{5\,000}{2} = 8\,192 - 2\,500 = 5\,692（μs）$$

例 4　采用 T1，计数 100 次，选择工作方式 2，晶振频率为 12 MHz，请计算计数初值。

分析：（1）工作方式 2 为 8 位计数器，n 为 8；

（2）晶振频率为 12 MHz，机器周期 = 1 μs；

（3）计数次数为 100 次。

则，计数初值 = $2^8 - 100 = 256 - 100 = 156$。

任务实施

1. 任务分析

（1）从硬件角度分析。硬件电路比较简单，只需在 P1.0 引脚连接一个示波器，观察输出波形。

（2）从软件角度分析。

第一步，确定定时/计数器 T0 功能。

输出 50 Hz 方波，相当于每秒输出 50 个振荡周期，则一个振荡周期就是 1/50 = 20 ms，如图 5−4 所示，则 T0 的功能为定时 10 ms。

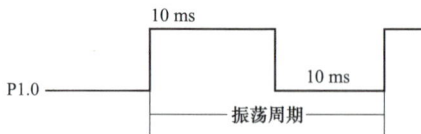

图 5-4 振荡方波

第二步，设置 TMOD 值。采用 T0，方式 1，定时功能，软件启动，则

$$TMOD = 0000\ 0001B = 0x01$$

第三步，计算定时初值。晶振为 12 MHz，机器周期为 1 μs。

$$TH0 = （65\ 536 - 10\ 000/1）/256$$

$$TL0 = （65\ 536 - 10\ 000/1）\%256$$

第四步，开 T0 中断。EA = 1，ET0 = 1。

第五步，启动 TR0 = 1。

第六步，编写中断服务子程序，产生方波。

2. 电路设计

根据以上任务分析，硬件电路设计如图 5-5 所示。

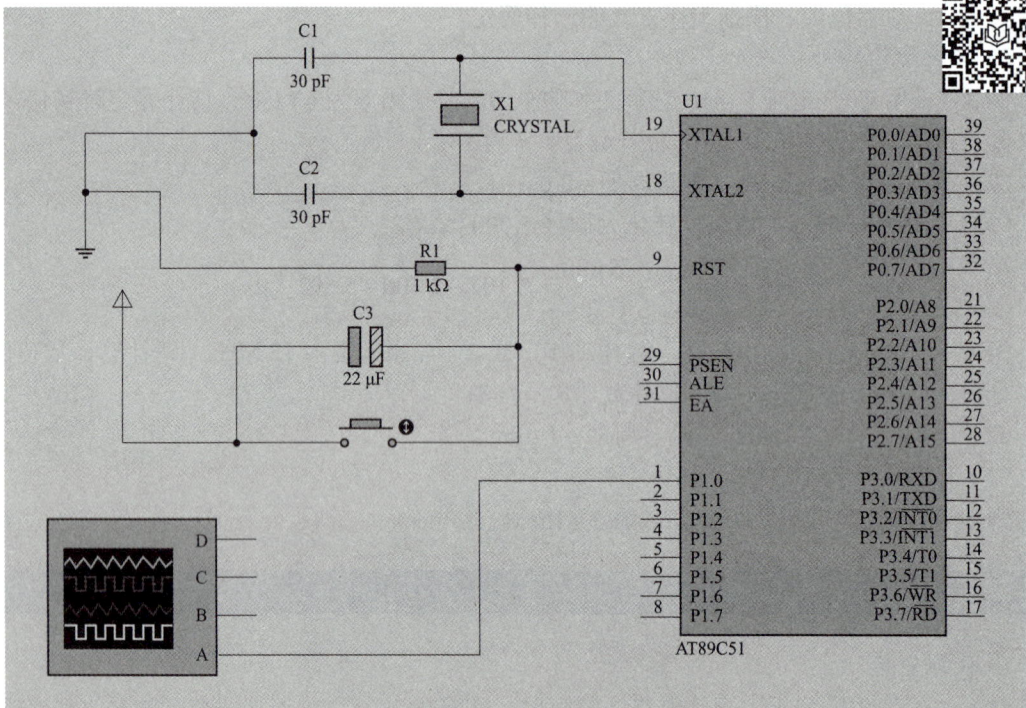

图 5-5 简易方波发生器硬件电路

3. 程序设计

/*功能：产生 25 Hz 的方波，由 P1.0 引脚输出*/

/*方法：采用 T0，方式 1，定时 10 ms*/

```
#include <reg51.h>
sbit fangbo=P1^0;                        //定义方波引脚
```

```
void main()
{
    EA=1;                           //开总中断
    ET0=1;                          //T0 允许中断
    TMOD=0x01;                      //方式 1，定时
    TR0=1;                          //启动 T0
    TH0=(65536-10000)/256;          //T0 高 8 位初值
    TL0=(65536-10000)%256;          //T0 低 8 位初值
    while(1)
    {
        ;
    }
}
/*T0 中断产生 20 ms 方波*/
void Timer0() interrupt 1
{
    TH0=(65536-10000)/256;
    TL0=(65536-10000)%256;
    fangbo=~fangbo;                 //10 ms 高电平、10 ms 低电平
}
```

任务小结

（1）了解了定时/计数器的核心是加 1 计数器，有定时和计数两种功能，定时功能是以一个机器周期计数，计数功能是以一个外部振荡周期计数。

（2）定时/计数器为内部中断，计数器溢出表示定时时间到或计数次数到，则向 CPU 申请中断，中断允许后，执行中断服务子程序。

（3）定时/计数器的功能选择和方式选择（计数容量）由 TMOD 设置。方式 0 为 13 位，最大计数值为 8 192；方式 1 为 16 位，最大计数值为 65 536；方式 2 为 8 位，最大计数值为 256，可能初值自动重载；方式 3 为两个独立的 8 位计数器。

（4）学会了定时/计数器的定时初值和计数初值的计算。

任务 2　简易闹钟设计

任务描述

采用定时/计数器定时 10 s，时间到闹钟响，外部中断控制闹钟停，晶振频率为 12 MHz。

了解四种工作方式，学会选择并使用四种工作方式及每种工作方式的初值计算，会 50 ms 以上的定时。

相关知识

5.3 定时/计数器的工作方式

5.3.1 四种工作方式的逻辑电路结构

1. 工作方式 0

工作方式 0 为 13 位计数器，最大计数初值为 $2^{13}=8\,192$。以 T0 为例，由 TL0 的低 5 位和 TH0 的 8 位组成。TH0 溢出时，置位 TF0 标志，向 CPU 发出中断请求。其逻辑结构图如图 5-6 所示。

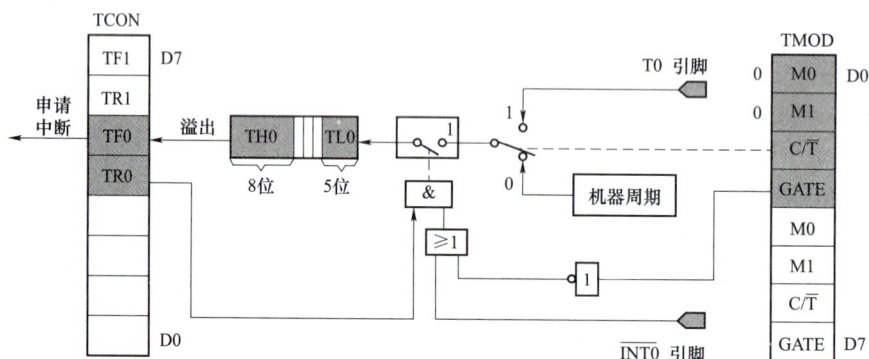

图 5-6 工作方式 0 内部逻辑结构

2. 工作方式 1

工作方式 1 为 16 位计数器，最大计数初值为 $2^{16}=65\,536$。以 T0 为例，由 TL0 的低 8 位和 TH0 的 8 位组成。TH0 溢出时，置位 TF0 标志，向 CPU 发出中断请求。其逻辑结构图如图 5-7 所示。

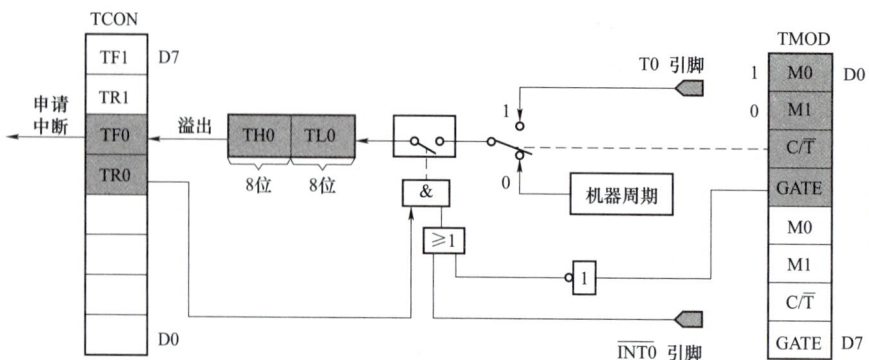

图 5-7 工作方式 1 内部逻辑结构

3. 工作方式 2

工作方式 2 为 8 位计数器，最大计数初值为 $2^8=256$，具有自动重装初值的功能，适合于用作较精确的脉冲信号发生器。以 T0 为例，TH0 作为常数缓冲器，当 TL0 计数溢出时，CPU 自动将溢出标志位 TF0 置"1"的同时，还自动地将 TH0 中的初值送至 TL0，使 TL0 从初值开始重新计数。其逻辑结构图如图 5－8 所示。

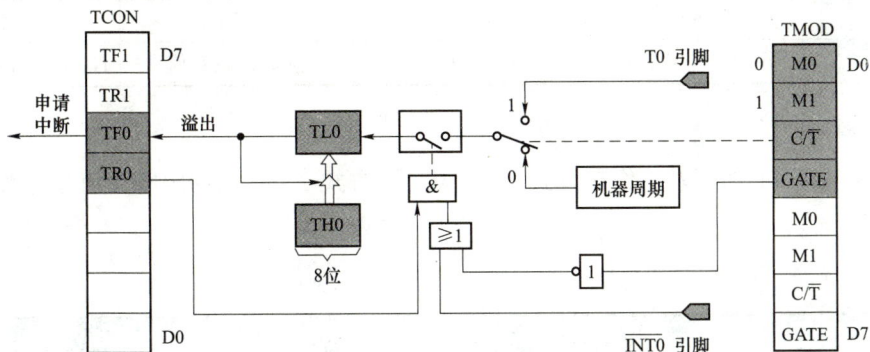

图 5－8　工作方式 2 内部逻辑结构

4. 工作方式 3

工作方式 3 只适用于定时器 T0，当 T0 工作在方式 3 时，T0 分成两个独立的 8 位计数器 TL0 和 TH0。其中，TL0 既可作为定时器，也可作为计数器使用，它占用定时器 T0 所使用的控制位：GATE、$C/\overline{T}$、TR0、$\overline{INT0}$ 和 TF0；除了它的位数为 8 位外，其功能和操作与方式 0 或 1 完全相同。TH0 只能作定时器用，并且占据了定时器 T1 的控制位 TR1 和中断标志位 TF1，TH0 计数溢出置位 TF1，且 TH0 的启动和关闭仅受 TR1 的控制。

其逻辑结构图如图 5－9 所示。

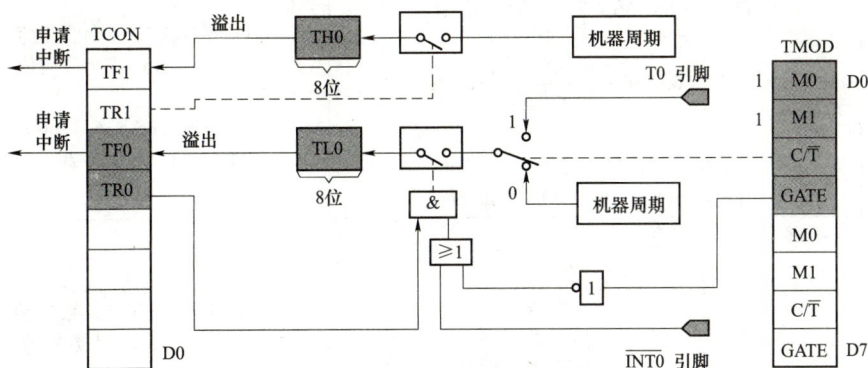

图 5－9　工作方式 3 内部逻辑结构

定时器 T1 无工作模式 3，若 T1 设置为方式 3，则停止工作。当将定时器 T0 设定为方式 3 时，定时/计数器 T1 仍可设置为方式 0、1 或 2。但由于 TR1、TF1 已被定时器 TH0 占用，中断源已被定时器 T0 占用，所以当其计数器计满溢出时，不能产生中断。在这种情况下，定时/计数器 1 一般用作串行口波特率发生器，其计数溢出将直接传送给串行口控制数据的传输。

5.3.2　四种工作方式的比较与初值计算

1. 四种工作方式的比较

定时器 T0、T1 的四种工作方式的特点见表 5－13。

表 5-13　四种工作方式的比较

工作方式	工作方式 0	工作方式 1	工作方式 2	工作方式 3
计数位数	13 位	16 位	8 位	2 个独立 8 位
最大计数值	8 192	65 536	256	256
特点	不可自动重载初值	不可自动重载初值	自动重载初值	T0 计数，T1 停止计数

2. 工作方式下的初值计算

定时器 T0、T1 都可以工作在方式 0、方式 1、方式 2，它们的定时初值与计数初值计算见表 5-14。

表 5-14　几种工作方式的初值计算

功能方式	定时初值计算		计数初值计算
	以 T0 为例，晶振 12 MHz，定时 200 μs		以 T1 为例，计数 200 次
方式 0	根据 $$TH0 = \left(8\,192 - \frac{定时时间}{机器周期} \right)/32$$ $$TL0 = \left(8\,192 - \frac{定时时间}{机器周期} \right)\%32$$ 则有 $$TH0 = (8\,192 - 200/1)/32$$ $$TL0 = (8\,192 - 200/1)\%32$$		根据 $$TH1 = (8\,192 - 计数初值)/32$$ $$TL1 = (8\,192 - 计数初值)\%32$$ 则有 $$TH1 = (8\,192 - 200)/32$$ $$TL1 = (8\,192 - 200)\%32$$
方式 1	根据 $$TH0 = \left(65\,536 - \frac{定时时间}{机器周期} \right)/256$$ $$TL0 = \left(65\,536 - \frac{定时时间}{机器周期} \right)\%256$$ 则有 $$TH0 = (65\,536 - 200/1)/256$$ $$TL0 = (65\,536 - 200/1)\%256$$		根据 $$TH1 = (65\,536 - 计数初值)/256$$ $$TL1 = (65\,536 - 计数初值)\%256$$ 则有 $$TH1 = (65\,536 - 200)/256$$ $$TL1 = (65\,536 - 200)\%256$$
方式 2	根据 $$TH0 = \left(256 - \frac{定时时间}{机器周期} \right)/1$$ $$TL0 = \left(256 - \frac{定时时间}{机器周期} \right)\%1$$ 则有 $$TH0 = (256 - 200/1)/1$$ $$TL0 = (256 - 200/1)\%1$$		根据 $$TH1 = (256 - 计数初值)/1$$ $$TL1 = (256 - 计数初值)\%1$$ 则有 $$TH1 = (256 - 200)/1$$ $$TL1 = (256 - 200)\%1$$

任务实施

1. 任务分析

（1）从硬件角度分析。

闹钟电路采用蜂鸣器电路。

（2）从软件角度分析。

第一步，选择定时/计数器，确定定时时间。

题目要求定时 10 s，四种工作方式中，方式 1 的容量最大，最大定时时间也只有 65 ms（晶振为 12 MHz），以方便计算的 50 ms 为基本单位，则有：

$$200 \times 50\ \text{ms} = 10\ \text{s}$$

所以，选择定时/计数器 T0，方式 1，基本定时 50 ms。

第二步，设置 TMOD 值。采用 T0，方式 1，定时功能，软件启动，则

$$\text{TMOD} = 0000\ 0001\text{B} = 0\text{x}01$$

第三步，计算定时初值。晶振为 12 MHz，机器周期为 1 μs。

$$\text{TH0} = （65\ 536 - 50\ 000/1）/256$$

$$\text{TL0} = （65\ 536 - 50\ 000/1）\%256$$

第四步，开 T0 中断。EA = 1，ET0 = 1。

第五步，启动 TR0 = 1。

第六步，编写中断服务子程序。通过全局变量记录中断发生的次数，达到 200 次时，10 s 时间到，闹钟响。

第七步，外部中断控制闹钟停。选择外部中断 0，对外部中断 0 初始化，编写外部中断服务子程序。

2. 电路设计

根据以上分析，硬件电路设计如图 5-10 所示。

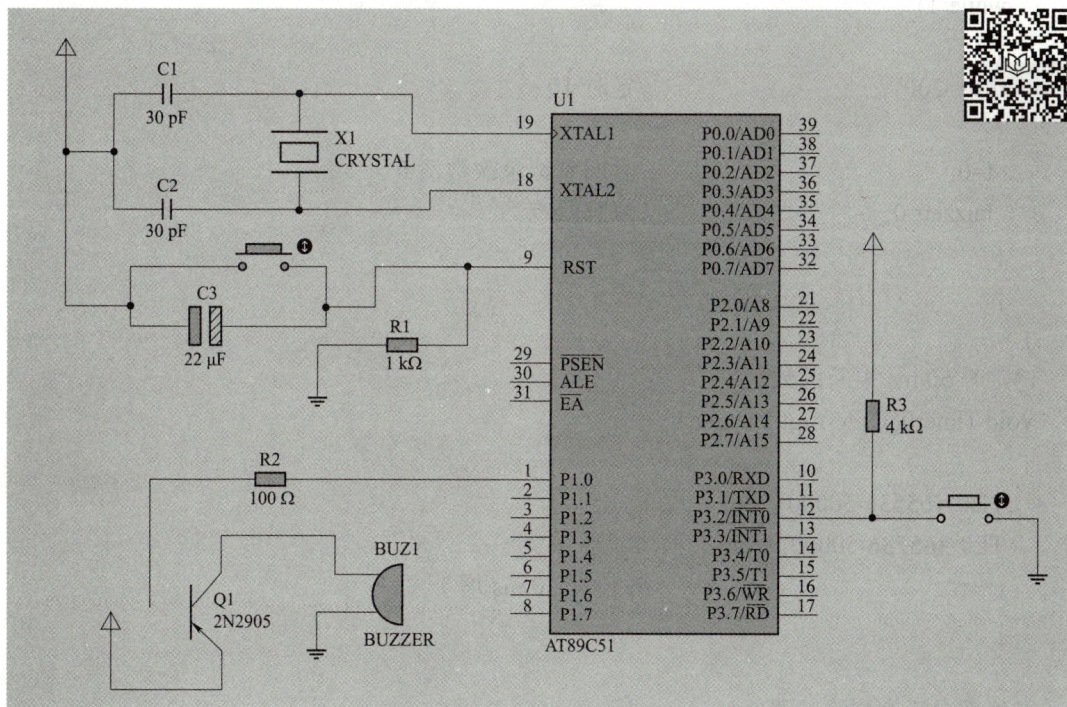

图 5-10 简易闹钟硬件电路

3. 程序设计

```
/*简易闹钟设计*/
/*功能：定时 10 s，闹钟响*/
/*方法：T0，方式 1，定时 50 ms*/
/*     200 个 50 ms 为 10 s    */
/*     INT0 控制闹钟停     */
#include <reg51.h>
sbit buzzer=P1^0;              //定义蜂鸣器
unsigned char t=0;            //记录 50 ms 单位次数
void main()
{
  IT0=1;                       //INT0 下跳沿触发
  EX0=1;                       //INT0 允许位
  TH0=(65536-50000)/256;       //T0 高 8 位初值
  TL0=(65536-50000)%256;       //T0 低 8 位初值
  TMOD=0x01;                   //方式 1，定时
  TR0=1;                       //启动 T0
  EA=1;                        //总允许
  ET0=1;                       //T0 允许
  PT0=1;                       //T0 优先中断
  while(1)
  {
  if(t==200)                   //定时 10 s
  {
   t=0;                        //时间到记录次数清 0
   buzzer=0;                   //蜂鸣器响
  }
  }
}
/*定时 50 ms 中断函数*/
void Timer0() interrupt 1 using 1
{
  TH0=(65536-50000)/256;
  TL0=(65536-50000)%256;
  t++;                         //t 值每 50 ms 增 1
}

/*外部中断控制蜂鸣器停*/
void Inter0() interrupt 0 using 2
```

```
    {
      buzzer=1;
    }
```

任务小结

（1）深入了解了四种工作方式的内部逻辑结构，以及它们之间的区别和初值计算。

（2）一般情况下，方式 1 和方式 2 使用得最多，方式 0 和方式 3 用得较少。

（3）学会了采用中断法，定时 10 s 的程序设计。

任务拓展　模拟交通灯控制系统设计

任务描述

要求设计单片机交通灯控制系统，实现以下两种情况的交通灯控制。

（1）正常情况下东西方向、南北方向轮流点亮交通灯，交通灯的状态见表 5−15。

（2）紧急车辆通行时，东西方向、南北方向黄灯闪 10 s。

通过对模拟交通灯控制系统的设计，掌握中断系统的编程方法及综合应用。

表 5−15　交通灯控制状态

东西方向			南北方向			时间/s	状态说明
绿	黄	红	绿	黄	红		
亮	灭	灭	灭	灭	亮	55	东西方向通行，南北方向禁行
闪	灭	灭	灭	灭	亮	3	东西方向提醒，南北方向禁行
灭	亮	灭	灭	灭	亮	2	东西方向警示，南北方向禁行
灭	灭	亮	亮	灭	灭	55	南北方向通行，东西方向禁行
灭	灭	亮	闪	灭	灭	3	南北方向提醒，东西方向禁行
灭	灭	亮	灭	亮	灭	2	南北方向警示，东西方向禁行

相关知识

5.4　定时/计数器编程方法

5.4.1　定时/计数器中断法

定时/计数器中断法，是执行完整个中断处理过程的方法。

1. 中断法初始化编程基本步骤

第一步，根据定时时间或计数要求，确定计数初值。

第二步，预置定时或者计数的初值到 THx 和 TLx。

第三步，确定工作方式，写控制字到 TMOD。

第四步，根据需求开放定时/计数器的中断。

第五步，启动定时/计数器。

2. 中断法初始化编程举例

例 5　单片机主频为 6 MHz，要求定时器 0 用于定时、软件启动、工作方式为方式 0、定时时间为 10 ms，试完成初始化工作。

第一步，计数初值 = 8 192 − 10 000/2 = 3 192。

第二步，将 3 192 转化为二进制为　1100011　11000，如图 5 – 11 所示。

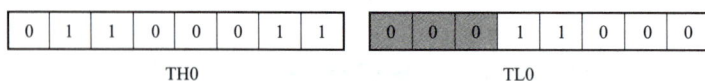

0	1	1	0	0	0	1	1		0	0	0	1	1	0	0	0
			TH0									TL0				

图 5 – 11　16 位内存单元值

TL0 取低 5 位，高位补 0，则有 TL0 = 0x18；

TH0 取高 8 位，不足 8 位，高位补 0，则有 TH0 = 0x63。

第三步，TMOD = 0000 0000B = 0x00。

第四步，EA = 1，ET0 = 1。

第五步，TR0 = 1。

例 6　单片机主频为 6 MHz，要求定时器 1 用于计数、软件启动、工作方式为方式 2、计数长度为 100，试完成初始化工作。

第一步，计数初值 = 256 − 100 = 156 = 0x9C。

第二步，TH1 = 0x9C，TL1 = 0x9C。

第三步，TMOD = 0110 0000B = 0x60。

第四步，EA = 1，ET1 = 1。

第五步，TR1 = 1。

3. 中断法编程举例

例 7　单片机主频为 6 MHz，要求定时器 0 用于定时、软件启动、工作方式为方式 0、定时时间为 10 ms，试产生周期为 20 ms 的正方波。

```
#include <reg51.h>
sbit wave=P1^0;
void main()
{
  /*T0 初始化程序*/
  TH0=0x63;              //T0 高 8 位初值
  TL0=0x18;              //T0 低 5 位初值
  TMOD=0x00;            //方式控制
```

```
    EA=1;              //总允许
    ET0=1;             //T0 允许
    TR0＝1;            //启动 T0
    while(1)
    {
        ;
    }
}
/*T0 中断函数*/
void Timer0() interrupt 1 using 1
{
    TH0=0x63;          //初值重载
    TL0=0x18;
    wave=~wave;        //产生正方波
}
```

例8　单片机主频为 6 MHz，要求定时器 1 用于计数、软件启动、工作方式为方式 2、计数长度为 100，计数值满使得 P1.0 引脚 LED 灯亮，再计下一个 100 次后，LED 灯灭，依次循环。

```
#include <reg51.h>
sbit led=P1^0;
void main()
{
    /*T1 初始化程序*/
    TH1=0x9C;          //T1 高 8 位初值
    TL1=0x9C;          //T1 低 8 位初值
    TMOD=0x60;         //方式 2，计数控制
    EA=1;              //总允许
    ET1=1;             //T1 允许
    TR1=1;             //启动 T1
    while(1)
    {
        ;
    }
}
/*T1 中断函数*/
void Timer1() interrupt 3 using 1
```

```
{
    led=~led;                //LED 灯亮灭
}
```

5.4.2 定时/计数器查询法

定时/计数器查询法，只查询 TF0 或 TF1 是否发生溢出为 1，而不执行完整个中断处理过程的方法。

1. 查询法初始化编程基本步骤

与中断法的不同之处在于不需要开放定时/计数器的中断，只有四步。

第一步，根据定时时间或计数要求，确定计数初值。

第二步，预置定时或者计数的初值到 THx 和 TLx。

第三步，确定工作方式，写控制字到 TMOD。

第四步，启动定时/计数器。

2. 查询法编程举例

例 9 单片机主频为 6 MHz，要求定时器 0 用于定时、软件启动、工作方式为方式 0、定时时间为 10 ms，试产生周期为 20 ms 的正方波，采用查询法。

```
#include <reg51.h>
sbit wave=P1^0;
void main()
{
    /*T0 初始化程序*/
    TH0=0x63;                //T0 高 8 位初值
    TL0=0x18;                //T0 低 5 位初值
    TMOD=0x00;               //方式 0，定时控制
    TR0=1;                   //启动 T0
    while(1)
    {
        if(TF0==1)           //查询是否发生溢出
        {
            TF0=0;                   //TF0 不能自动清 0，需软件清 0
            TH0=0x63;                //初值重载
            TL0=0x18;
            wave=~wave;              //产生 20 ms 正方波
        }
    }
}
```

例 10 单片机主频为 6 MHz，要求定时器 1 用于计数、软件启动、工作方式为方式 2、计数长度为 100，计数值满使得 P1.0 引脚 LED 灯亮，再计下一个 100 次后，LED 灯灭，依次循环，采用查询法。

```
#include <reg51.h>
```

```
sbit led=P1^0;
void main()
{
  /*T1 初始化程序*/
  TH1=0x9C;              //T1 高 8 位初值
  TL1=0x9C;              //T1 低 8 位初值
  TMOD=0x60;            //方式 2，计数控制
  TR1=1;                //启动 T1
  while(1)
  {
   if(TF1==1)           //查询是否发生溢出
   {
    TF1=0;              // TF1 不能自动清 0，需软件清 0
    led=~led;           //LED 灯亮灭
   }
  }
}
```

任务实施

1. 任务分析

（1）从硬件角度分析。

硬件电路主要为 LED 灯电路，根据题目要求，在不考虑车辆左转弯的情况下，东、西两个方向的信号灯显示状态是一样的，可以只使用 3 个 LED 灯模拟东西方向的信号状态。同理，南北方向也只用 3 个 LED 灯控制南北信号状态。所以，可用 P1 口的 6 个 I/O 口控制 6 个 LED 灯。

（2）从软件角度分析。

通过定时控制东西、南北方向 6 个 LED 灯，在紧急车辆通行时，采用外部中断及时调整交通灯指示状态。

任务中有亮 55 s、闪 3 s、亮 2 s 的时间。其中闪 3 s，指示灯 1 s 亮灭一次，因此采用查询法软件定时 0.5 s。循环 110 次 0.5 s 为 55 s；闪 3 s 为循环三次亮 0.5 s、灭 0.5 s；亮 2 s 循环 4 次 0.5 s。

2. 电路设计

根据以上分析，硬件电路设计如图 5-12 所示。

3. 程序设计

（1）流程图。

南北方向函数流程图如图 5-13 所示，东西方向函数流程图如图 5-14 所示，紧急处理中断函数流程图如图 5-15 所示。

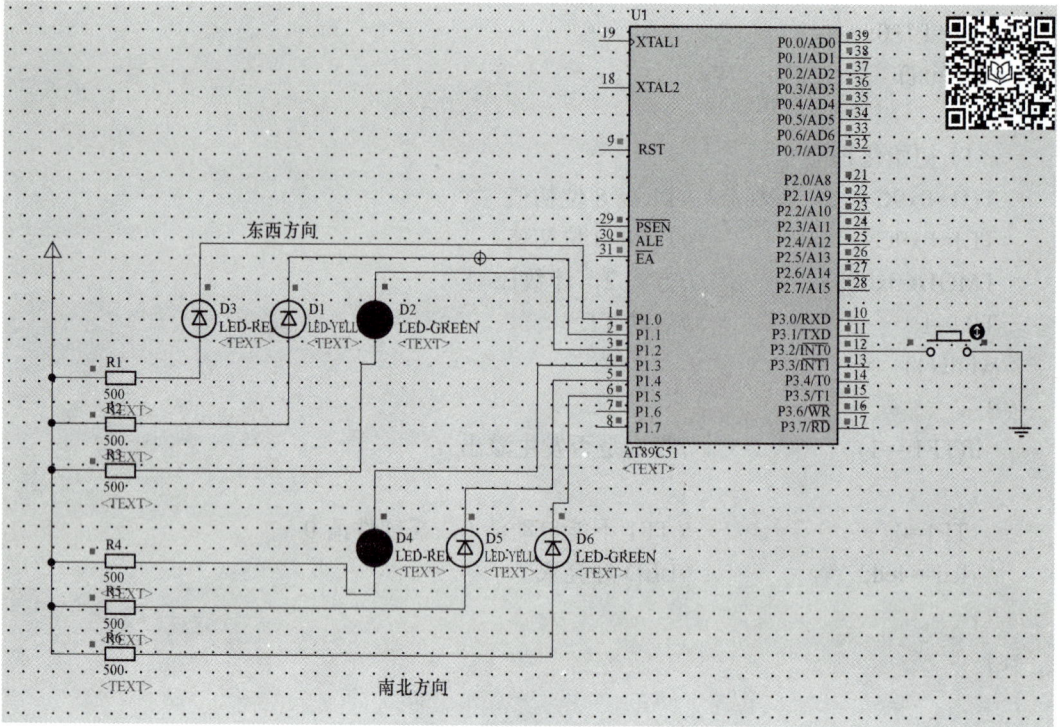

图 5-12　模拟交通灯硬件电路（见彩插）

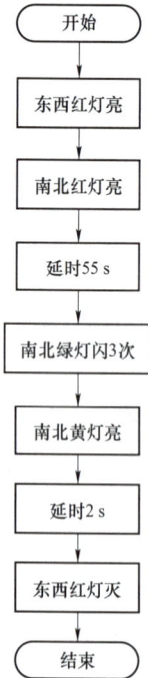

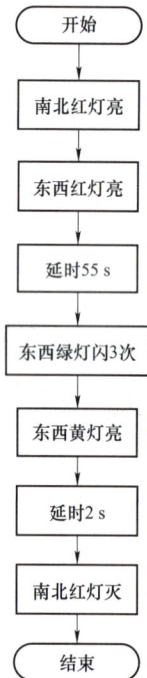

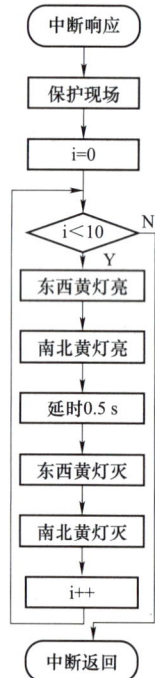

图 5-13　南北方向函数流程图　图 5-14　东西方向函数流程图　图 5-15　紧急处理中断函数

（2）程序编码。

/*模拟交通灯控制系统设计*/

```c
/*功能：模拟交通状态灯*/
/*方法：查询法定时 0.5 s，方式 1，T0 */
/*       INT0 控制紧急车辆通行*/
#include <reg51.h>
sbit dxledred=P1^0;          //东西方向红灯
sbit dxledgreen=P1^2;        //东西方向绿灯
sbit dxledyellow=P1^1;       //东西方向黄灯
sbit nbledred=P1^3;          //南北方向红灯
sbit nbledgreen=P1^5;        //南北方向绿灯
sbit nbledyellow=P1^4;       //南北方向黄灯
void delay05s();
void delayNs(unsigned char n);
void dxled();
void nbled();
unsigned char d,t;
void main()
 {
  IT0=1;                     //外部中断 0 下跳沿触发
  EA=1;                      //总允许
  EX0=1;                     //外部中断 0 允许
  TMOD=0x10;                 //T1 方式设置
   while(1)
    {
     dxled();               //东西方向通行
     nbled();               //南北方向通行
    }
}
/*东西方向通行函数*/
void dxled()
 {
  nbledred=0;               //南北方向红灯亮
  dxledgreen=0;             //东西方向绿灯亮
  delayNs(10);              //延时 55 s
  dxledgreen=1;             //东西方向绿灯灭

  dxledgreen=0;             //东西方向绿灯闪三下
  delay05s();
  dxledgreen=1;
  delay05s();
```

```
    dxledgreen=0;
    delay05s();
    dxledgreen=1;
    delay05s();
    dxledgreen=0;
    delay05s();
    dxledgreen=1;
    delay05s();

    dxledyellow=0;                      //东西方向黄灯亮 2 s
    delayNs(4);
    dxledyellow=1;

    nbledred=1;                         //南北方向红灯灭
}

/*南北方向通行函数*/
void nbled()
{
    dxledred=0;                         //东西方向红灯亮
    nbledgreen=0;                       //南北方向绿灯亮
    delayNs(10);                        //延时 55 s
    nbledgreen=1;                       //南北方向绿灯灭

    nbledgreen=0;                       //南北方向绿灯闪三下
    delay05s();
    nbledgreen=1;
    delay05s();
    nbledgreen=0;
    delay05s();
    nbledgreen=1;
    delay05s();
    nbledgreen=0;
    delay05s();
    nbledgreen=1;
    delay05s();

    nbledyellow=0;                      //南北方向黄灯亮 2 s
    delayNs(4);
```

```
    nbledyellow=1;

    dxledred=1;                        //东西方向红灯灭


}
/*紧急中断函数*/
/*功能：东西与南北方向黄灯闪 10 次*/
void Int0() interrupt 0
{
    unsigned char i,p,th,tl,d1,d2;
    EA=0;                              //关中断，保护现场
    p=P1;                              //暂存 P1 口值
    th=TH1;                            //暂存 t1 高 8 位
    tl=TL1;                            //暂存 t1 低 8 位
    d1=d;                              //暂存 delay0.5s 循环次数
    d2=t;                              //暂存 delayNs 循环次数
    for(i=0;i<10;i++)
    {
    P1=0xED;                           //点亮东西与南北方向黄灯
    delay05s();                        //延时 0.5 s
    P1=0xFF;                           //熄灭东西与南北方向黄灯
    delay05s();                        //延时 0.5 s
    }
                                       //恢复现场
    P1=p;                              //恢复 P1 口值
    TH1=th;                            //恢复 t1 高 8 位
    TL1=tl;                            //恢复 t1 低 8 位
    d=d1;                              //恢复 delay0.5s 循环次数
    t=d2;                              //恢复 delayNs 循环次数
    EA=1;                              //开中断
}

/*延时 0.5 s 函数*/
/*采用 T1，查询法*/
void delay05s()
{
    for(d=0;d<10;d++)                  //循环 10 次 50 ms 为 0.5 s
    {
        TH1=(65536-50000)/256;        //50 ms 高 8 位初值
```

```
    TL1=(65536-50000)%256;        //50 ms 低 8 位初值
    TR1=1;                        //启动 T1
    while(TF1==0);                //查询 TF1 是否为 1
    TF1=0;                        //TF1 清 0
  }
}

/*参数延时函数*/
/*功能：延时 n×0.5 s 时间*/
void delayNs(unsigned char n)
{
  for(t=0;t<n;t++)
  {
   delay05s();
  }
}
```

任务小结

（1）介绍了定时/计数器的中断法和查询法，并可以采用查询法，定时 1 s 以上的时间。

（2）中断过程中，在执行中断服务子程序前，通常需要保护现场，执行完中断服务子程序后，需要恢复现场。在保护和恢复现场时，为了不使现场数据破坏或造成混乱，一般规定此时 CPU 不再响应新的中断请求。因此，在编写中断服务程序时，要注意在保护现场前关中断，在保护现场后若允许高优先级中断，则应开中断；同样在恢复现场前应关中断，恢复之后再关中断。

项目微课与视频

定时计数器工作原理　　定时计数器结构　　定时计数器工作方式　　定时计数器初值计算

项目知识总结

本项目主要完成了 3 个任务。

任务 1 简易方波发生器的设计，讲解了定时/计数器的基本结构、工作原理，以及定时/

计数器特殊功能寄存器，学会了定时/计数器的基本使用，65 ms 以内的定时。

任务 2 简易闹钟设计，讲解了定时/计数器的四种工作方式、初值计算。学会了工作方式的选择、设置，采用中断法定时 1 s 以上。

任务拓展模拟交通灯控制系统设计，讲解定时/计数器中断法、查询法软件编程方法。学会了定时/计数器的程序编写方法，及采用查询法定时 1 s 以上。

此项目要掌握的重点内容如下：

（1）单片机定时/计数器的结构及工作原理；

（2）单片机定时/计数器特殊功能寄存器的设置；

（3）定时/计数器工作方式选择与初值计算；

（4）定时/计数器程序编写方法。

习　题

一、填空题

1. 当定时器 T0 工作在方式 3 时，要占用定时器 T1 的_____和_____两个控制位。

2. 在定时器 T0 工作方式 3 下，TH0 溢出时，_____标志将被硬件置"1"去请求中断。

3. 使用定时/计数器 1 设置串行通信的波特率时，应把定时/计数器 1 设定工作方式_____，即_____方式。

4. 当计数器产生计数溢出时，把定时/计数器的 TF0（TF1）位置"1"。对计数溢出的处理，在中断方式时，该位作为_____位使用；在查询方式时，该位作_____位使用。

5. 在定时器工作方式 1 下，计数器的宽度为 16 位，如果系统晶振频率为 6 MHz，则最大定时时间为_____，若系统晶振频率为 12 MHz，则最大定时时间为_____。

6. 8051 单片机内部设有两个 16 位定时/计数器，即_____和_____。

7. T0 由两个 8 位特殊功能寄存器_____和_____组成，T1 由_____和_____组成。

8. 定时时间与定时器的_____、_____及_____有关。

9. MCS – 51 的定时/计数器作计数器时计数脉冲由外部信号通过引脚_____和_____提供。

10. MCS – 51 的定时/计数器 T0 的门控信号 GATE 设置为"1"时，只有_____引脚为高电平且由软件使_____置"1"时，才能启动定时/计数器 T0 工作。

11. 当 T0 为方式_____，T1 为方式_____的时候，8051 单片机的定时器可提供 3 个 8 位定时/计数器。

二、选择题

1. 在下列寄存器中，与定时/计数器控制无关的是（　　）。

A. TCON　　　　　B. TMOD　　　　　C. SCON　　　　　D. IE

2. 在工作方式 0 下，计数器是由 TH 的全部 8 位和 TL 的 5 位组成，因此其计数范围是（　　）。

A. 1～8192　　　B. 0～8191　　　C. 0～8192　　　D. 1～4096

3. 如果以查询方式进行定时应用，则应用程序中的初始化内容应包括（　　）。

A. 系统复位、设置工作方式、设置计数初值

B. 设置计数初值、设置中断方式、启动定时

C. 设置工作方式、设置计数初值、打开中断

D. 设置工作方式、设置计数初值、禁止中断

4. 与定时工作方式 1 和 0 比较，定时工作方式 2 不具备的特点是（　　）。

A. 计数溢出后能自动重新加载计数初值

B. 增加计数器位数

C. 提高定时精度

D. 适于循环定时和循环计数应用

5. 要想测量 $\overline{INT0}$ 引脚上的一个正脉冲宽度，那么特殊功能寄存器 TMOD 的内容可以为（　　）。

A. 09H　　　　　　B. 87H　　　　　　C. 00H　　　　　　D. 80H

6. 使用定时器 T1 时，有几种工作方式？（　　）

A. 1 种　　　　　　B. 2 种　　　　　　C. 3 种　　　　　　D. 4 种

7. MCS－51 单片机的两个定时/计数器作定时器使用时 TMOD 的 D6 或 D2 应分别为（　　）。

A. D6＝0，D2＝0　　　　　　　　B. D6＝1，D2＝0

C. D6＝0，D2＝1　　　　　　　　D. D6＝1，D2＝1

8. MCS－51 单片机的 TMOD 模式控制寄存器是一个专用寄存器，用于控制 T1 和 T0 的操作模式及工作方式，其中 C / $\overline{T}$ 表示的是（　　）。

A. 门控位　　　　　　　　　　　B. 操作模式控制位

C. 功能选择位　　　　　　　　　D. 启动位

9. 8031 单片机晶振频率 $f_{osc}＝12\,MHz$，则一个机器周期为（　　）μs。

A. 12　　　　　　B. 1　　　　　　C. 2　　　　　　D. 3

10. MCS－51 单片机定时器溢出标志是（　　）。

A. TR1 和 TR0　　　　　　　　　B. IE1 和 IE0

C. IT1 和 IT0　　　　　　　　　D. TF1 和 TF0

11. 用定时器 T1 方式 2 计数，要求每计满 100 次，向 CPU 发出中断请求，TH1、TL1 的初始值是（　　）。

A. 9CH　　　　　　B. 20H　　　　　　C. 64H　　　　　　D. A0H

12. MCS－51 单片机定时器 T1 的溢出标志 TF1，若计满数产生溢出时，如不用中断方式而用查询方式，则应（　　）。

A. 由硬件清零　　　　　　　　　B. 由软件清零

C. 由软件置于　　　　　　　　　D. 可不处理

13. MCS－51 单片机定时器 T0 的溢出标志 TF0，若计满数产生溢出时，其值为（　　）。

A. 00H　　　　　　B. FFH　　　　　　C. 1　　　　　　D. 计数值

14. MCS－51 单片机定时器 T0 的溢出标志 TF0，若计满数在 CPU 响应中断后（　　）。

A. 由硬件清零　　　　　　　　　B. 由软件清零

C. A 和 B 都可以　　　　　　　D. 随机状态

15. 8051 单片机计数初值的计算中，若设最大计数值为 M，对于模式 1 下的 M 值为
（　　）。

A. $M = 2^{13} = 8\ 192$　　　　　　B. $M = 2^8 = 256$

C. $M = 2^4 = 16$　　　　　　　　D. $M = 2^{16} = 65\ 536$

三、解答题

1. 按下列要求设置 TMOD。

① T0 计数器、方式 1，运行与 $\overline{INT0}$ 有关；T1 定时器、方式 2，运行与 $\overline{INT1}$ 无关；

② T0 定时器、方式 0，运行与 $\overline{INT0}$ 有关；T1 计数器、方式 2，运行与 $\overline{INT1}$ 有关；

③ T0 计数器、方式 2，运行与 $\overline{INT0}$ 无关；T1 计数器、方式 1，运行与 $\overline{INT1}$ 有关；

④ T0 定时器、方式 3，运行与 $\overline{INT0}$ 无关；T1 定时器、方式 2，运行与 $\overline{INT1}$ 无关。

2. 已知 TMOD 值，试分析 T0、T1 工作状态。

① TMOD = 93H；　② TMOD = 68H；　③ TMOD = CBH；　④ TMOD = 52H

3. 试归纳 MCS – 51 定时/计数器四种工作方式的特点。

4. 如何判断 T0、T1 定时/计数溢出？

四、编程题

2019 年 10 月 1 日是中华人民共和国成立 70 周年纪念日。请采用蜂鸣器、定时器编程《我和我的祖国》歌曲，为祖国庆生。歌曲简谱如图 5 – 16 所示。要想使蜂鸣器发出不同的声音就必须通过 PWM 波来驱动蜂鸣器，调节 PWM 波的频率就可以发出不同声调的声音。

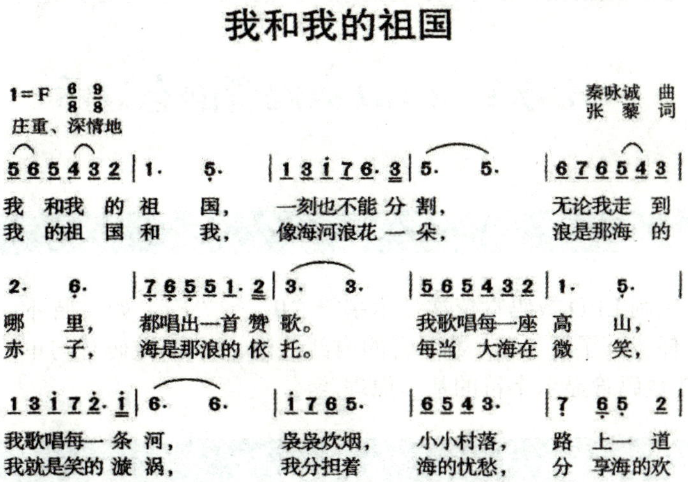

图 5 – 16 《我和我的祖国》简谱

项目六　单片机显示技术

任务1　LED 数码管静态显示

任务描述

利用单片机控制 LED 数码管依次显示字符"0"～"F"，如此循环。

通过完成该任务，了解 LED 数码管的内部结构、LED 数码管与单片机的接口方式以及单片机控制 LED 数码管显示字符的基本原理。

相关知识

6.1　LED 数码管的内部结构及显示原理

6.1.1　LED 数码管的结构

在单片机应用系统中，经常使用的数码显示器有 LED 数码显示器和 LCD 数码显示器。这两种显示器的价格便宜，配置灵活，与单片机接口方便。LED 是发光二极管（Light Emiting Diode）的缩写，常用的 LED 显示器是由 7 个条形发光二极管和 1 个圆形发光二极管组成的 LED 数码管，其外形和外部引脚分别如图 6-1（a）、（b）所示。

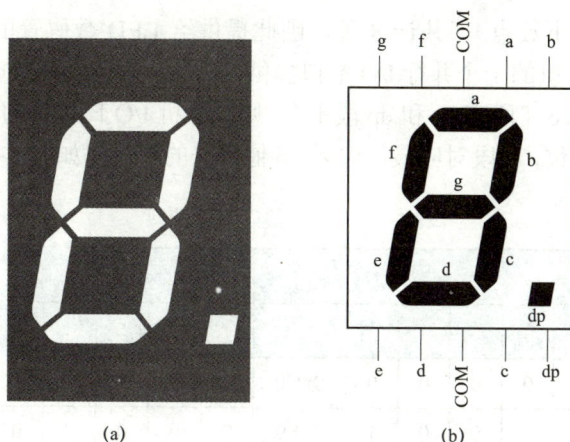

图 6−1　LED 数码管的外形及外部引脚图

（a）外形图；（b）外部引脚图

在 LED 数码管内部，将 8 个发光二极管的一端连接在一起称为公共端，外部引脚图中的 COM 引脚即为 8 个发光二极管的公共引脚，外部引脚图中的 a～g 以及 dp 为 7 个条形发光二极管和圆形发光二极管的另一端引脚，也称段控制引脚。

LED 数码管分为共阳极和共阴极两种，其内部结构分别如图 6−2（a）、（b）所示。

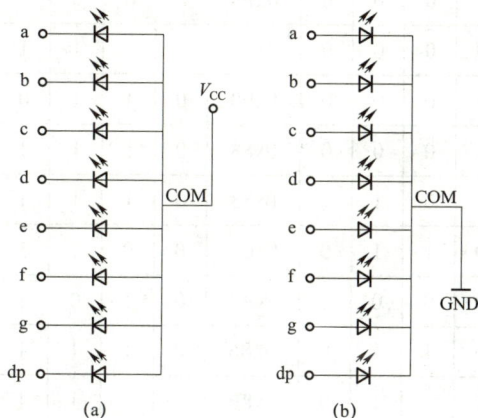

图 6−2　共阳极与共阴极数码管的内部结构图

（a）共阳极；（b）共阴极

共阳极数码管中，8 个发光二极管的阳极连接在一起构成公共阳极，使用时公共阳极连接+5 V 电源，阴极端输入低电平的段发光二极管就导通点亮，而输入高电平的则不点亮。

共阴极数码管中，8 个发光二极管的阴极连接在一起构成公共阴极，使用时公共阴极连接地，阳极端输入高电平的段发光二极管就导通点亮，而输入低电平的则不点亮。

6.1.2　LED 数码管字型编码

通过各段发光二极管亮灭的不同组合，LED 数码管可以显示十六进制数据的十六个数值以及一些其他字母或符号。为了显示数字或符号，要给 LED 数码管提供代码，因为这些代码是为了显示字型的，因此称之为字型代码或段选码。7 段条形发光二极管，再加上一个圆形发光二极管（用于显示小数点），共计 8 段，因此提供给 LED 数码管的段选码正好是一个字节，可由 MCS - 51 单片机的一个并行 I/O 端口提供。例如，对于共阴极数码管，若需要显示字符"0"，则须使 a、b、c、d、e、f 段亮，g 和 dp 段不亮，则单片机 I/O 口提供的段选码应为 00111111B（0x3F）（dp 段对应最高位，a 段对应最低位），其他字符的段选码如表 6 - 1 所示。

表 6 - 1 LED 数码管段选码

显示字符	共阳极数码管									共阴极数码管								
	dp	g	f	e	d	c	b	a	段选码	dp	g	f	e	d	c	b	a	段选码
0	1	1	0	0	0	0	0	0	0xC0	0	0	1	1	1	1	1	1	0x3F
1	1	1	1	1	1	0	0	1	0xF9	0	0	0	0	0	1	1	0	0x06
2	1	0	1	0	0	1	0	0	0xA4	0	1	0	1	1	0	1	1	0x5B
3	1	0	1	1	0	0	0	0	0xB0	0	1	0	0	1	1	1	1	0x4F
4	1	0	0	1	1	0	0	1	0x99	0	1	1	0	0	1	1	0	0x66
5	1	0	0	1	0	0	1	0	0x92	0	1	1	0	1	1	0	1	0x6D
6	1	0	0	0	0	0	1	0	0x82	0	1	1	1	1	1	0	1	0x7D
7	1	1	1	1	1	0	0	0	0xF8	0	0	0	0	0	1	1	1	0x07
8	1	0	0	0	0	0	0	0	0x80	0	1	1	1	1	1	1	1	0x7F
9	1	0	0	1	0	0	0	0	0x90	0	1	1	0	1	1	1	1	0x6F
A	1	0	0	0	1	0	0	0	0x88	0	1	1	1	0	1	1	1	0x77
B	1	0	0	0	0	0	1	1	0x83	0	1	1	1	1	1	0	0	0x7C
C	1	1	0	0	0	1	1	0	0xC6	0	0	1	1	1	0	0	1	0x39
D	1	0	1	0	0	0	0	1	0xA1	0	1	0	1	1	1	1	0	0x5E
E	1	0	0	0	0	1	1	0	0x86	0	1	1	1	1	0	0	1	0x79
F	1	0	0	0	1	1	1	0	0x8E	0	1	1	1	0	0	0	1	0x71
H	1	0	0	0	1	0	0	1	0x89	0	1	1	1	0	1	1	0	0x76
L	1	1	0	0	0	1	1	1	0xC7	0	0	1	1	1	0	0	0	0x38
P	1	0	0	0	1	1	0	0	0x8C	0	1	1	1	0	0	1	1	0x73
S	1	0	0	1	0	0	1	0	0x92	0	1	1	0	1	1	0	1	0x6D
–	1	0	1	1	1	1	1	1	0xBF	0	1	0	0	0	0	0	0	0x40
熄灭	1	1	1	1	1	1	1	1	0xFF	0	0	0	0	0	0	0	0	0x00

6.2 LED 数码管静态显示

单片机控制 LED 数码管显示数字和字符有静态显示和动态显示两种方式。

6.2.1 LED 数码管静态显示原理

静态显示是指数码管显示某一字符时，数码管的公共端恒定接地（共阴极）或+5 V（共阳极），将数码管的 8 个段控制引脚与单片机的一个 8 位 I/O 端口相连接。只要 I/O 端口有段选码输出，数码管就显示给定字符，并保持不变，直到 I/O 口输出新的段码。

6.2.2 LED 数码管静态显示优缺点

静态显示的优点是占用 CPU 时间少，显示可靠，编程简单；缺点是占用单片机的 I/O 端口线多，n 位数码管静态显示需占用 $8 \times n$ 个 I/O 端口，硬件成本高。所以，LED 数码管的静态显示方式适合显示位数较少的场合。

任务实施

1. 任务分析

要使单片机控制数码管依次显示字符"0"～"F"，需将单片机的一个并行 I/O 端口如 P2 口与数码管的 8 个段控制引脚相连接，并从 P1 端口依次输出字符"0"～"F"的段选码，则可使数码管依次显示字符"0"～"F"。

2. 电路设计

电路如图 6-3 所示，单片机 P2.0～P2.7 分别经电阻连接共阳数码管的 a、b、c、d、e、f、g、dp，共阳数码管的公共端 COM 端连接+5 V 电源。

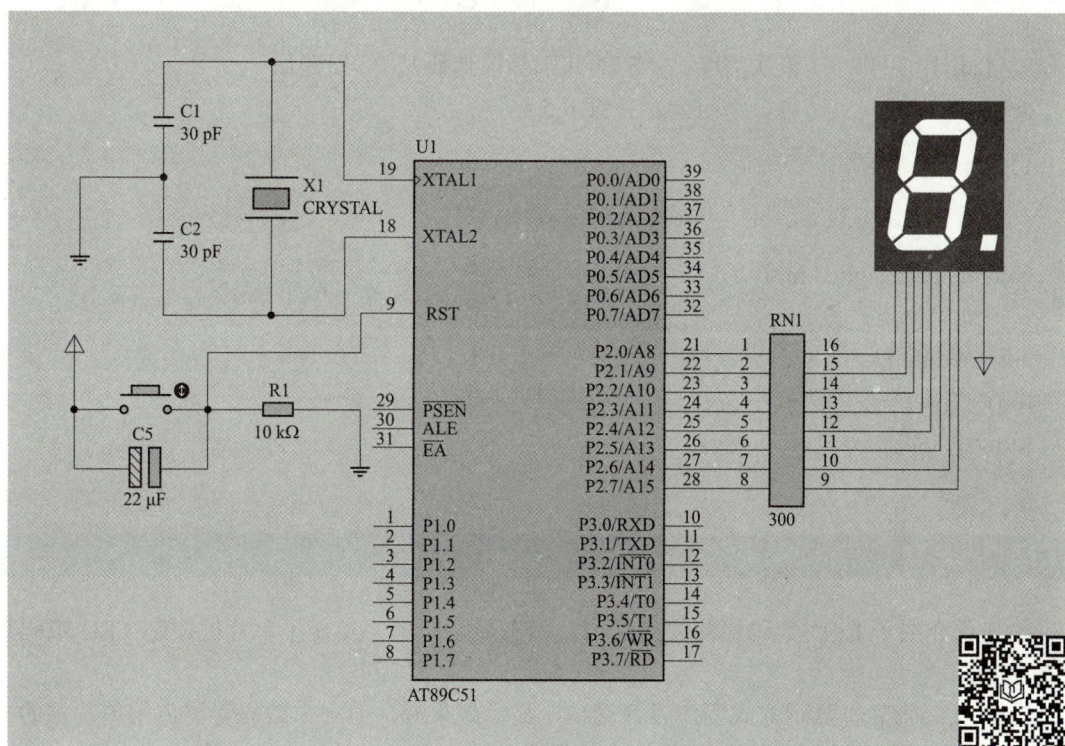

图 6-3 单片机控制数码管静态显示电路图

3. 程序设计

将字符"0"～"F"的共阳极段选码按顺序存放于一个一维数组 led [16] 中，使用循环结构程序依次将数组元素 led [i]（$0 \leqslant i \leqslant 15$）从 P2 口输出（$f_{osc} = 12$ MHz）。

```
/***********************************/
/***********数码管静态显示************/
/*******方法：采用数码管静态显示*******/
/**功能：数码管依次显示字符"0"～"F"**/
/***********************************/
#include <reg51.h>
void delay(unsigned int i);      //声明延时子函数
void main()
{
unsigned char i,led[16]={0xc0, 0xf9, 0xa4, 0xb0, 0x99, 0x92, 0x82, 0xf8, 0x80, 0x90, 0x88,
0x83, 0xc6, 0xa1, 0x86, 0x8e};
//将字符"0"～"F"的共阳极段选码存放于数组中
  while(1)
  {
for(i=0;i<16;i++)
  {
P2=led[i];            //依次将"0"～"F"的共阳极段选码从 P2 口输出
delay(500);           //每个字符显示持续 0.5 s
  }
  }
}
void delay(unsigned int i)
{
unsigned int j,k;
for(j=0;j<i;j++)
for(k=0;k<125;k++);
}
```

任务小结

本任务介绍了 LED 数码管的内部结构及静态显示原理，实现了单片机控制 LED 数码管静态显示。

LED 数码管静态显示方式程序设计简单，显示效果好，但一个数码管需占用单片机的一个并行 I/O 端口，适合于数码管数量较少的场合使用。

任务 2　LED 数码管动态显示

任务描述

利用单片机控制 6 个 LED 数码管显示"学校"的单词"SCHOOL"。

通过完成该任务，掌握单片机控制多位 LED 数码管同时显示不同字符的原理（LED 数码管动态显示原理）及实现方法。

相关知识

6.3　LED 数码管动态显示

在很多单片机应用系统中，需要使用多位 LED 数码管同时显示不同的内容，如果采用静态显示方式，则 MCS－51 单片机最多能同时控制四个 LED 数码管，若 LED 数码管多于四位，则需要对单片机并行 I/O 端口进行扩展，这将增加硬件电路的成本及复杂性。因此，对于多位 LED 数码管通常采用动态扫描的方法进行显示。

6.3.1　LED 数码管动态显示原理

数码管的动态扫描方式即逐个循环地点亮各位 LED 数码管，这样虽然在任一时刻只有一位 LED 数码管被点亮，但是由于人眼的视觉暂留效应（人眼在观察景物时，光信号传入大脑神经，需经过一段短暂的时间，光的作用结束后，视觉形象并不立即消失，而要停留 0.05～0.1 s，又称余晖效应），实际上看起来与全部 LED 数码管持续点亮的效果完全一样。

为了实现 LED 数码管的动态扫描，除了要给 LED 数码管提供段选码之外，还要对 LED 数码管提供位选码，因此多位 LED 数码管接口电路需要有两个单片机并行 I/O 端口，其中一个用于输出 8 位段选码，另一个用于输出位选码，位选码的位数应等于 LED 数码管的位数。

6.3.2　LED 数码管动态显示程序设计技巧

1. LED 数码管动态显示优点

LED 数码管动态显示可以节约 I/O 端口资源，同时各个数码管轮流导通，不但能提高数码管的发光效率，而且由于各个数码管的段控线并联使用，大大简化了硬件电路。

2. LED 数码管动态显示缺点

（1）LED 数码管动态显示时若要不易察觉出闪烁现象，数码管个数一般控制在 8 个以内。

（2）LED 数码管动态显示需要不断地扫描数码管才能得到稳定的显示效果，因此，在程序中不能有比较长时间地停止数码管扫描的语句，否则会影响显示效果，甚至无法显示。

3. LED 数码管动态显示程序设计技巧

（1）在程序设计中，采用定时 1 ms 的中断函数，保证扫描过程不会间隔时间太长。

```
void Timer1_ISR (void) interrupt 3 using 1      //1 ms 定时中断函数
{
```

```
    TH1=0xfc;
    TL1=0x18;
    ……
}
```

（2）确保位选信号为稳定的高电平，数码管显示时不出现闪烁现象，在程序设计过程中，初始化位选信号引脚为高电平。若位选信号与单片机 P2 端口低 4 位相连，则程序语句如下：

```
void Timer1_ISR (void) interrupt 3 using 1
{
    TH1=0xfc;
    TL1=0x18;
    P2 |=0x0f ;                    //初始化位选，确保 P2 口的低 4 位为全"1"
    ……
}
```

（3）为了保证段选变量与位选变量同步，达到更好的显示效果，同时方便程序设计，方法如下。

若有 4 个数码管，可以定义如下程序中一维数组 led_buff [4]，led_buff [0] 用来存放第 0 位数码管的值，led_buff [1] 用来存放第 1 位数码管的值，led_buff [2] 用来存放第 2 位数码管的值，led_buff [3] 用来存放第 3 位数码管的值。在实际程序设计中，数码管位导通可以定义一个变量，比如下面程序中的 led_point，led_point 的变化范围在 0～3 之间，超过 3 清 0。在显示时，想在 0 位数码管上显示 8，只需要求 led_buff [0] ＝8。

```
void Timer1_ISR (void) interrupt 3 using 1
{
    TH1=0xfc;
    TL1=0x18;
    P2 |=0x0f ;                        //初始化位选，确保 P2 口的低四位为全"1"
    P0=A_SEG[led_buff[led_point]];     //段选显示
    P2 &=A_Bit[led_point];             //位选扫描
    led_point++;
    if(led_point==4)
      {
        led_point=0;
      }
}
```

任务实施

1. 任务分析

将 6 个共阳极 LED 数码管相应的段选端并联在一起，用一个并行 I/O 端口 P1 控制，用八同相三态缓冲器/线驱动器 74LS245 驱动。将 6 位数码管的公共端即位选端用 P2 口控制。

首先使 P2 输出 0x01，控制 P2.0 连接的 LED 数码管位选端为高电平，点亮该 LED 数码管，同时从 P1 口输出 "S" 的段选码 "0x92"，则数码管显示字符 "S"。然后采用同样的方法，依次顺序显示字符 "C""H""O""O""L"，利用视觉暂留效果使依次显示字符 "S" 至字符 "L" 的总时间小于或等于 50 ms（即每个字符显示的时间不大于 50 ms/6），如此反复则会在视觉上形成 6 个数码管同时显示字符 "S""C""H""O""O""L"。

2. 电路设计

电路如图 6-4 所示，单片机 P1.0～P1.7 分别经 74LS245 驱动共阳极数码管的段选端 a、b、c、d、e、f、g、dp，P2.0～P2.5 分别连接 6 个共阳极数码管的位选端 COM 端。

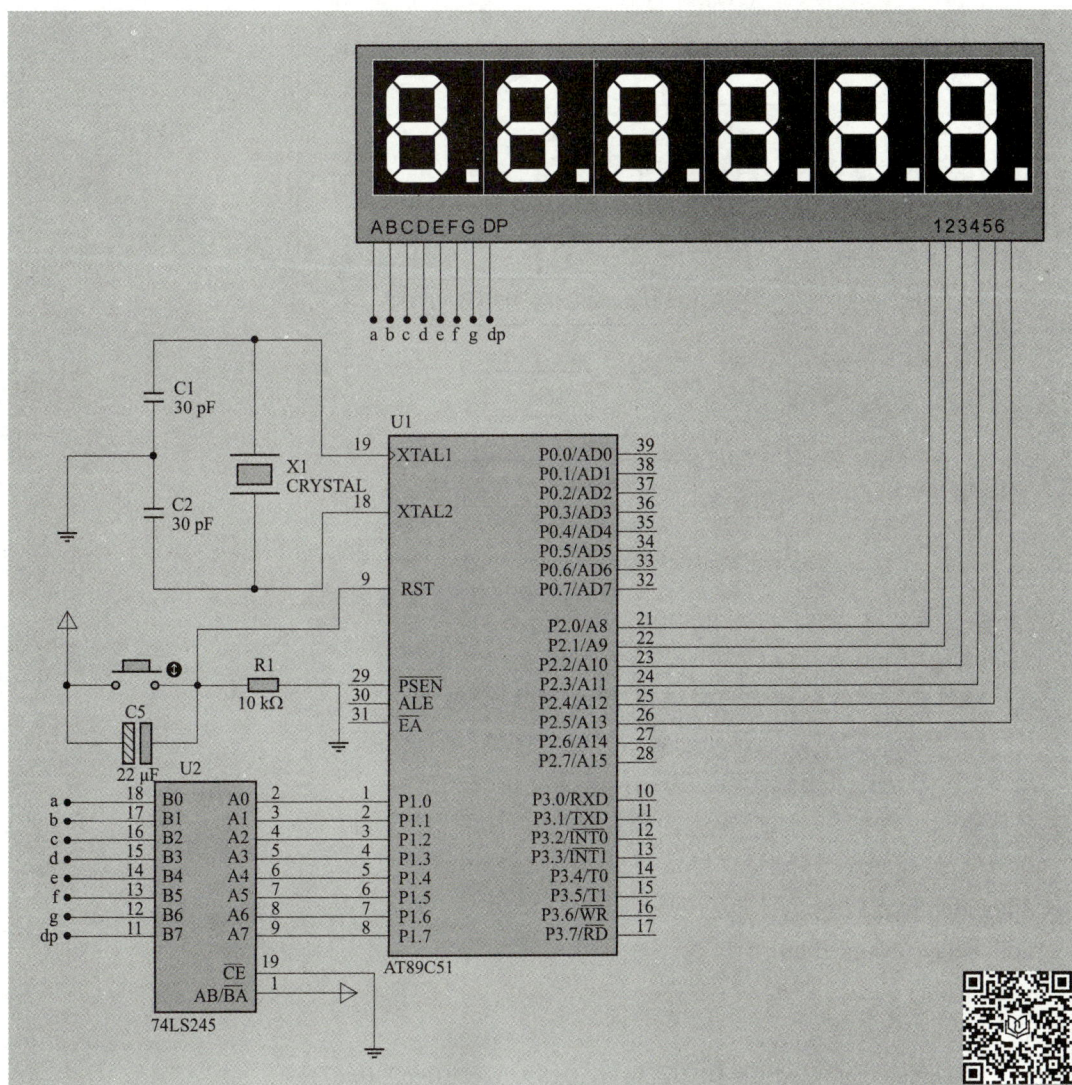

图 6-4　单片机控制数码管动态显示电路图

在电路图中 P1 口通过 74LS245 与 LED 数码管连接，可提高 P1 口引脚的输出电流，既保证了 LED 数码管的显示亮度，又保护了单片机的端口引脚。

3. 程序设计

LED 数码管动态扫描显示的流程如图 6−5 所示。

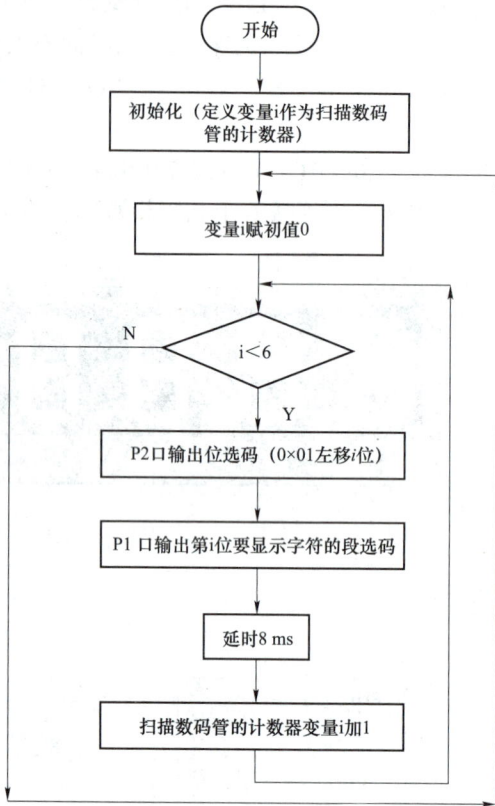

图 6−5 LED 数码管动态扫描流程图

程序设计如下：
```
/***********************************************/
/***************数码管动态显示****************/
/*******方法：采用数码管动态扫描方法显示*******/
/*功能：六位数码管同时分别显示字符"S""C""H""O""O""L" */
/***********************************************/
#include <reg51.h>
void delay(unsigned int i);
void main()
{
    unsigned char i,led[6]={0x92, 0xc6, 0x89, 0xc0, 0xc0, 0xc7};
    //将"SCHOOL"的段选码存入数组中；
    while(1)
    {
        for(i=0;i<6;i++)
```

```
        {
            P2=(0x01<<i);                //P2 端口输出位选码；
            P1=led[i];                   //P1 端口输出段选码；
            delay(8);                    //延时 8 ms；
            }
        }
}
void delay(unsigned int i)
{
    unsigned int j,k;
    for(j=0;j<i;j++)
        for(k=0;k<125;k++)
            ;
}
```

任务小结

（1）本任务介绍了 LED 数码管动态扫描的显示原理，实现了采用动态扫描方法使单片机控制多位 LED 数码管同时显示不同字符。

（2）采用动态扫描方式显示可节省 I/O 端口资源，硬件电路简单，动态扫描方式适合于显示位数较多的场合。

（3）采用动态扫描方式时 LED 数码管的显示亮度低于静态显示方式。

任务 3　LED 点阵式电子广告牌设计

任务描述

利用单片机控制 8×8 LED 点阵显示器稳定显示汉字"丰"。

通过完成该任务，了解 8×8 LED 点阵显示器的内部结构以及显示原理，掌握单片机控制 8×8 LED 点阵显示器显示汉字的方法。

相关知识

6.4　LED 点阵显示器

LED 显示器是用于显示文字、图形、图像、动画、视频、录像信号等各种信息的显示屏幕。

LED 显示器分为图文显示器和视频显示器，均由 LED 点阵模块组成。图文显示屏可与计算机同步显示汉字、英文文本和图形；视频显示屏采用微型计算机进行控制，图文、图像并茂，以实时、同步、清晰的信息传播方式播放各种信息，还可显示二维、三维动画、录像、电视、VCD节目以及现场实况。

LED显示屏显示画面色彩鲜艳，立体感强，静如油画，动如电影，广泛应用于车站、码头、机场、商场、医院、宾馆、银行、证券市场、建筑市场、拍卖行、工业企业管理和其他公共场所。

6.4.1 LED点阵显示器结构

LED点阵模块是将多个LED发光二极管按矩阵方式排列在一起，通过对每个LED的发光控制，来完成字符的显示。最常见的LED点阵模块有5×7（5列7行）、7×9（7列9行）、8×8（8列8行）结构。

8×8 LED点阵的外形和内部结构分别如图6-6和图6-7所示。

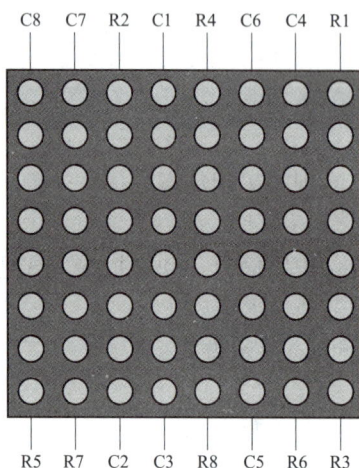

图6-6　8×8 LED点阵模块外形图

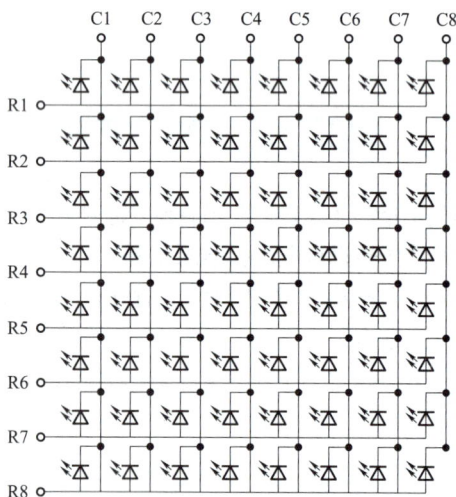

图6-7　8×8 LED点阵模块内部结构图

由图6-6和图6-7可以看出，8×8 LED点阵模块由8行8列（共64个LED发光二极管）组成，对外共16个引脚，其中R1~R8表示8根行线，C1~C8表示8根列线。每个LED发光二极管位于行列线的交叉点上，阳极与其所在行的行线连接，阴极与其所在列的列线连接。

若要使第一行第八列的LED发光二极管亮，则须使R1连接高电平，同时C8连接低电平，即点亮8×8 LED点阵模块中某个LED发光二极管的条件是：对应的行线连接高电平，对应的列线连接低电平。

6.4.2 LED点阵动态显示

LED点阵动态显示方式是按显示编码的顺序，一行一行地显示。每一行的显示时间大约为4 ms，由于人类的视觉暂留现象，将感觉到8行LED是同时显示的。若显示时间太短，则亮度不够，若显示时间太长，将会感觉到闪烁。现通过显示字符"B"，描述LED点阵动态显示过程。如图6-8所示，采用高电平逐行扫描方式，右边二进制码为行码，下面二进制码为列码，列码为字符显示码。

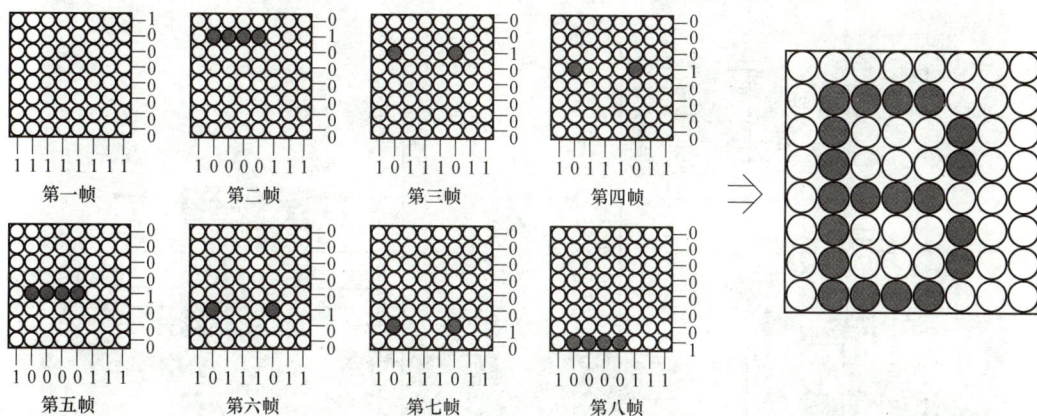

图 6-8 LED 点阵动态显示过程

任务实施

1. 任务分析

要显示汉字"丰"，8×8 点阵模块中要点亮的 LED 发光二极管应如图 6-9 所示。

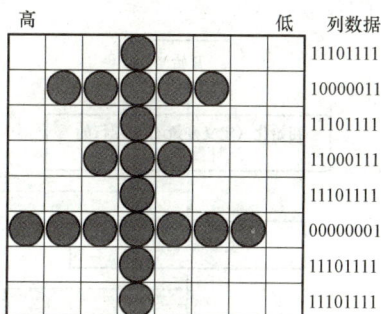

图 6-9 8×8 LED 点阵模块显示"丰"

用单片机的一个并行 I/O 端口控制 8×8 LED 点阵模块的行线 R1～R8，再用另一个并行 I/O 端口经 74LS245 驱动后连接列线 C1～C8。先给第 1 行送高电平使 R1=1，同时给 8 列送 11101111；然后给第 2 行送高电平使 R2=1，同时给 8 列送 10000011，……最后给第 8 行送高电平使 R8=1，同时给 8 列送 11101111。每行显示的时间约为 6 ms，第 8 行显示结束后再从第 1 行开始显示，如此循环。利用视觉暂留效应，则可以观测到 8×8 LED 点阵模块显示汉字"丰"。

2. 电路设计

电路如图 6-10 所示，P2 口控制 8 根行线，P1 口经 74LS245 驱动后连接 8 根列线。

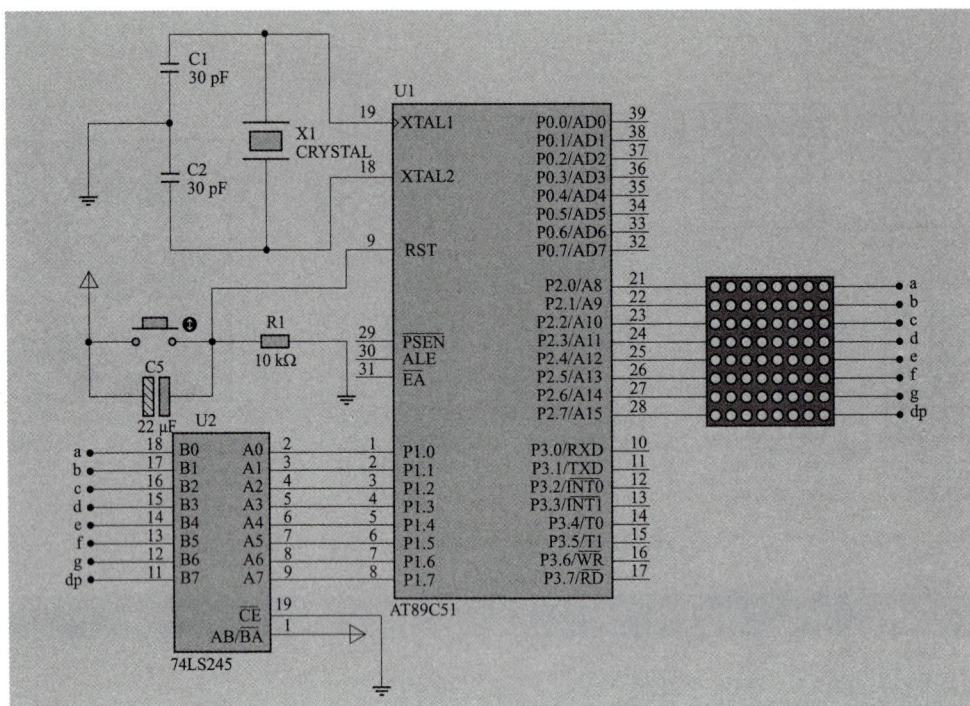

图 6-10 单片机控制 8×8 LED 点阵模块显示汉字"丰"电路图

3. 程序设计

显示的流程图如图 6-11 所示。

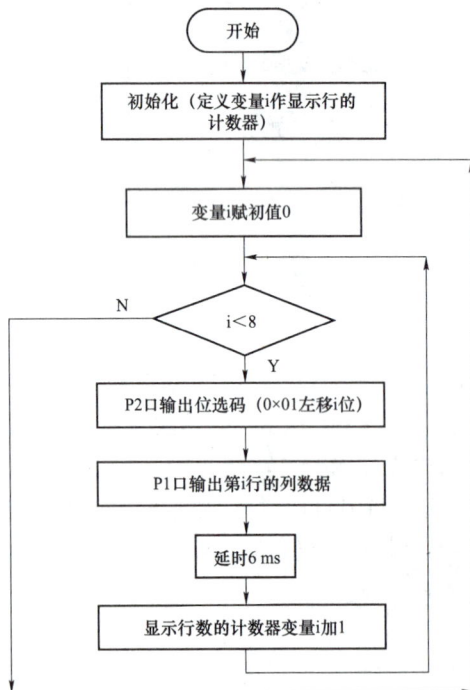

图 6-11 8×8 LED 点阵模块显示汉字的流程图

程序设计如下：

```
/************************************************/
/***************LED 点阵广告牌设计****************/
/*********方法：采用数码管动态扫描方法显示********/
/********功能：8×8 LED 点阵模块显示汉字"丰"*******/
/************************************************/
#include  <reg51.h>
void delay(unsigned int i);
void main()
{
unsigned char i,led[8]={0xef, 0x83, 0xef, 0xc7, 0xef, 0x01,0xef,0xef};
//将 1～8 行显示时的列数据依次存放于数组中
while(1)
{
        for(i=0;i<8;i++)
        {
                P2=(0x01<<i);      //P2 口依次点亮各行；
                P1=led[i];          //P1 口输出列数据；
                delay(6);           //延时 6 ms
        }
    }
}
void delay(unsigned int i)
{
    unsigned int j,k;
    for(j=0;j<i;j++)
    for(k=0;k<125;k++);
}
```

任务小结

（1）本任务介绍了 8×8 LED 点阵模块的内部结构及显示原理，实现了单片机控制 LED 点阵式电子广告牌显示指定内容。

（2）在本任务中采用的是数码管的动态扫描显示方式。

（3）若将多个 8×8 LED 点阵模块级联，可由单片机控制显示更丰富的信息。

任务拓展　冬奥会倒计时设计

任务描述

　　2022 年北京冬季奥运会，将在 2022 年 2 月 4 日至 2022 年 2 月 20 日期间举行，这是中国历史上第一次举办冬季奥运会，北京将成为奥运史上第一个举办过夏季奥林匹克运动会和冬季奥林匹克运动会的城市。在 "北京 8 分钟" 文艺表演现场，22 名中国轮滑运动员、2 个由运动员扮演的 "熊猫信使" 以及 24 个智能机器人共同演绎冰球、冰壶、滑雪等冬季运动项目。借助轮滑运动员滑出的轨迹和高科技实现的影像变化，中国结、中国龙、凤凰、高速铁路、大飞机、航天器等中国元素陆续展示，反映出中国的历史文化和时代风貌；北京冬奥会会徽 "冬梦"、蔚蓝的地球、孩童的笑脸、橄榄枝和梅花编织的花环等纷纷呈现，体现了中国推动构建人类命运共同体的大国担当。为了期盼冬奥会的到来，请设计冬奥会倒计时，如图 6-12 所示，采用动态扫描方式，分为天、时、分、秒，由单片机控制 LED 数码管显示，时间间隔为 1 s，$f_{osc} = 12$ MHz。在此任务中，以秒为例讲解，天、时、分请读者自己完成。

图 6-12　冬奥会倒计时

　　通过完成该任务，了解使用单片机的定时/计数器、中断控制系统以及 LED 数码管动态扫描显示方式设计简易秒表的方法。

任务实施

1. 任务分析

　　设置定时/计数器 T1 作定时器，工作于方式 1，定时 50 ms，计数溢出后申请中断，溢出中断 20 次（1 秒）后将显示的秒数减 1。显示秒数的两个 LED 数码管采用动态扫描方式进行显示，单片机 P2.0 和 P2.1 分别控制两个 LED 数码管的位选端，单片机 P1 口经 74LS245 连接两个 LED 数码管的段选端，由定时/计数器 T0 定时 2 ms，每 2 ms 动态扫描两个 LED 数码管显示秒数。

2. 电路设计

电路如图 6-13 所示，P2.0 和 P2.1 分别连接两个共阳极 LED 数码管的位选端，P1 经 74LS245 连接数码管的段选端。

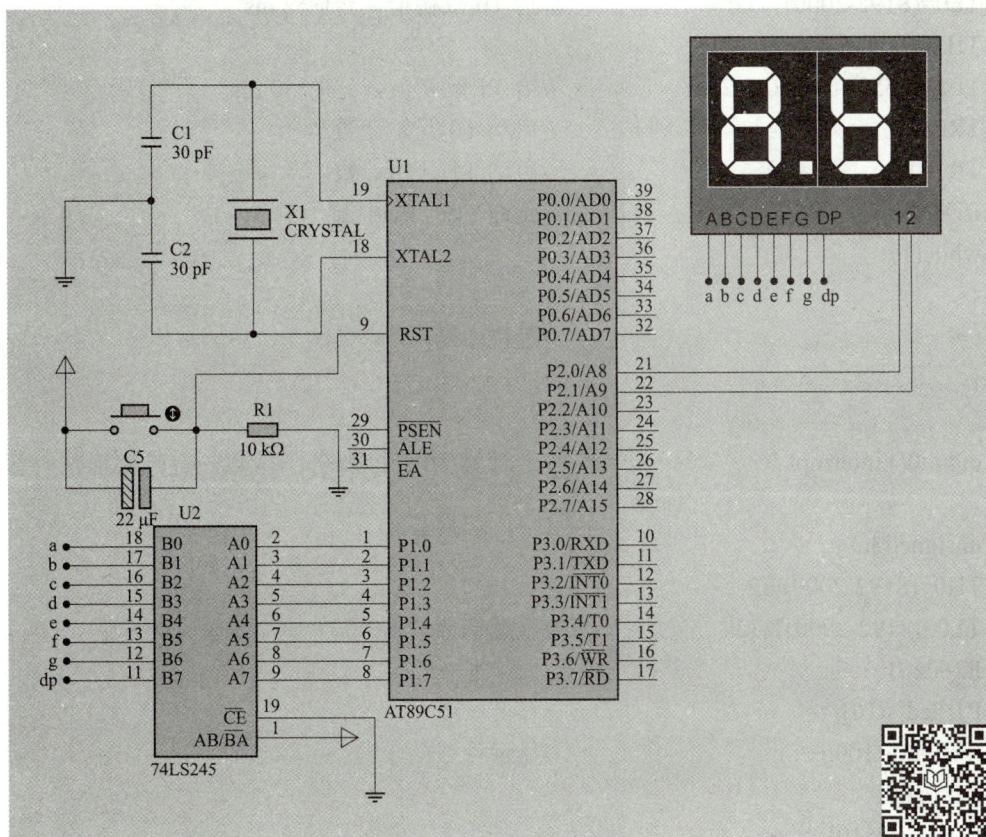

图 6-13　简易秒表电路图

3. 程序设计

```
/**********************************/
/***********简易秒表设计**********/
/*方法：采用数码管动态扫描方法显示 */
/********功能：显示秒数 00～59********/
/**********************************/
#include <reg51.h>
unsigned char i=0;              //i 计数定时器 T1 定时 50 ms 的次数
unsigned char s=60;             //s 计数 LED 数码管显示的秒数
unsigned char led[10]={0xc0,0xf9,0xa4,0xb0,0x99,0x92,0x82,0xf8,0x80,0x90};
//字符"0"～"9"的共阳段选码存放于数组中
void main()
{
```

```
    TMOD=0x10;                            //T0 和 T1 作定时器
//T0 工作于方式 0，T1 工作于方式 1
    TH0=(8192-2000)/32;
    TL0=(8192-2000)%32;                   //给 T0 赋初值，定时 2 ms
    TH1=(65536-50000)/256;
    TL1=(65536-50000)%256;                //给 T1 赋初值，定时 50 ms
    TR0=1;                                //启动 T0 开始计数
    TR1=1;                                //启动 T1 开始计数
    IE=0x8a;                              //允许 T0、T1 中断
    while(1)
    {
    ;                                     //等待中断
    }
}
void in0() interrupt 1                    //定时器 T0 中断服务子函数，定时扫描数码管
{
    unsigned int j;
    TH0=(8192-2000)/32;
    TL0=(8192-2000)%32;                   //重赋初值
    P2=0x01;
    P1=led[s/10];
    for(j=0;j<100;j++);                   //显示秒数的十位
    P2=0x02;
    P1=led[s%10];
    for(j=0;j<100;j++);                   //显示秒数的个位
}
void in1() interrupt 3                    //定时器 T1 中断服务子函数，定时 1 s
{
    TH1=(65536-50000)/256;
    TL1=(65536-50000)%256;               //重赋初值定时 50 ms
    i++;                                 //计数 T1 定时 50 ms 的次数
    if(i==20)
    {
    i=0;                                //若 i=20 则 1 s 时间到，将 i 清 0
    s--;                                //1 s 时间到后将显示的秒数 s 值加 1
    if(s==0)
    s=60;
    }
}
```

任务小结

（1）本任务介绍了利用单片机的定时/计数器和中断系统控制 LED 数码管的动态显示，实现了简易秒表的设计。

（2）LED 数码管的动态显示方式可节省单片机 I/O 口资源，占用 CPU 时间少，广泛应用于各种场合。

项目微课与视频

简单数码管动态扫描程序
编写（easydy）

模块化程序编写
（moudledyseg）

数码管显示函数编写

8×8 LED 点阵模块
显示字符

项目知识总结

本项目主要完成了四个任务：

任务 1 LED 数码管静态显示，介绍了 LED 数码管的内部结构及显示原理，单片机控制 LED 数码管静态显示字符的方法。

任务 2 LED 数码管动态显示，介绍了单片机控制多位 LED 数码管动态扫描显示字符的原理和方法。

任务 3 LED 点阵式电子广告牌设计，介绍了常用 8×8 LED 点阵模块的内部结构及显示原理，通过动态扫描方式使单片机控制 8×8 LED 点阵模块显示信息，从而掌握 LED 点阵式电子广告牌的设计。

任务拓展冬奥会倒计时设计（简易秒表设计），介绍了利用单片机的定时/计数器和中断系统使单片机控制两个 LED 数码管动态显示秒数。

此次项目要掌握的重点内容如下：

（1）LED 数码管的内部结构及显示原理。

（2）单片机控制 LED 数码管静态显示的方法。

（3）单片机控制 LED 数码管动态扫描显示的原理和方法。

（4）8×8 LED 点阵模块的内部结构及显示原理。

习　　题

一、问答题

1. 简述单片机控制 LED 数码管静态显示的方法。

2. 简述视觉暂留效应。

3. 简述单片机控制 LED 数码管动态扫描显示的过程。

4. 简述 8×8 LED 点阵模块显示字符的过程。

二、实践题

2022 年北京冬季奥运会，将在 2022 年 2 月 4 日至 2022 年 2 月 20 日期间举行，请在数码管上显示北京冬季奥运会时间"20220204"，间隔 2 s 后，显示"20220220"，如此循环。电路如图 6－14 所示，P2 口连接 8 个 LED 数码管的位选端，P1 口经 74LS245 连接 LED 数码管的段选端。

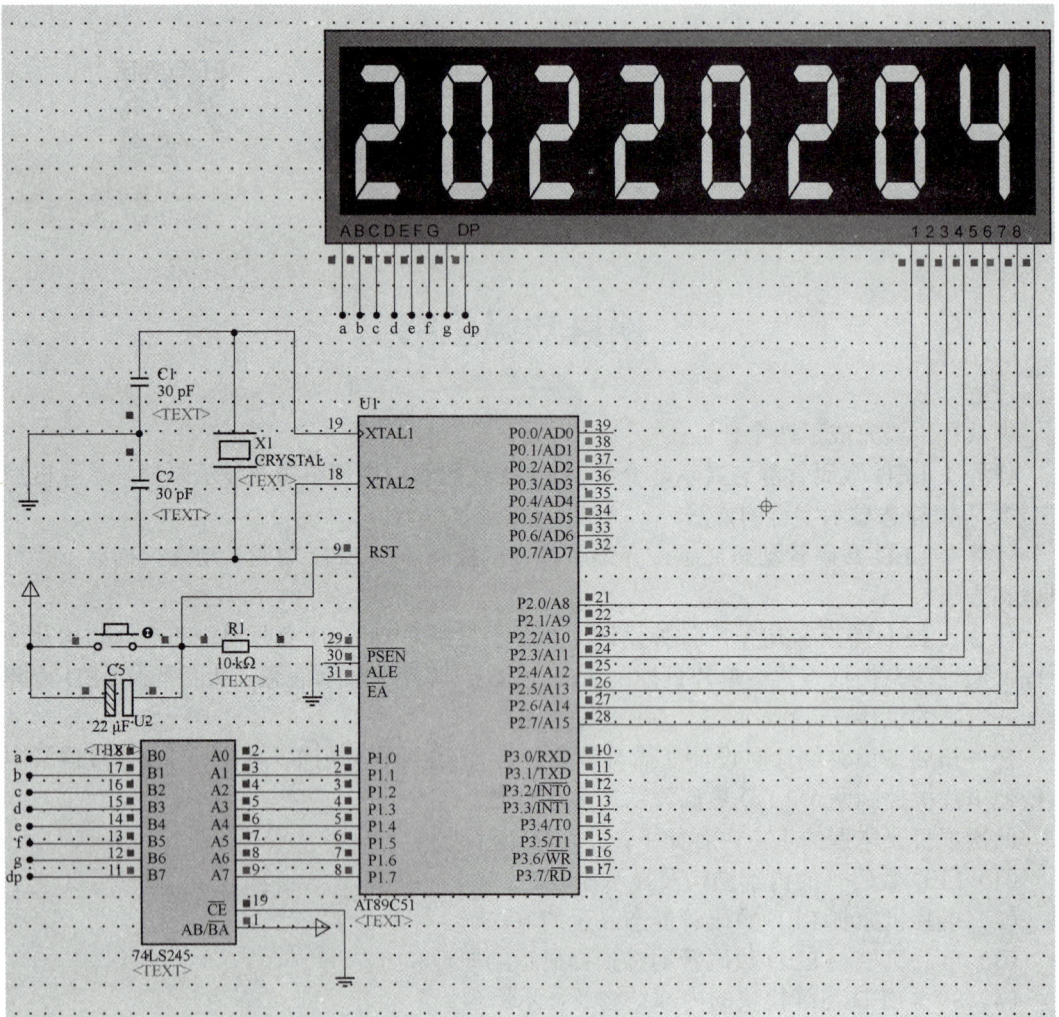

图 6－14　实践题图（见彩插）

项目七 单片机键盘接口应用

任务1 花样彩灯控制系统设计

任务描述

要求采用三个独立式按键分别控制流水灯、闪烁灯、花灯，另外采用一个独立式按键作为三种花样灯的停止键。流水灯花形为先从上往下亮灭如流水，再从下往上亮灭如流水为一个来回；闪烁灯花形为前四个灯同亮时，后四个灯同灭，前四个灯同灭时，后四个灯同亮交替闪烁；花灯花形为从中间两个灯开始亮灭，再向外扩展，然后再由外向内亮灭。

通过完成此任务，了解单片机键盘系统设计、键盘扫描工作方式、独立式键盘硬件电路与软件设计原理。

相关知识

7.1 键盘处理概述

7.1.1 键盘相关概念

键盘在单片机应用系统中，实现输入数据、传送命令的功能，是人工干预的主要手段。其相关概念见表7-1。

表7-1 键盘相关概念

项目	定义	分类
按键	开关元件	触点式 触摸点式
键盘	一组规则排列的按键	编码式键盘 非编码式键盘
编码式键盘	由硬件逻辑电路完成必要的键识别工作与可靠性措施，但价格高	
非编码式键盘	硬件只提供键盘的行列与矩阵电路，其他操作如键的识别，决定按键的读数等靠软件完成，故硬件较为简单。但占用CPU较多时间	独立式键盘 矩阵式键盘
独立式键盘	直接用I/O口线构成的单个按键电路	
矩阵式键盘	由行线和列线组成，按键位于行、列线的交叉点上	

在单片机应用系统中，一般采用触点式按键组成的非编码式按键。

7.1.2 单片机键盘系统设计

1. 单片机按键输入程序的基本任务

（1）监测有无键按下；键的闭合与否，反映在电压上就是呈现出高电平或低电平，所以通过电平的高低状态的检测，便可确认按键按下与否。

（2）判断是哪个键按下。

（3）完成键处理任务。

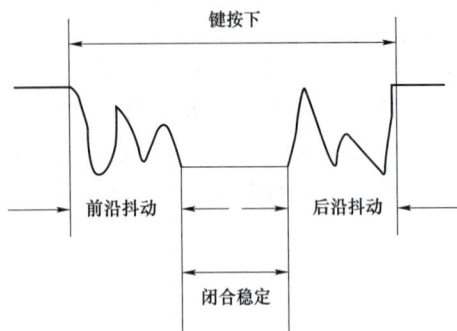

图7-1 按键抖动

2. 单片机按键去抖动

键盘按键所用开关为机械弹性开关，利用了机械触点的合、断作用。由于机械触点的弹性作用，一个按键开关在闭合时不会马上稳定地接通，在断开时也不会一下子断开。因而在闭合及断开的瞬间均伴随有一连串的抖动，如图7-1所示。

抖动时间的长短由按键的机械特性决定，一般为5～10 ms，这是一个很重要的参数。抖动过程引起电平信号的波动，有可能令CPU误解为多次按键操作，从而引起误处理。

为了确保 CPU 对一次按键动作只确认一次按键，必须消除抖动的影响。按键的消抖，通常有软件、硬件两种消除方法。

（1）硬件消抖：这种方法只适用于键的数目较少的情况。

（2）软件消抖：如果按键较多，常采用软件消抖。在第一次检测到有键按下时，执行一段延时 10 ms 的子程序后，再确认电平是否仍保持闭合状态电平，如果保持闭合状态电平，则确认真正有键按下，进行相应处理工作，消除了抖动的影响。其按键软件消抖检测过程如图 7-2 所示。

3. 单片机按键处理连击

连击，是一次按键产生多次击键的效果。

要有对按键释放的处理，如图 7-3 所示。为了消除连击，使得一次按键只产生一次键功能的执行（不管一次按键持续的时间多长，仅采样一个数据）。否则，键功能程序的执行次数将是不可预知的，由按键时间决定。连击是可以利用的。连击对于用计数法设计的多功能键特别有效。

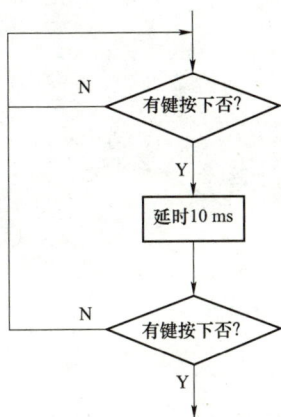

图 7-2　按键消抖

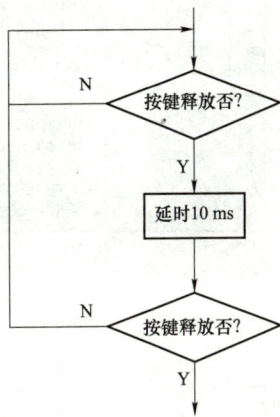

图 7-3　按键释放

4. 单片机按键采取串键保护措施

串键，是指同时有一个以上的键按下，串键会引起 CPU 错误响应。通常采取的策略为单键按下有效，多键同时按下无效。

7.2　单片机独立式键盘

在单片机控制系统中，往往只需要几个功能键，此时，可采用独立式按键结构。

7.2.1　独立式键盘硬件电路

1. 独立式按键接口

独立式按键就是各按键相互独立，每个按键单独占用一根 I/O 口线，每根 I/O 口线的按键工作状态不会影响其他 I/O 口线上的工作状态。因此，通过检测输入线的电平状态可以很容易判断哪个按键被按下了，如图 7-4 所示。

按键 1 和按键 2 输入均采用低电平有效，分别单独占用一根 I/O 口 P0.0 和 P2.0。因 P0 口内部无上拉电阻，为保证按键断开时，I/O 口线有确定的高电平，按键 1 需接上拉电阻；P2 口内部有上拉电阻，不需要再接上拉电阻。

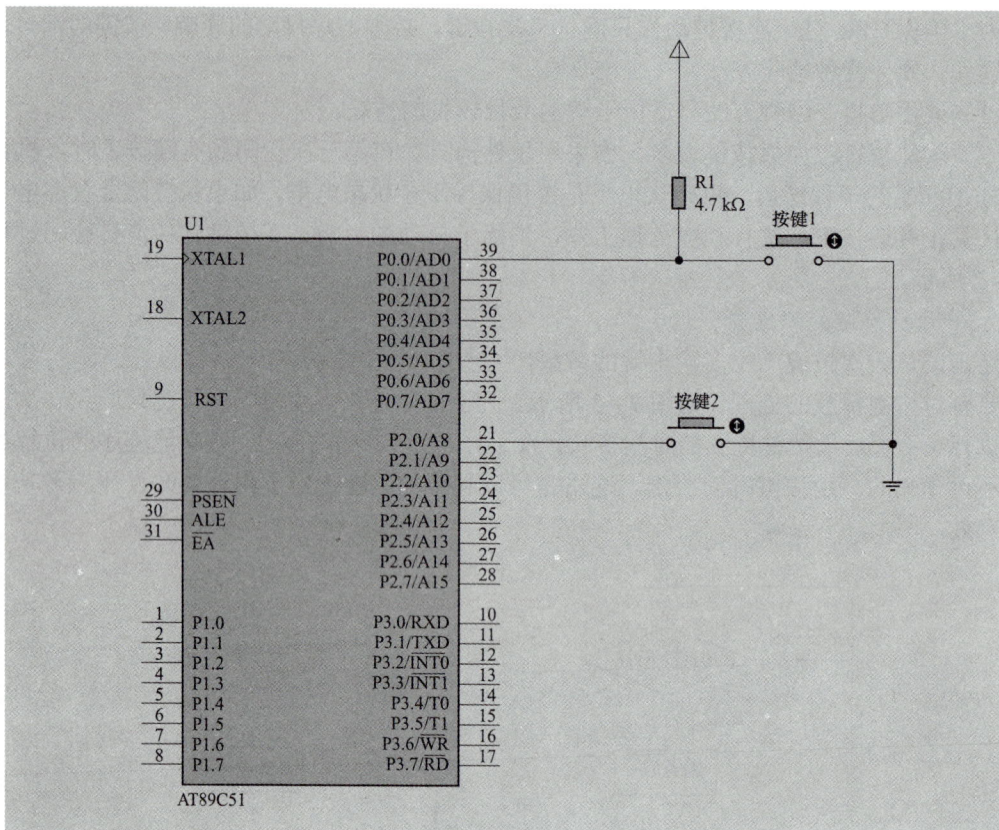

图 7-4 独立式键盘硬件电路

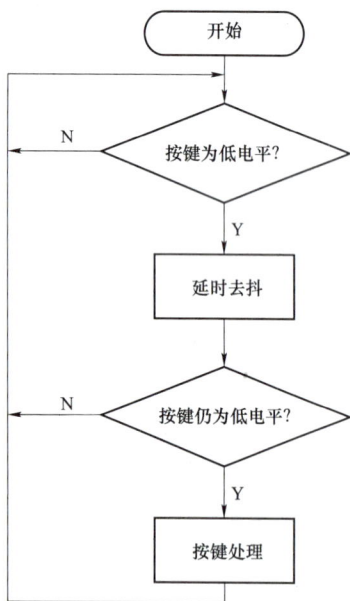

图 7-5 独立键盘软件流程图

2. 独立式按键的优缺点

（1）优点，电路配置灵活，软件结构简单。

（2）缺点，每个按键需占用一根 I/O 口线，在按键数量较多时，I/O 口浪费大，电路结构显得复杂。

因此，此键盘是用于按键较少或操作速度较高的场合。

7.2.2 独立式键盘软件设计

独立式按键软件常采用查询式结构。先逐位查询每根 I/O 口线的输入状态，如某一根 I/O 口线输入为低电平，通过延时去抖动，仍为低电平，则可确认该 I/O 口线所对应的按键已按下，然后，再转向该键的功能处理程序。独立键盘软件流程图如图 7-5 所示。

任务实施

1. 任务分析

从硬件角度分析，花样彩灯控制系统主要由 LED 灯电路和独立键盘电路组成，比较简单。

从软件角度分析，流水灯程序、闪烁灯程序、花灯程序在前面项目中已经掌握，主要难点是如何通过独立键盘控制它的启动、停止。

对于启动，根据独立键盘的特点，当按下按键，按键端口为低电平，执行相应彩灯程序；当按键弹起时，按键端口为高电平，不执行程序。这样，相应的彩灯程序只启动一次，执行完后就停止了，不能循环往复地执行。解决问题的方法，一般采用设置标志值，通过检测按键按下，设置相对应的标志值，然后根据标志值启动相对应的彩灯程序，达到循环往复的执行。

对于停止，采用一个独立按键控制，只要按键按下，则 LED 灯端口全部置"1"。

2. 电路设计

根据以上分析，花样彩灯控制系统的硬件电路设计如图 7-6 所示。

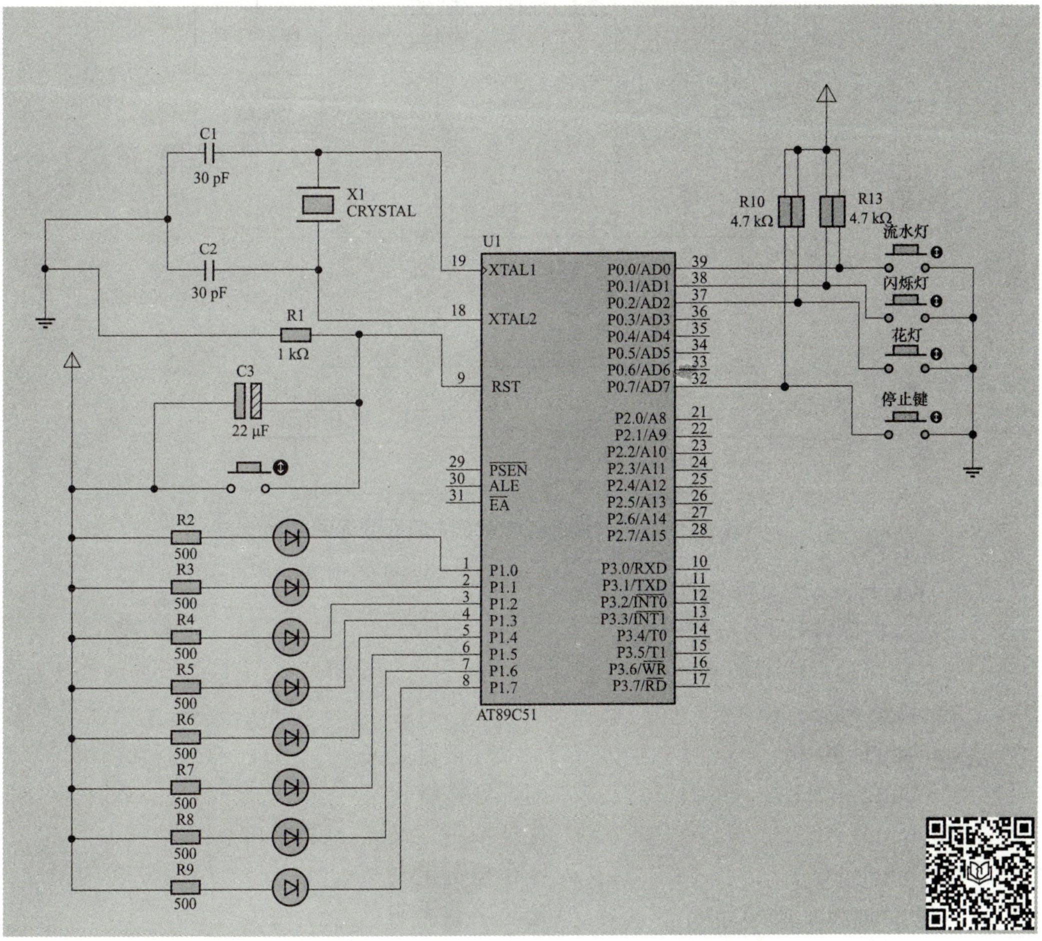

图 7-6　花样彩灯控制系统硬件电路

3. 程序设计

（1）流程图。主函数流程图如图 7-7 所示。

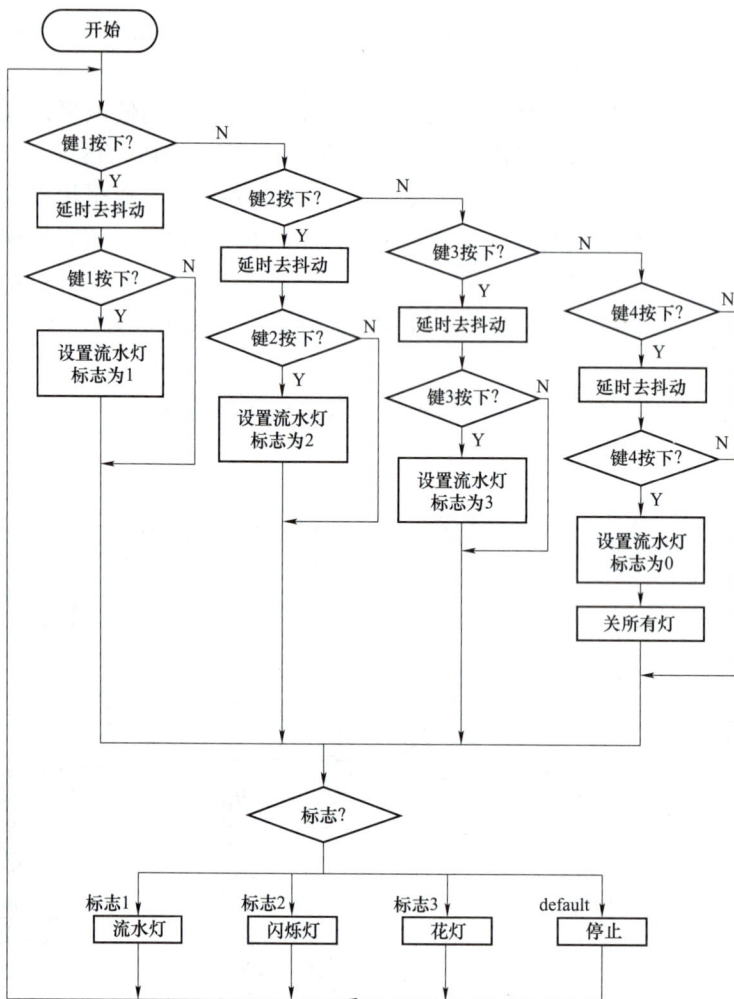

图 7-7 花样彩灯控制系统主函数流程图

（2）程序编写。

```c
/*按键控制花样彩灯设计*/
/*方法：独立按键控制   */
#include<reg51.h>
sbit butt1=P0^0;              // 流水灯按键定义
sbit butt2=P0^1;              // 闪烁灯按键定义
sbit butt3=P0^2;              // 花灯按键定义
sbit butt4=P0^7;              // 停止按键定义
void delay(unsigned int n);   // 延时函数声明
void lsled();                 // 流水灯声明
void flashled();              // 闪烁灯声明
void flowerled();             // 花灯声明
/***********主函数***********/
```

```
/*函数名：main( )             */
/*返回值：无                 */
/***************************/
void main()
{
 unsigned char flag=0;              // 按键标志定义
 while(1)
  {
   if(butt1==0)                     // 按流水灯键
    {
     delay(1);                      //按键去抖动
     if(butt1==0)
        flag=1;                     //标志为 1
    }
   else if(butt2==0)               // 按闪烁灯键
    {
       delay(1);                    //按键去抖动
       if(butt2==0)
         flag=2;                    //标志为 2
    }
   else if(butt3==0)               // 按花灯键
    {
     delay(1);                      //按键去抖动
     if(butt3==0)
        flag=3;                     //标志为 3
    }
   else if(butt4==0)               // 按停止键
    {
     delay(1);                      //按键去抖动
     if(butt4==0)
       {   P1=0xff;flag=0;}         //标志为 0
    }
   switch(flag)
    {
     case 1: lsled();break;         //标志 1 执行流水灯
     case 2: flashled();break;      //标志 2 执行闪烁灯
     case 3: flowerled();break;     //标志 3 执行花灯
     default:    flag=0;break;      //默认停止
    }
  }
```

```
}
/*********流水灯函数********/
/*函数名：lsled( )                    */
/*返回值：无                          */
/*方法：移位                          */
/************************/
void lsled()
{
 unsigned char i,w;
 w=0x01;                             //从上到下显示字初值
 for(i=0;i<8;i++)
  {
   P1=~w;                           //显示字取反后送 P1 口
   delay(300);
   w=w<<1;                          //显示字左移一位
  }
 w=0x80;                             //从下到上显示字初值
 for(i=0;i<8;i++)
  {
   P1=~w;                           //显示字取反后送 P1 口
   delay(300);
   w=w>>1;                          //显示字右移一位
  }
}
/*********闪烁灯函数********/
/*函数名：flashled( )                 */
/*返回值：无                          */
/*方法：字节                          */
/************************/
void flashled()
{
 P1=0xF0;                            //高 4 位为 1，低 4 位为 0 送 P1 口
 delay(300);                         //低 4 位 LED 灯显示时间
 P1=0x0F;                            //高 4 位为 0，低 4 位为 1 送 P1 口
 delay(300);                         //高 4 位 LED 灯显示时间
}
/**********花灯函数********/
/*函数名：flowerled( )                */
/*返回值：无                          */
/*方法：数组                          */
```

```
/***************************/
void flowerled()
{                                    //数组存放 LED 灯状态字节
   unsigned char led[]={0xe7,0xdb,0xbd,0x7e,0xbd,0xdb,0xe7},i;
   for(i=0;i<7;i++)
     {
     P1=led[i];                      //遍历数组元素值送 P1 口
     delay(300);
     }
}
/***********延时函数*********/
/*函数名：delay(unsigned int n)   */
/*返回值：无                       */
/*方法：循环嵌套                   */
/***************************/
void delay(unsigned int n)
{
  unsigned int i,j;
  for(i=0;i<n;i++)
       for(j=0;j<100;j++);
}
```

任务小结

（1）在任务设计过程中，独立按键按下一次，执行相应的流水灯、闪烁灯、花灯一次，在还没有执行完时，按下停止键，不会立马停止，要执行完后才停止，是什么原因造成的呢？在进行控制系统设计时，要有工匠精神，执着进取，精益求精，不能在初步实现的时候就停滞不前，要深挖原因，找到解决的办法。

（2）单片机 P0 端口内部无上拉电阻，在使用时需接上拉电阻，使 P0 端口有稳定的高电平，保证独立按键信号检测的确定性。

（3）独立键盘所用开关为机械弹性开关，在闭合及断开的瞬间均伴随有一连串的抖动，一般为 5～10 ms，可以通过软件延时 5～10 ms 消除抖动的影响。

任务 2　四位密码锁系统设计

任务描述

任务要求，输入四位密码，密码由 0～9 十个数字组成，四位数码管显示密码，按确认键完成输入，密码正确时，开锁灯亮；密码不正确时，锁定灯亮，锁定键盘，按 5 次按键解锁键盘。

通过完成此任务，掌握矩阵键盘硬件电路和软件程序设计。

相关知识

7.3　单片机矩阵式键盘

在单片机系统中，若使用按键较多时，通常采用矩阵式（也称行列式）键盘。

7.3.1　矩阵键盘硬件电路

矩阵式键盘由行线和列线组成，按键位于行、列线的交叉点上，其结构如图7-8所示。

图7-8　矩阵键盘硬件电路（见彩插）

由图7-8可知，一个4×4的行、列结构可以构成一个含有16个按键的键盘，行、列线分别连接到按键开关的两端。当无键按下时，行线处于低电平状态，列线处于高电平状态；当有键按下时，行、列线将导通，CPU根据列电平的变化，便能判定相应的列有键按下，此时，列线电平将由与此列线相连的行线电平决定，这是识别按键是否按下的关键。

然而，矩阵键盘中的行线、列线和多个键相连，各按键按下与否均影响该键所在行线和列线的电平，各按键间将相互影响，因此，必须将行线、列线信号配合起来作适当处理，才能确定闭合键的位置。

7.3.2　矩阵键盘软件设计

矩阵键盘软件设计主要是按键识别方法，一般有行列反转法、逐行扫描法两种。

1. 行列反转法

（1）行列反转法原理。

行列反转法是通过设置矩阵键盘行线和列线互为相反的值，再将分别读出的行值和列值按位或组合，得到每个按键唯一的识别码。主要分为以下3个步骤。

第一步，找行值。首先初始化行值，将行引脚设置为高电平，列引脚设置为低电平，如图7-9所示。程序代码为P1=0xF0；如果有按键按下，然后读行值，cord_h=P1&0xF0。

第二步，找列值。首先初始化列值，将列引脚设置为高电平，行引脚设置为低电平，程序代码为P1=0x0F；如果有按键按下，然后读列值，cord_l=P1&0x0F。

第三步，行列组合，得到唯一识别码。将找到的行值和列值做位或运算，value=cord_h|cord_l，得到识别码，每个按键都有唯一的识别码与之相对应，如图7-10所示。

第四步，根据识别码，识别按键。

（2）行列反转法软件设计。

行列反转法软件设计流程图如图7－11所示。

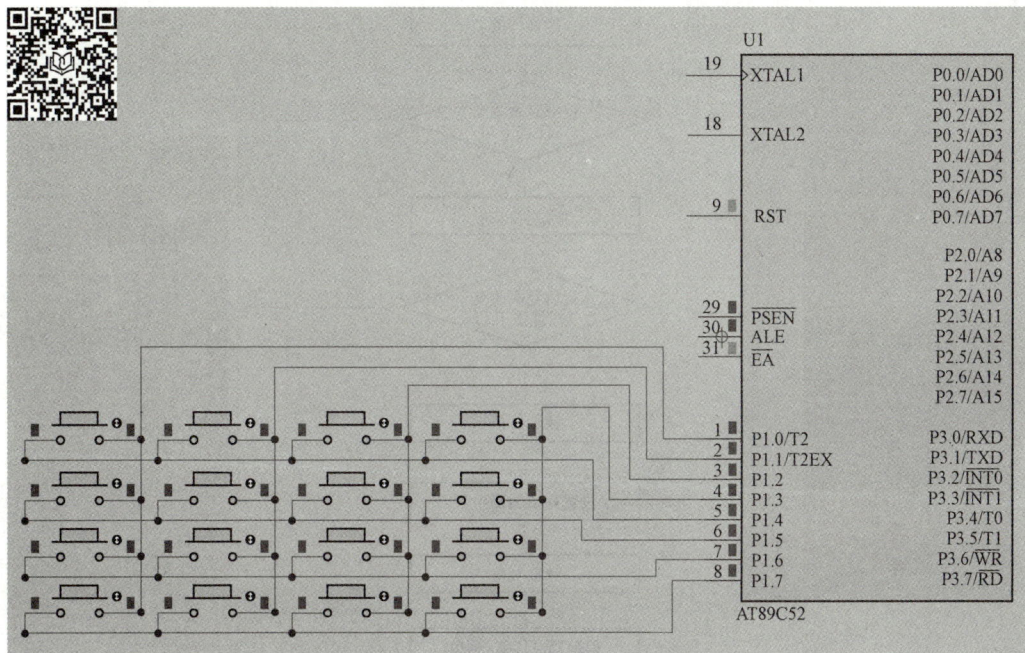

图7－9 初始化行设置（见彩插）

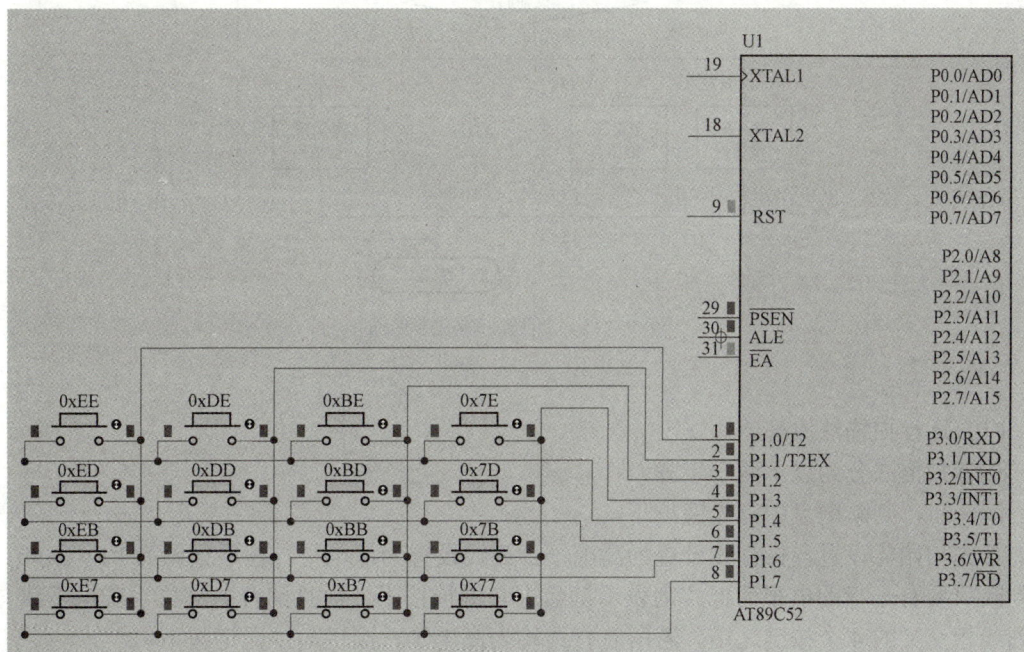

图7－10 按键识别码（见彩插）

```
开始
  │
设置行为高电平
  │
读取行值
  │
行值是否改变
(按键按下?) ──N──┐
  │Y            │
按键去抖动        │
  │             │
行值是否改变      │
(按键按下?) ──N──┤
  │Y            │
读取行值          │
  │             │
设置列值为高电平    │
  │             │
读取列值          │
  │             │
识别码=行值+列值    │
  │             │
识别码            │
```

识别码分支:
- 0x7E → 定义按键值0
- 0x7D → 定义按键值1
- ……
- 0xE7 → 定义按键值F

```
结束
```

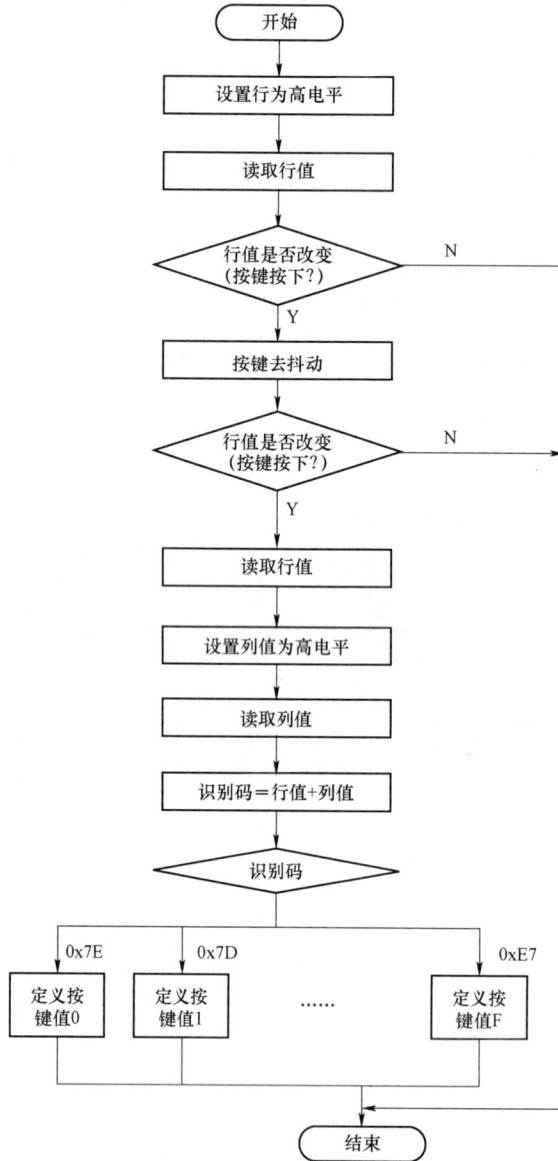

图7-11 行列反转法流程图

2. 逐行扫描法

（1）逐行扫描法原理。

逐行扫描法分为以下两个步骤。

第一步，判断键盘中有无键按下。

首先初始化设置，将行线设置为高电平，列线设置为低电平，程序代码为 P1＝0xF0。然后判断只要有一行的电平为低，则表示键盘中有键被按下，而且闭合的键位于低电平线与 4 根列线相交叉的 4 个按键之中。若所有行线均为高电平，则键盘中无键按下。

第二步，判断闭合键所在的位置。

在确认有键按下后，即可进入确定具体闭合键的过程。其方法是，依次将行线设置为低电平，即在置某根行线为低电平时，其他线为高电平。在确定某根行线位置为低电平后，再逐行检测各列线的电平状态。若某列为低，则该列线与置为低电平的行线交叉处的按键就是闭合的按键。

（2）逐行扫描法软件设计。

逐行扫描法软件设计流程图如图 7－12 所示。

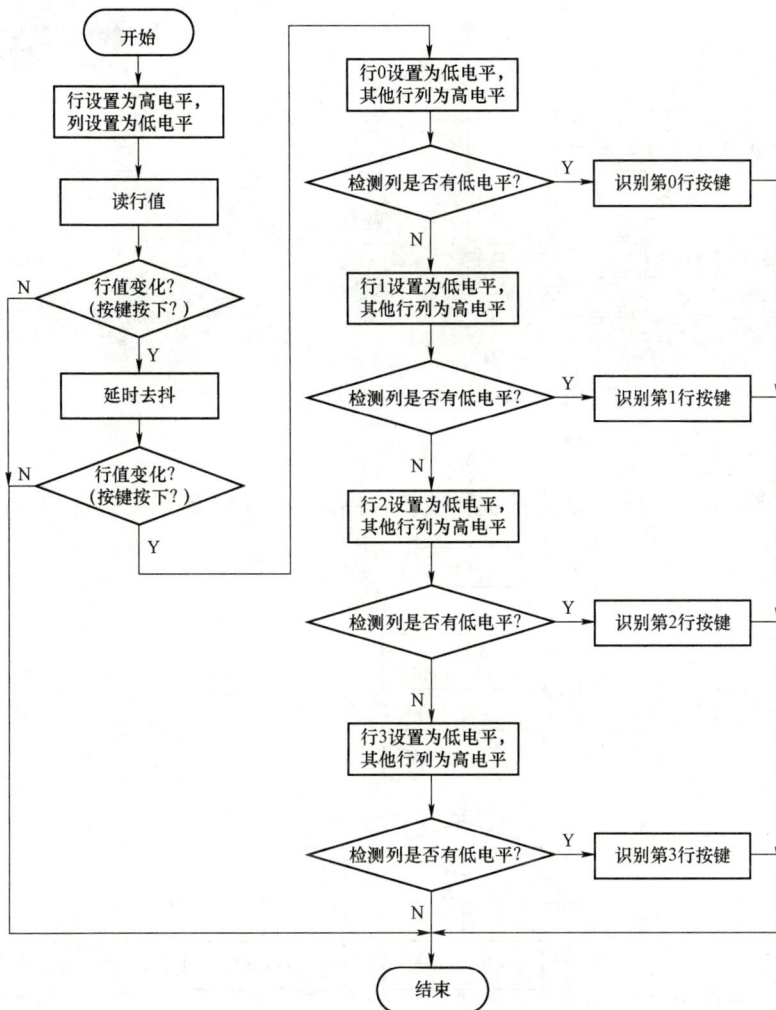

图 7－12　逐行扫描法流程图

任务实施

1. 任务分析

从硬件角度分析，四位密码锁系统设计主要由 LED 指示灯电路、矩阵键盘电路、数码管电路组成。

从软件角度分析，LED 指示灯、数码管软件程序已经熟练掌握，重点是矩阵键盘软件程序设计，它由键盘扫描程序、按键释放检测程序两部分组成。键盘扫描程序采用行列反转法识别按键；按键释放检测程序采用两次调用键盘扫描程序所得的按键值进行比较，若相等，表示按键没有释放，继续等待按键释放，直到按键值不相等，表示按键释放，返回按键值。

2. 电路设计

根据以上分析，四位密码锁系统的硬件电路如图 7-13 所示。

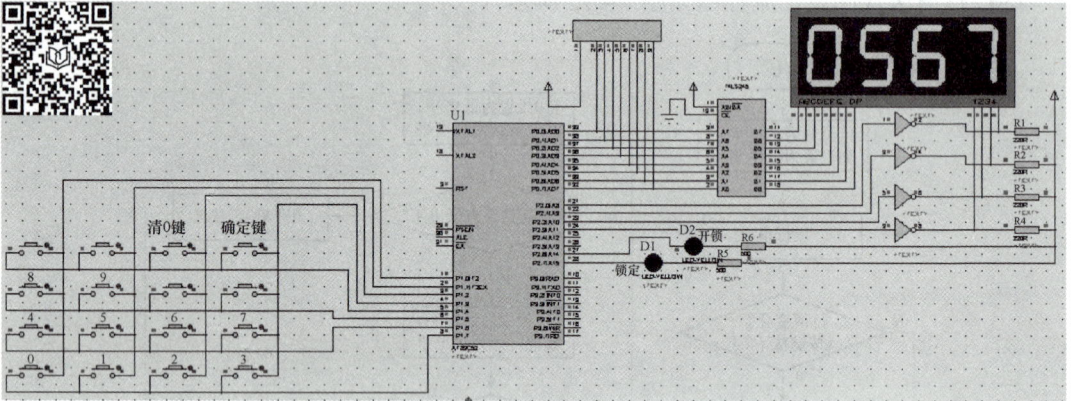

图 7-13　四位密码锁系统硬件电路（见彩插）

3. 程序设计

（1）流程图。图 7-14 所示为按键释放流程图，图 7-15 所示为按键扫描流程图。

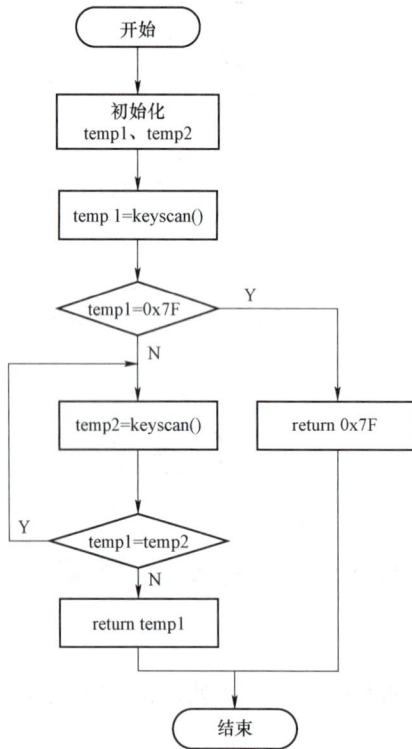

图 7-14　按键释放流程图

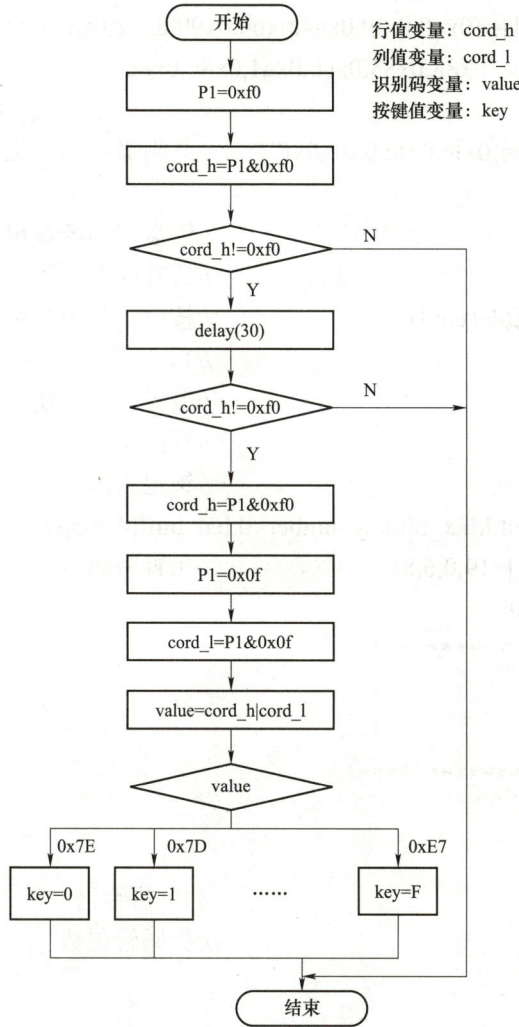

行值变量：cord_h
列值变量：cord_l
识别码变量：value
按键值变量：key

图 7−15　按键扫描流程图

（2）程序编写。

```
/*************************************************/
/*  四位电子密码锁系统设计                        */
/*  方法：矩阵键盘采用行列反转法，四位数码管显示  */
/*  功能：密码程序预置，按键输入密码              */
/*        输入错误，按清 0 键；输入正确，按确认键  */
/*        密码正确，开锁灯亮                      */
/*        密码不正确，锁定灯亮，按键锁定 5 次      */
/*************************************************/
#include <reg51.h>              //包含头文件
#define uchar unsigned char
#define uint   unsigned int
```

```c
unsigned char A_SEG[]={0xc0,0xf9,0xa4,0xb0,0x99,0x92,0x82,0xf8,0x80,0x90,
                       0x88,0x83,0xc6,0xa1,0x86,0x8e};
//0～F 共阳极数码管
unsigned char A_Bit[]={0xfe,0xfd,0xfb,0xf7};        //共阳极数码管位选
/*函数声明*/
uchar keyscan(void);                                //键盘扫描函数声明
void delay(uint i);                                 //延时函数声明
unsigned char key_dectde(void) ;                    //按键检测函数声明
void Timer1_init();                                 //T1 初始化声明
void display();                                     //数码管显示输出声明
sbit led1=P2^7;                                     //开锁指示灯
sbit led2=P2^6;                                     //锁定指示灯
unsigned char led_point,Max_bit,key_nmber=0,led_buff[4],flag=0;
unsigned char secret[4]={9,0,6,8};                  //预置密码
unsigned int   num=10;
/**********主函数**********/
/*函数名：main( )               */
/*返回值：无                    */
/*************************/
void main()
{
 Timer1_init();                                     //T1 初始化
 Max_bit=4;                                         //数码管位数
 while(1)
 {
  display();                                        //数码管显示
 }
}
void display()
{
 uchar temp;                                        //按键键值变量定义
 char i,n;
  temp=key_dectde();                                //调用按键释放检测函数
   if(flag==1)                                      //密码错误锁键盘
    {
     temp=0xff;                                     //没有按键按下，锁键盘
      num--;                                        //按键次数递减
    }
    if(temp!=0xff)                                  //判断是否有按键按下
```

```
    {
      if(temp==14)                         //E 键为清 0 键
       {
          for(n=3;n>=0;n--)
            led_buff[n]=0;                 //数码管清 0
          key_nmber=0;                     //按键次数清 0
       }
      if(temp==15)                         //确认按键，判断密码是否正确
       {
   if(secret[0]==led_buff[3]&&secret[1]==led_buff[2]&&secret[2]==led_buff[1]&&secret[3]==
led_buff[0])
           {
                led2=0;                    //点亮开锁灯
                led1=1;                    //锁定灯灭
            }
           else                            //密码不正确，点亮锁定灯
           {
             led1=0;                       //点亮锁定灯
             led2=1;                       //开锁灯灭
             flag=1;                       //锁定按键标志置"1"
           }
       }
      if(temp>=0&&temp<10)                 //按键值为 0～9
      {
      key_nmber++;                         //记录按键次数
      for(i=3;i>=0;i--)                    //数码管数值向前移位
          led_buff[i]=led_buff[i-1];
      led_buff[0]=temp ;                   //按键值送入低位数码管
      }
      if(key_nmber>4)                      //密码数满清 0
      {
      key_nmber=1;                         //按键次数置"1"
      for(i=3;i>0;i--)
      {
       led_buff[i]=0;                       //数码管值清 0
       led_buff[0]=temp;                   //按键值送入低位数码管
      }
      }
    }
```

```
    if(num==0)                          //按键锁键 5 次解锁
     {
      led1=1;                           //解锁灯灭
      flag=0;                           //解锁按键标志置"0"
      num=10;
     }
}
/********键盘扫描函数*****/
/*函数名：keyscan()         */
/*返回值：key_temp          */
/*方法：行列反转法          */
/********************/
uchar keyscan(void)
{
 uchar cord_h,cord_l,value,key_temp;    //行列变量定义
 P1=0xf0;                               //行线初始化为全"1"
 cord_h=P1&0xf0;                        //读出行线值
 if(cord_h!=0xf0)                       //先检测行线有无按键按下
 {
  delay(100);                           //去抖
  if(cord_h!=0xf0)
  {
    cord_h=P1&0xf0;                     //读出行线值
    P1=0x0f;                            //初始化列线值为全"1"
    cord_l=P1&0x0f;                     //读出列线值
    value=cord_h|cord_l;                //行列组合
    switch(value)
     {
     case 0x7e:key_temp=0;break;        //0 按下相应的键显示相对应的码值
     case 0x7d:key_temp=1;break;        //1
     case 0x7b:key_temp=2;break;        //2
     case 0x77:key_temp=3;break;        //3
     case 0xbe:key_temp=4;break;        //4
     case 0xbd:key_temp=5;break;        //5
     case 0xbb:key_temp=6;break;        //6
     case 0xb7:key_temp=7;break;        //7
     case 0xde:key_temp=8;break;        //8
     case 0xdd:key_temp=9;break;        //9
     case 0xdb:key_temp=10;break;       //a
```

```
        case 0xd7:key_temp=11;break;      //b
        case 0xee:key_temp=12;break;      //c
        case 0xed:key_temp=13;break;      //d
        case 0xeb:key_temp=14;break;      //e
        case 0xe7:key_temp=15;break;      //f
        default:return 0xff;
     }
     return key_temp;                     //键盘最后组合码值
    }
  }
  return(0xff);                           //返回该值
}
/*****按键释放检测函数*****/
/*函数名：key_dectde()       */
/*返回值：temp1              */
/*方法：比较                 */
/*************************/
unsigned char key_dectde(void)
{
  unsigned char temp1,temp2;
  temp1=keyscan();                        //第一次调用键盘扫描函数
  if(temp1==0x7f)                         //按键错误
  return 0x7f;
  do{
     temp2 =keyscan();                    //第二次调用键盘扫描函数
    }while (temp1==temp2) ;               //两次值相等，表示按键没有释放
  return temp1;                           //两次值不相等，按键释放，返回第一次调用值
}
/***********延时函数********/
/*函数名：delay(unsigned int n) */
/*返回值：无                 */
/*方法：循环嵌套             */
/*************************/
void delay(unsigned int i)
{
    while(i--);
}


/*****定时器 T1 初始化函数*****/
/*函数名：Timer1_init(void) */
```

```
/*返回值：无                        */
/************************/
void Timer1_init(void)
{
    TH1=0xfc;   // 1ms
    TL1=0x18;
    TMOD |=0x10;
    TR1=1;
    EA=1;
    ET1=1;
}
/**********数码管扫描处理函数***********/
/*功能：定时器 T1 定时 1 ms，每 1 ms 中断扫描一次*/
/*函数名：Timer1_ISR (void)              */
/*****************************/
void Timer1_ISR (void) interrupt 3 using 1      //1 ms
{
    TH1=0xfc;
    TL1=0x18;
    P2 |=0x0f ;                        //初始化位选，确保 P2 口的低 4 位为全"1"
    P0=A_SEG[led_buff[led_point]];     //段选显示
    P2 &=A_Bit[led_point];             //位选扫描
    led_point++;                       //选中下一个数码管显示
    if(led_point==Max_bit)             //数码管个数与最大数码管个数是否相等
      {
       led_point=0;                    //数码管个数清 0
      }
}
```

任务小结

（1）按键较少时，一般采用独立键盘；按键较多时，通常采用矩阵键盘，可以节省 I/O 端口。
（2）矩阵键盘按键识别，一般有行列反转法、逐行扫描法两种。

任务拓展　简易计算器的设计

任务描述

设计并制作一个四位数范围内的简易计算器。要求如下：

（1）显示选用四位 7 段数码管，输入采用矩阵键盘。

（2）能进行四位数以内的加减乘除计算。

（3）输入数据有移位功能。

（4）当按下加、减、乘、除、等于运算符时，表示第一个计算数据输入完成，同时数码管仍然显示输入的第一个数，当再次输入时，表示输入第二个数据，数码管显示第二个数。

相关知识

7.4 单片机键盘扫描工作方式

在单片机应用系统中，键盘扫描只是 CPU 的工作内容之一。CPU 忙于各项任务时，如何兼顾键盘的输入，取决于键盘扫描的工作方式。键盘扫描的工作方式有中断扫描方式、定时扫描方式、查询扫描方式三种。

7.4.1 中断扫描方式

中断扫描方式，就是事件触发，当无键按下时，CPU 处理自己的工作，当有键按下时，产生中断请求，CPU 转去执行键盘扫描子程序，并识别键值，只要有事件产生都会进入中断，并且获得最优运行，因此响应更快更及时。

中断扫描方式的硬件电路图如图 7-16 所示，采用外部中断 0，P3.2 引脚连接一个与非门，只要有按键按下，事件触发，产生中断。

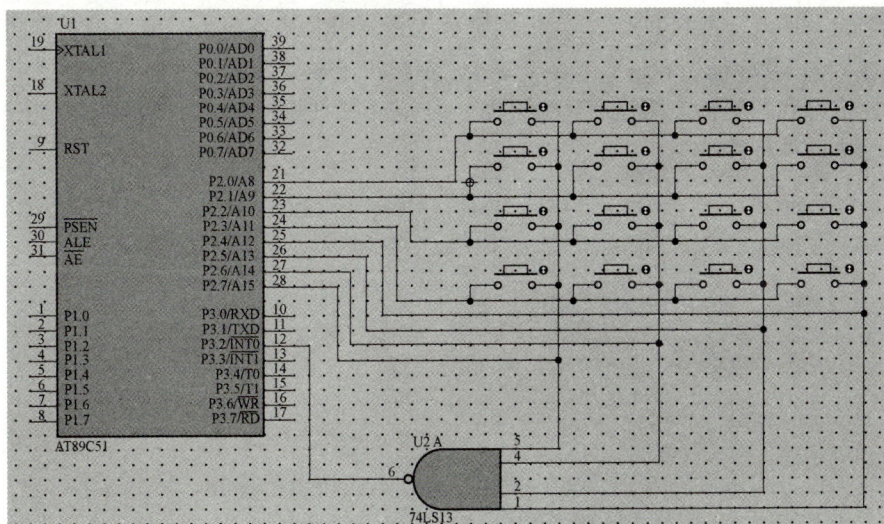

图 7-16 中断扫描方式的硬件电路

中断扫描方式的软件程序如下，在外部中断函数中调用键盘扫描程序。

```
void Inter0( ) interrupt 0 using 2
{
    key= keyscan(void);              //调用键盘扫描程序
}
```

7.4.2　定时扫描方式

定时扫描方式，就是每隔一段时间对键盘扫描一次，它利用单片机内部的定时器产生一定时间（例如 10 ms）的定时，当定时时间到就产生定时器溢出中断，CPU 响应中断后对键盘进行扫描，并在有键按下时识别出该键，再执行该键的功能程序。

定时扫描方式的硬件电路没有特别要求，与矩阵键盘硬件电路连接相同。

定时扫描软件程序如下：

```
void Inttimer0 ()    //T0 初始化函数
{
EX0=0;             //读键盘，关闭外部中断，防止干扰带来的多次中断
TMOD&=0xf1;        //设置定时器为工作方式 1
 TH0=0x2e;         //设置初值，为 12 ms，十进制值为 11 776，TL0=0x00
 ET0=1;            //开启定时器中断 0，TR0=1，启动定时器计数
 }
void time0() interrupt 1   //定时器 0 的中断函数
{
 key= keyscan(void);       //每 12 ms 调用一次键盘扫描程序
}
```

7.4.3　查询扫描方式

查询扫描方式，就是在主函数里不停循环，查询端口状态，在执行键功能程序时，CPU 不再响应键输入要求，直到 CPU 重新扫描键盘为止。明显缺点在于响应速度慢，同时处理复杂事件时容易丢失数据。

查询扫描方式的硬件电路没有特别要求，与矩阵键盘硬件电路连接相同。

查询扫描软件程序如下：

```
void main()
{
    while(1)
    {
     key= keyscan(void);    //在主函数里不停循环，查询端口状态
    }
}
```

键盘的工作方式选取的原则，既要保证能及时响应按键的操作，又不过多地占用 CPU 的工作时间，一般通过系统中 CPU 任务的分量，来确定键盘的工作方式。

任务实施

1. 任务分析

从硬件角度分析，简易计算器的设计主要由矩阵键盘电路、数码管显示电路组成。

从软件角度分析，主要是编写数字运算程序。可以将矩阵键盘十六个按键划分为数字键（0～9）、运算符键（10～13）、等号键（14）、清 0 键（15），其流程如图 7-17 所示，如果按

的是数字键，移位并显示在数码管上；若按的是运算符，表示第一个数字输入完成，取得运算的第一个数据；若按的是等号，表示第二个数据输入完成，取得运算的第二个数据，并与第一个数据进行运算；若不是数字键、运算符、等号键，则是复位键。如此反复循环。

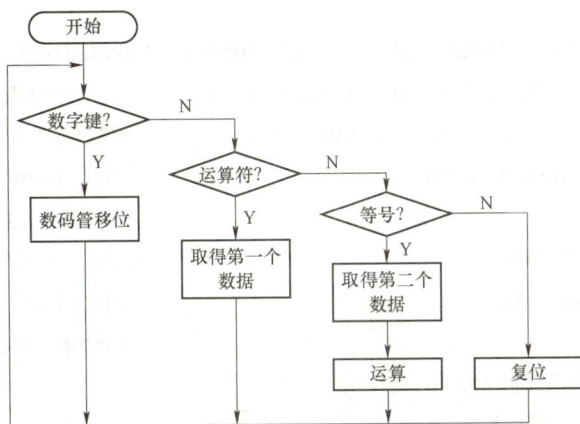

图 7-17　简易计算器软件流程分析

2. 电路设计

根据以上分析，简易计算器设计的硬件电路设计如图 7-18 所示。

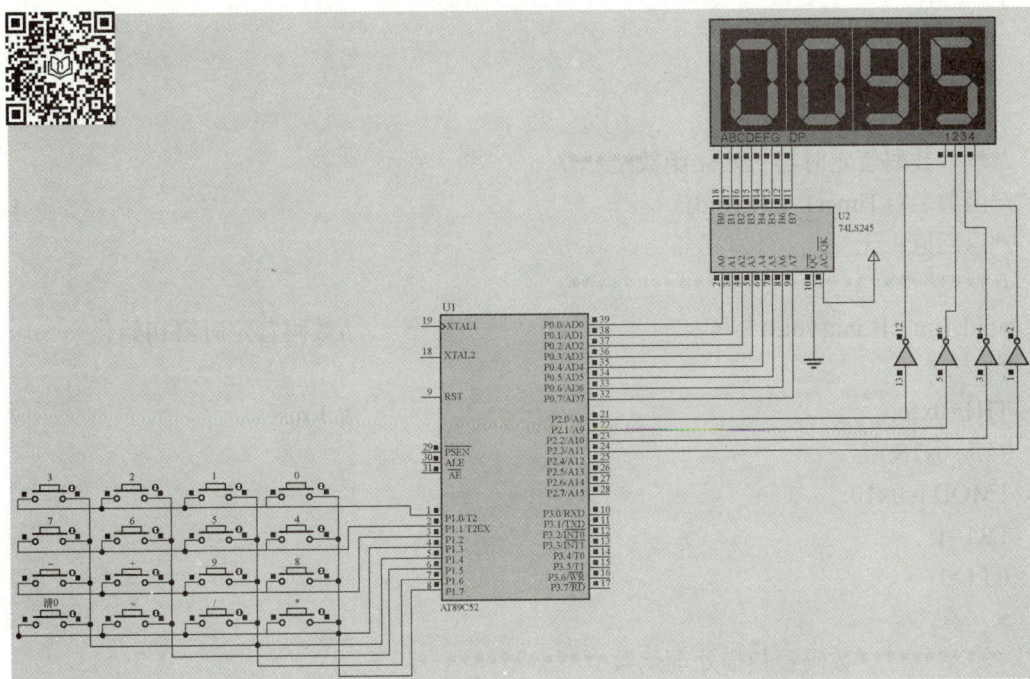

图 7-18　简易计算器硬件电路（见彩插）

3. 程序设计

```
/**************************************/
/********简易计算器的设计**************/
```

```
/****方法：矩阵键盘按键识别为逐行扫描法****/
/*功能：四位数以内的加减乘除运算及混合运算*/
/************************************/
#include <reg52.h>
unsigned char A_SEG[]={0xc0,0xf9,0xa4,0xb0,0x99,0x92,0x82,0xf8,
        0x80,0x90,0x88,0x83,0xc6,0xa1,0x86,0x8e};    //共阳极数码管段码 0～9
code unsigned char A_Bit[]={0xfe,0xfd,0xfb,0xf7};    //数码管位码
unsigned char led_point,Max_bit=4;                   //led_point 为数码管段码变量，
                                                     Max_bit 为数码管个数变量

unsigned char key_nmber;                             //key_nmber 为数字位数变量
unsigned char led_buff[4];                           //led_buff 为数码管位选数组
unsigned char temp;                                  //temp 为键值接收变量
/*****延时函数*********/
/*函数名：key_delay()   */
/*返回值：无            */
/*******************/
void key_delay()                                     //延时函数
{
  unsigned int i;
  for(i=1000;i>0;i--);
}
/*****数码管定时器初始化函数*****/
/*函数名：Timer1_init(void)      */
/*返回值：无                     */
/***************************/
void Timer1_init(void)                               //数码管定时器初始化
{
TH1=0xfc;                                            // 1 ms
TL1=0x18;
TMOD |=0x10;
TR1=1;
ET1=1;
}
/**********数码管扫描处理函数************/
/*功能：定时器 T1 定时 1 ms,每 1 ms 中断扫描一次*/
/*函数名：Timer1_ISR (void)              */
/*返回值：无                             */
/*******************************/
void Timer1_ISR (void) interrupt 3 using 1
```

```
{
  TH1=0xfc;
  TL1=0x18;
    P2 |=0x0f ;                          //初始化位选，确保 P2 口的低 4 位为全"1"
P0=A_SEG[led_buff[led_point]];           //段选显示
P2 &=A_Bit[led_point];                   //位选扫描
led_point++;                             //选中下一个数码管显示
if(led_point==Max_bit)                   //选中数码管个数与最大数，数码管个数相等
  led_point=0;                           //数码管个数清 0
}
/*****键盘扫描函数*****/
/*函数名：Key_Scan()    */
/*返回值：key_temp       */
/*方法：逐行扫描        */
/********************/
unsigned char Key_Scan(void)
{
unsigned char i,n;                       //i 为循环变量，n 为列变量
unsigned char key_temp;                  //键值变量
P1=0xf0;                                 //行设置为低电平，列设置为高电平
if((P1&0xf0)!=0xf0)                      //检测列值是否变化，若有则表示有键按下
{
key_delay();                             //延时去抖动
if((P1&0xf0)!=0xf0 )                     //再次判断是否有键按下
{
for(i=0;i<4;i++)
{
    P1=~(1<<i);                          //逐行设置为低电平
    n=P1;                                //读 P1 口值
    n&=0xf0;                             //确认列值
    if(n!=0xf0)                          //列值变化否
    {
    switch(n)
    {
    case(0xe0):key_temp=15-(3-i)*4;break;    //确定第 1 行各行值
    case(0xd0):key_temp=14-(3-i)*4;break;    //确定第 2 行各行值
    case(0xb0):key_temp=13-(3-i)*4;break;    //确定第 3 行各行值
    case(0x70):key_temp=12-(3-i)*4;break;    //确定第 4 行各行值
    default: key_temp=0x7f;                  //按键错误
```

```
        }
    return key_temp;                          //返回按键键值
        }
        }
    }
}
    return 0x7f ;                             //如果未按任何键
}
/*****按键释放检测函数*****/
/*函数名：key_dectde()         */
/*返回值：temp1                */
/*方法：比较                   */
/************************/
unsigned char key_dectde(void)
{
    unsigned char temp1,temp2;               //定义键值变量
  temp1=Key_Scan();                          //第一次扫描键值
if(temp1==0x7f)                              //按键键值错误
return 0x7f;                                 //返回键值错误码
do{
  temp2 =Key_Scan();                         //第二次扫描键值
  }while (temp1==temp2) ;                    //两次键值相等，按键没释放，循环等待释放
return temp1;                                //两次键值不相等，按键释放，返回第一次键值
}
/*****数码管数字移动函数*****/
/*函数名：move11()              */
/*返回值：无                    */
/*************************/
void move11()
{
    unsigned char i;
    key_nmber++;
    for(i=0;i<Max_bit;i++)                    //数字移位
        led_buff[i]=led_buff[i+1];
        led_buff[Max_bit-1]=temp;
    if(key_nmber>Max_bit)                     //数满清 0
        {
            key_nmber=0;
            for(i=0;i<Max_bit;i++)
```

```
        led_buff[i]=0;
    }
}
```

/*****数码管值转化为数值函数*****/
/*函数名：Seg_Data()   */
/*返回值：数值   */
/*****************************/

```c
unsigned int Seg_Data()
{
return 1000*led_buff[0]+100*led_buff[1]+10*led_buff[2]+led_buff[3];
}
```

/*****数值转化为数码管值函数*********/
/*函数名：display(unsigned int sd) */
/*返回值：无   */
/*********************************/

```c
void display(unsigned int sd)
{
    led_buff[0]=sd/1000;              //分离千位
    led_buff[1]=sd/100%10;           //分离百位
    led_buff[2]=sd/10%10;            //分离十位
    led_buff[3]=sd%10;               //分离个位
}
```

/*****复位函数*********/
/*函数名：fuwei()   */
/*返回值：无   */
/*******************/

```c
void fuwei()
{
    led_buff[0]=0;                   //千位数码管清 0
    led_buff[1]=0;                   //百位数码管清 0
    led_buff[2]=0;                   //十位数码管清 0
    led_buff[3]=0;                   //个位数码管清 0
}
```

/*****主函数*********/
/*函数名：main()   */
/*返回值：无   */
/*****************/

```c
void main(void)
{
```

```
int add1=0,num1=0,agr,data1=0,datasum=0,flag=0;
Timer1_init();
EA=1;
 key_delay();
while(1)
{
temp=key_dectde();
if(temp!=0x7f )                              //表示有按键
{
    if(temp==15)                             // 15 键为复位键
{
fuwei();
datasum=0;                                   //datasum 为计算结果变量
data1=0;                                      //data1 为操作数个数变量
num1=0;                                       //num1 为操作数识别变量
flag=0;
}
else
{
if(temp>=0&&temp<=9)                          //按键为数字键
{   //data1 结束，输入第一个数据
if(data1>=1)
{num1=1;fuwei();data1=0;}
move11();                                     //数字移位
  }
else if(temp>=10&&temp<=13)                   //按键为符号键
{
data1++;
add1=Seg_Data();                             //取数码管数值
switch(temp)
{   //加法
case 10:   if(flag==1){add1=0;flag=0;}        //flag=1 表示按了等号键
           if(num1==0)   datasum=add1+datasum;//得到加数
           if(num1==1)    num1=0;              //操作数识别变量清 0
             agr=1; break;                     //加法标志
   //减法
case 11:   if(flag==1){add1=0;flag=0;}
           if(num1==0) datasum=add1-datasum;   //得到减数
           if(num1==1)num1=0;                  //操作数识别变量清 0
            agr=2; break;                      //减法标志
```

```
      //乘法
case 12: if(datasum==0){datasum=Seg_Data();}          //得到乘数
        if(flag==1){add1=1;flag=0;}
        if(num1==1)num1=0;                            //操作数识别变量清 0
            agr=3;break;                              //乘法标志
      //除法
case 13: if(datasum==0){datasum=Seg_Data();}          //得到被除数
        if(flag==1){add1=1;flag=0;}
        if(num1==1)num1=0;                            //操作数识别变量清 0
            agr=4;break;                              //除法标志
    }
}
else if(temp==14)                                     //等号
{
flag=1;
switch(agr)
{
case1:datasum=datasum+Seg_Data();break;               //加法运算
case 2:datasum=datasum-Seg_Data();break;              //减法运算
case 3:datasum=datasum*Seg_Data();break;              //乘法运算
case 4:datasum=datasum/Seg_Data();break;              //除法运算
default: temp=15; break;                              //默认清 0
}
 display(datasum);                                    //数码管显示
}
  else ;
}
}
}
}
```

任务小结

　　键盘的工作方式选取的原则，一般通过系统中 CPU 任务的分量，来确定键盘的工作方式。

项目微课与视频

矩阵键盘行列反转法

项目知识总结

本项目主要完成了 3 个任务：

任务 1 花样彩灯控制系统设计，讲解了键盘相关概念、单片机键盘系统设计、单片机独立式键盘，以及独立式键盘的软硬件设计。

任务 2 四位密码锁系统设计，讲解了单片机矩阵式键盘，以及矩阵式键盘的软硬件设计。

任务拓展简易计算器的设计，讲解了单片机键盘扫描工作方式，以及如何使用中断、定时、查询三种扫描方式。

此项目要掌握的重点内容如下：

（1）单片机键盘系统设计；

（2）单片机独立式键盘；

（3）单片机矩阵式键盘。

习　　题

一、填空题

1. 单片机系统中使用的键盘分为_____和矩阵式键盘，其中矩阵式键盘的按键识别方法有_____和_____。

2. 按键按照结构原理可以分为_____和_____，按照接口原理可以分为_____和_____。

3. 为了确保 CPU 对一次按键动作只确认一次按键，必须消除抖动的影响。按键的消抖，通常有_____两种消除方法。

4. 在单片机控制系统中，往往只需要几个功能键，可采用_____结构。

5. 独立式按键就是各按键相互独立，每个按键单独占用_____，每根 I/O 口线的按键工作状态____影响其他 I/O 口线上的工作状态。

6. 矩阵式键盘由_____和_____组成，按键位于行、列线的交叉点上。

二、简答题

1. 什么是独立式按键？什么是矩阵式按键？什么是编码式按键？什么是非编码式按键？

2. 单片机按键输入程序的基本任务有哪些？

3. 机械式按键为什么要抖动？应如何消除抖动？

项目八　D/A和A/D转换电路接口设计

任务 1　简易数字电压表设计

任务描述

要求设计一个两位数的简易数字电压表，分辨率为 0.1 V，量程为 0~5 V。

可以利用 A/D 芯片将检测到的电压模拟信号转换为单片机能够识别的数字信号，然后输入到单片机，单片机将读取到的数字信号按照一定的公式转换为数字，再通过数码管显示出来即可。该任务对分辨率和量程要求不高，显示部分只需要两个数码管，考虑到通用性，A/D 芯片采用 ADC0809，该芯片可以将模拟信号转换为 8 位数字信号。

相关知识

8.1　什么是 D/A 和 A/D

8.1.1　A/D 和 D/A 的基本概念

随着数字技术，特别是信息技术的飞速发展与普及，在现代控制、通信及检测等领域，为了提高系统的性能指标，对信号的处理广泛采用了数字计算机技术。由于系统的实际对象往往都是一些模拟量（如温度、压力、位移、图像等），要使计算机或数字仪表能识别、处理这些信号，必须首先将这些模拟信号转换成数字信号；而经计算机分析、处理后输出的数字量也往往需要将其转换为相应模拟信号才能为执行机构所接受。这样，就需要一种能在模拟信号与数字信号之间起桥梁作用的电路——模/数和数/模转换器，如图 8-1 所示。

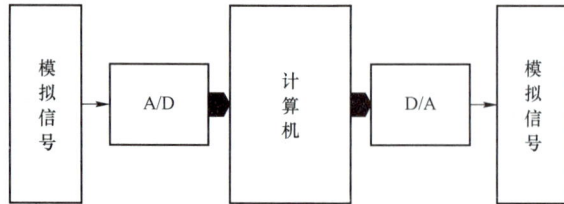

图 8-1　模/数和数/模转换

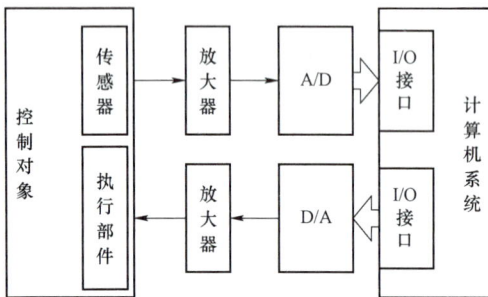

图 8-2　闭环实时控制系统

将模拟信号转换成数字信号的电路，称为模/数转换器（简称 A/D 转换器或 ADC，Analog to Digital Converter）；将数字信号转换为模拟信号的电路称为数/模转换器（简称 D/A 转换器或 DAC，Digital to Analog Converter）。

8.1.2　A/D 和 D/A 的必要性

A/D 和 D/A 是计算机与外部设备的重要接口，也是数字测量和数字控制系统的重要部件。典型的闭环实时控制系统如图 8-2 所示。

控制对象运行时所产生的模拟信号，由相应的传感器检测得到后，转换成小信号的电压模拟量，再将小信号电压模拟量通过运算放大器，放大成 A/D 转换器能够接收的电压模拟量，提供给 A/D 转换器进行模/数转换，转换结束后，再将数字量通过 I/O 接口传给计算机系统，计算机系统对数字量进行运算判断后，再由 I/O 接口传给 D/A 转换器，经 D/A 转换器转换为模拟信号，由功率放大器放大传给执行部件，从而控制对象的运行。

8.2　A/D 转换器

8.2.1　采样定理

在 A/D 转换中，因为输入的模拟量在时间上是连续的，而输出的数字信号是离散量，所以进行转换时只能在一系列选定的瞬间（亦即瞬间坐标轴上的一些规定点）对输入的模拟信号进行采样，然后再把这些采样值转换为输出的数字量。为了保证能从采样信号将原来的被采样信号恢复，必须满足 $f_s > 2f_{imax}$，其中，f_s 为采样频率；f_{imax} 为 u_i 的最高频分量的频率。

A/D 转换过程应包括：采样、保持、量化、编码这四个步骤。

1. 保持

在采样过程中，采用硬件电路，保持在断开瞬间的值不变。

2. 量化和编码

数字信号不仅在时间上是离散的，而且，数值大小的变化也是不连续的。这就是说，任何一个数字量的大小只能是某个规定的最小数量单位的整数倍。因此，在进行 A/D 转换时也必须把采样电压化为这个最小单位的整数倍。这个转化过程叫量化，所取的最少数量单位叫作量化单位。

把量化的结果用二进制代码表示出来，称为编码。

8.2.2　A/D 转换器的分类

简要介绍常用的几种类型的基本原理及特点：积分型、逐次比较型（逐次逼近型）、并行比较型/串并行型、Σ－Δ 调制型、电容阵列逐次比较型及压频变换型。

1. 积分型（如 TLC7135）

积分型 A/D 转换器的工作原理是将输入电压转换成时间（脉冲宽度信号）或频率（脉冲频率），然后由定时/计数器获得数字值。

其优点是用简单电路就能获得高分辨率。

其缺点是由于转换精度依赖于积分时间，因此转换速率极低。初期的单片 A/D 转换器大多采用积分型，现在逐次比较型已逐步成为主流。

2. 逐次比较型（如 TLC0831）

逐次比较型 A/D 转换器由一个比较器和 D/A 转换器通过逐次比较逻辑构成，从 MSB 开始，顺序地对每一位将输入电压与内置 D/A 转换器输出进行比较，经 n 次比较而输出数字值。其电路规模属于中等。

其优点是速度较高、功耗低，在低分辨率（＜12 位）时价格便宜，但高精度（＞12 位）时价格很高。

3. 并行比较型（如 TLC5510）

并行比较型 A/D 转换器采用多个比较器，仅作一次比较而实行转换，又称 Flash（快速）型。由于转换速率极高，n 位的转换需要 $2n-1$ 个比较器，因此电路规模也极大，价格也高，只适用于视频 A/D 转换器等速度特别高的领域。

4. Σ－Δ 调制型（如 AD7705）

Σ－Δ 型 A/D 转换器由积分器、比较器、1 位 D/A 转换器和数字滤波器等组成。原理上近似于积分型，将输入电压转换成时间（脉冲宽度）信号，用数字滤波器处理后得到数字值。电路的数字部分基本上容易单片化，因此容易做到高分辨率。Σ－Δ 型 A/D 转换器主要用于音频和测量中。

5. 电容阵列逐次比较型

电容阵列逐次比较型 A/D 转换器在内置 D/A 转换器中采用电容矩阵方式，也可称为电荷再分配型。一般的电阻阵列 D/A 转换器中多数电阻的值必须一致，在单芯片上生成高精度的电阻并不容易。如果用电容阵列取代电阻阵列，可以用低廉成本制成高精度单片 A/D 转换器。最近的逐次比较型 A/D 转换器大多为电容阵列式的。

6. 压频变换型（如 AD650）

压频变换型（Voltage－Frequency Converter）A/D 转换器是通过间接转换方式实现模/数转换的。其原理是首先将输入的模拟信号转换成频率，然后用计数器将频率转换成数字量。从理论上讲这种 A/D 转换器的分辨率几乎可以无限增加，只要采样的时间能够满足输出频率分辨率要求的累积脉冲个数的宽度。其优点是分辨率高、功耗低、价格低，但是需要外部计数电路共同完成 A/D 转换。

8.2.3　A/D 转换器的主要技术指标

A/D 转换器的主要技术指标见表 8－1。

表 8 - 1　A/D 转换器技术指标

技术指标	内容
分辨率	以输出二进制代码的位数表示分辨率。位数越多，量化误差越小，转换精度越高
转换速度	完成一次 A/D 转换所需要的时间，即从它接到转换命令起直到输出端得到稳定的数字量输出所需要的时间
相对精度	实际转换值和理想特征之间的最大偏差
其他	功率、电源电压、电压范围等

8.2.4　ADC0809

ADC0809 是带有 8 位 A/D 转换器、8 路模拟开关以及微处理机兼容的控制逻辑的 CMOS 组件。它是逐次比较型 A/D 转换器，是目前应用比较广泛的 A/D 转换芯片之一，主要适用于对精度和采样速率要求不高的场合或一般的工业控制领域，可以和单片机直接相连。它具有 8 个通道的模拟量输入线，可在程序控制下对任意通道进行 A/D 转换得到 8 位二进制数字量。

1. 主要技术指标和特性

（1）分辨率：8 位。

（2）总的不可调误差：为 ±1LSB。

（3）转换时间：取决于芯片时钟频率，如 CLK = 500 kHz 时，TCONV = 128 μs。

（4）单一电源：+5 V。

（5）模拟输入电压范围：单极性 0～5 V；双极性 ±5 V、±10 V（需外加一定电路）。

（6）具有可控三态输出缓存器。

（7）启动转换控制为脉冲式（正脉冲），上升沿使所有内部寄存器清零，下降沿使 A/D 转换开始。

（8）使用时不需进行零点和满刻度调节。

（9）外接时钟频率：10 kHz ～ 1.2 MHz。一般为 640 kHz。

（10）转换时间：100 μs。

（11）功耗：15 mW。

2. ADC0809 外部引脚

ADC0809 引脚图如图 8 - 3 所示。

ADC0809 对输入模拟量的要求：信号单极性，电压范围为 0～5 V，若信号太小，必须进行放大；输入的模拟量在转换过程中应该保持不变，如若模拟量变化太快，则需在输入前增加采样保持电路，即采集模拟输入电压在某一时刻的瞬时值，并在 A/D 转换期间保持输出电压不变，以供模/数转换。

各引脚功能如下：

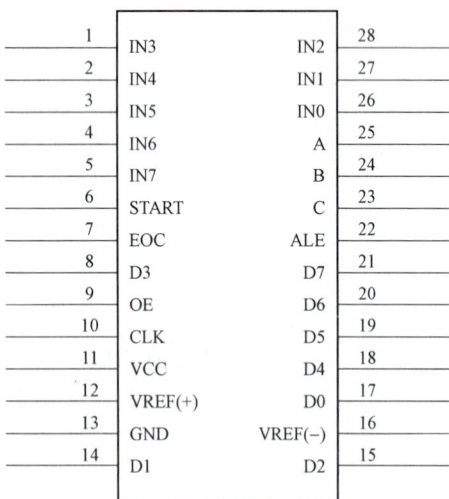

图 8 - 3　ADC0809 引脚图

（1）模拟信号输入 IN0～IN7（26～28、1～5 脚）：IN0～IN7 为八路模拟电压输入线，加在模拟开关上，通过 A、B、C 三个地址译码来选通。

（2）地址输入和控制线。

① A、B 和 C 为地址输入线（23～25 脚），用于选择 IN0～IN7 上哪一路模拟电压送给比较器进行 A/D 转换。

② ALE（22 脚）为地址锁存允许输入线，高电平有效。当 ALE 线为高电平时，A、B 和 C 三条地址线上地址信号得以锁存，经译码器控制八路模拟开关通路工作，上升沿有效。通道选择见表 8－2。

表 8－2　八路模拟开关通路

C	B	A	选择通道	C	B	A	选择通道
0	0	0	IN0	1	0	0	IN4
0	0	1	IN1	1	0	1	IN5
0	1	0	IN2	1	1	0	IN6
0	1	1	IN3	1	1	1	IN7

（3）数字量输出及控制线共 11 条。

① START（或 ST）（6 脚）为"启动脉冲"输入线，上升沿清零，下降沿启动 ADC0809 工作，最小脉冲宽度与 ALE 信号相同。

② EOC（7 脚）为转换结束输出线，该线高电平表示 A/D 转换已结束，数字量已锁入"三态输出锁存器"，常用来作为中断请求信号。

③ D0～D7（17、14、15、8、18～21 脚）为数字量输出线，D7 为最高位，D0 为最低位。

④ OE（9 脚）为"输出允许"线，高电平有效。ADC0809 接到此信号时，其三态输出端与 CPU 数据总线接通，后者可将数据取走。

（4）电源线及其他。

① CLK（10 脚）为时钟输入线，用于为 ADC0809 提供逐次比较所需，一般为 640 kHz 时钟脉冲。

② VCC（11 脚）为电源输入线，典型的输入电压为+5 V。

③ GND（13 脚）为地线。

④ VREF（＋）、VREF（－）为正、负参考电压输入端（12、16 脚），用于提供片内 DAC 电阻网络的基准电压。在单极性输入时，VREF（＋）＝5 V，VREF（－）＝0 V；双极性输入时，VREF（＋）、VREF（－）分别接正、负极性的参考电压。

3. ADC0809 的内部逻辑结构

ADC0809 的内部逻辑结构如图 8－4 所示，它主要由三部分组成。第一部分：模拟输入选择部分，包括一个 8 路模拟开关、一个地址锁存译码电路。输入的 3 位通道地址信号由锁存器锁存，经译码电路后控制模拟开关选择相应的模拟输入。第二部分：转换器部分，主要包括比较器、8 位 A/D 转换器、逐次逼近寄存器 SAR、电阻网络以及控制逻辑电路等。第三部分：输出部分，包括一个 8 位三态输出锁存器，可直接与 CPU 数据总线接口。

由于芯片性能特点是一个逐次逼近型的 A/D 转换器，外部供给基准电压；分辨率为 8 位，带有三态输出锁存器，转换结束时，可由 CPU 打开三态门，读出 8 位的转换结果；有 8 个模拟量的输入端，可引入 8 路待转换的模拟量。ADC0809 的数据输出结构是内部有可控的三态输出锁存器，所以它的数字量输出信号线可以与系统的数据总线直接相连。内部的三态输出锁存器由 OE 控制，当 OE 为高电平时，三态输出锁存器打开，将转换结果送出；当 OE 为低电平时，三态输出锁存器处于阻断状态，内部数据对外部的数据总线没有影响。因此，在实际应用中，如果转换结束，要读取转换结果则只要在 OE 引脚上加一个正脉冲，ADC0809 就会将转换结果送到数据总线上。

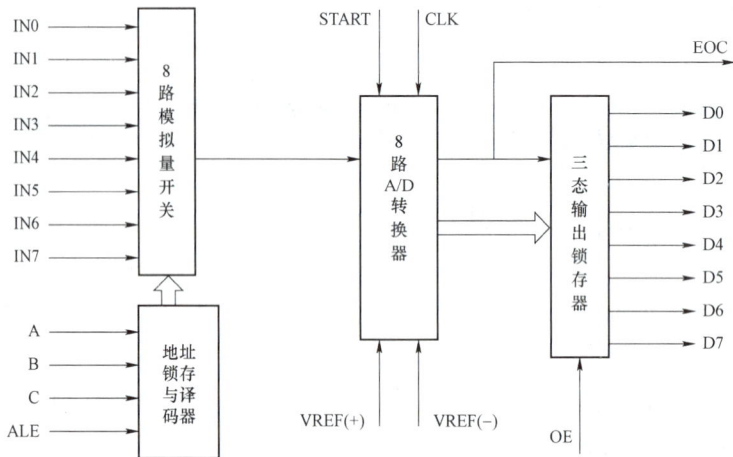

图 8-4　ADC0809 内部逻辑结构图

4. ADC0809 的时序

ADC0809 的时序图如图 8-5 所示。从时序图可以看出 ADC0809 的启动信号 START 是脉冲信号，也即此芯片是靠脉冲启动的。当模拟量送至某一通道后，由三位地址信号译码选择，地址信号由地址锁存允许信号 ALE 锁存。启动脉冲 START 到来后，ADC0809 就开始进行转换。启动正脉冲的宽度应大于 200 ns，其上升沿复位逐次逼近 SAR，其下降沿才真正开始转换。START 在上升沿后 2 μs 再加上 8 个时钟周期的时间，EOC 才变为低电平。当转换完成后，输出转换信号 EOC 由低电平变为高电平有效信号。输出允许信号 OE 打开三态输出锁存器的门，把转换结果送到数据总线上。

8.2.5　ADC0809 与单片机的接口电路

ADC0809 与 MCS-51 单片机的接口电路主要涉及两个问题：一是 8 路模拟信号通道的选择，二是 A/D 转换完成后转换数据的传送。在讨论此接口设计之前，应先了解单片机是如何控制 ADC 的问题。

由于 MCS-51 单片机受到引脚数目的限制，数据线和低 8 位地址线是复用的，由 P0 口线兼用。为了将它们分离出来，需要在单片机外部增加地址锁存器，从而构成与一般 CPU 相类似的片外三总线：地址总线（AB）、数据总线（DB）、控制总线（CB），如图 8-6 所示。目前常用的地址锁存器芯片有：74LS373、74LS8282、74LS573 等。在实际应用中，先把低 8 位的地址送锁存器暂存，地址锁存器的输出给系统提供低 8 位的地址，而把 P0 口作为数据线使用。以 P2 口的口线作为高位地址线，如使用 P2 口的全部 8 位口线，再加上 P0 口提供的低 8 位地址，便形成了完整的 16 位地址总线，使单片机系统的寻址范围达到 64 KB。

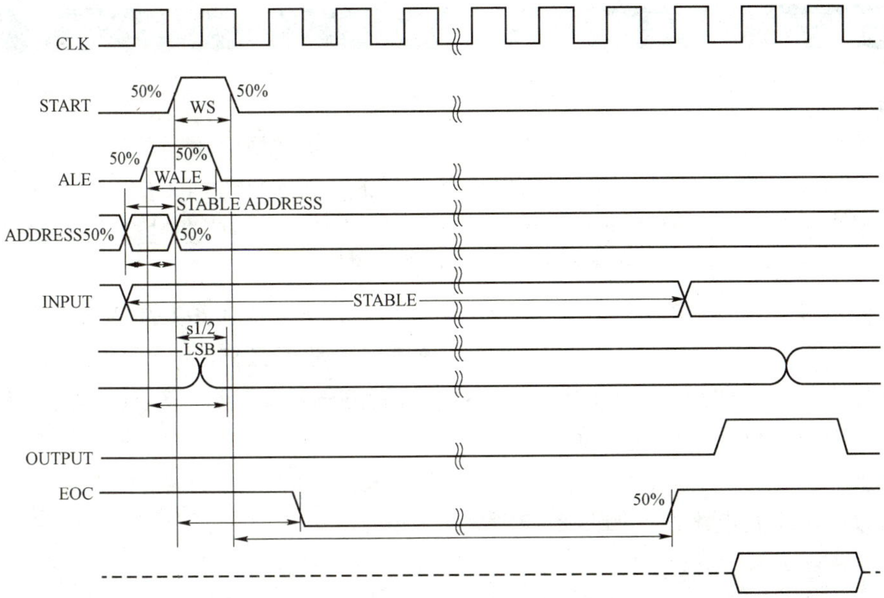

图 8-5　ADC0809 的时序图

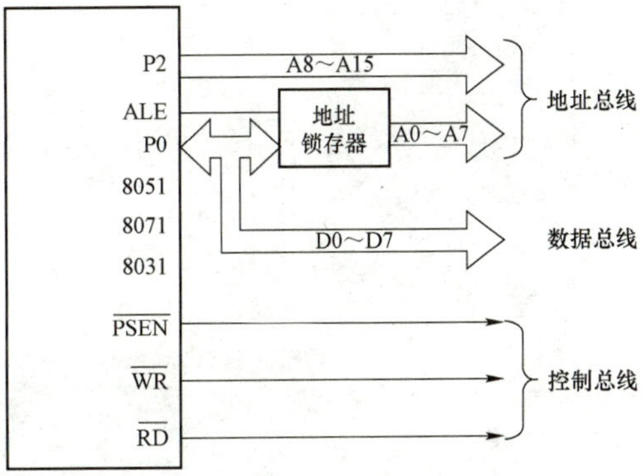

图 8-6　MCS-51 扩展的三总线

在扩展系统中还需要一些控制信号线，以构成扩展系统的控制总线。这些信号有的是引脚的第一功能，有的是 P3 口的第二功能信号，主要包括：使用 ALE 信号作为低 8 位地址的锁存控制信号；以 $\overline{EA}$ 信号作为内外程序存储器的选择控制信号，$\overline{EA}=1$ 时，访问片内程序存储器，$\overline{EA}=0$ 时，访问片外程序存储器；由 $\overline{RD}$ 和 $\overline{WR}$ 信号作为扩展数据存储器和 I/O 的读选通和写选通信号；以 $\overline{PSEN}$ 信号作为扩展程序存储器的读选通信号用来接外扩 EPROM 的 $\overline{OE}$ 引脚。

总的来说，单片机控制 ADC0809 的工作过程是：首先用指令选择 ADC0809 的一个模拟输入通道，单片机的 $\overline{WR}$ 信号有效，因此产生一个启动信号，给 START 引脚送入脉冲，开始对已选中的通道进行转换。

转换结束后，ADC0809 发出转换结束 EOC 信号，即通过检查 EOC 引脚的电平即可，高电平时转换结束。此信号供单片机查询，也可以反向后作为向单片机发出的中断请求信号。单片机发出读控制信号 $\overline{RD}$，$\overline{OE}$ 端为高电平，允许输出，把转换完的数字量读到累加器 A 中。A/D 转换后得到的数据应及时传送给单片机进行处理。

由上述可知，单片机控制 ADC 时，可采用查询和中断控制两种方式。

查询方式时，A/D 转换芯片有表明转换完成的状态信号，即 ADC0809 的 EOC 端。启动 A/D 转换后，执行别的程序，同时对 EOC 引脚的状态进行查询，以检查转换是否完成，若查询到变换已经完成就接着进行数据传送。

中断方式是在启动信号送到 ADC 后，单片机执行别的程序。ADC0809 转换结束并向单片机发出中断请求信号时，单片机响应此中断请求，进入中断服务程序，读入转换数据。此方式效率高，特别适合于变换时间较长的 ADC。

任务实施

1. 任务分析

从硬件角度分析，系统由电压检测电路、ADC 模/数转换电路、单片机和数码管显示器构成。通过调节一个可调电阻模拟检测到的电压，通过 ADC0809 的 IN3 口输入，经过 A/D 转换后将得到的数字量输入单片机的 P3 口，单片机把得到的数值通过换算后经数码管输出。电路中 74LS245 用来增加 P0 输出信号的驱动能力。

从软件角度分析，用定时器 T0 产生一个脉冲信号作为 ADC0809 的 CLK 信号。ADC0809 的分辨率为 8 位，由 $2^8 = 256$ 知单片机检测到的数值范围是 $0 \sim 255$，由于设计的量程是 $0 \sim 5$ V，所以通过公式 value = P3 × 5 × 100/255 转换后就得到电压值 value，需要说明的是为了方便显示，value 是放大 100 倍后的电压值。

2. 电路设计

简易数字电压表电路设计如图 8-7 所示。

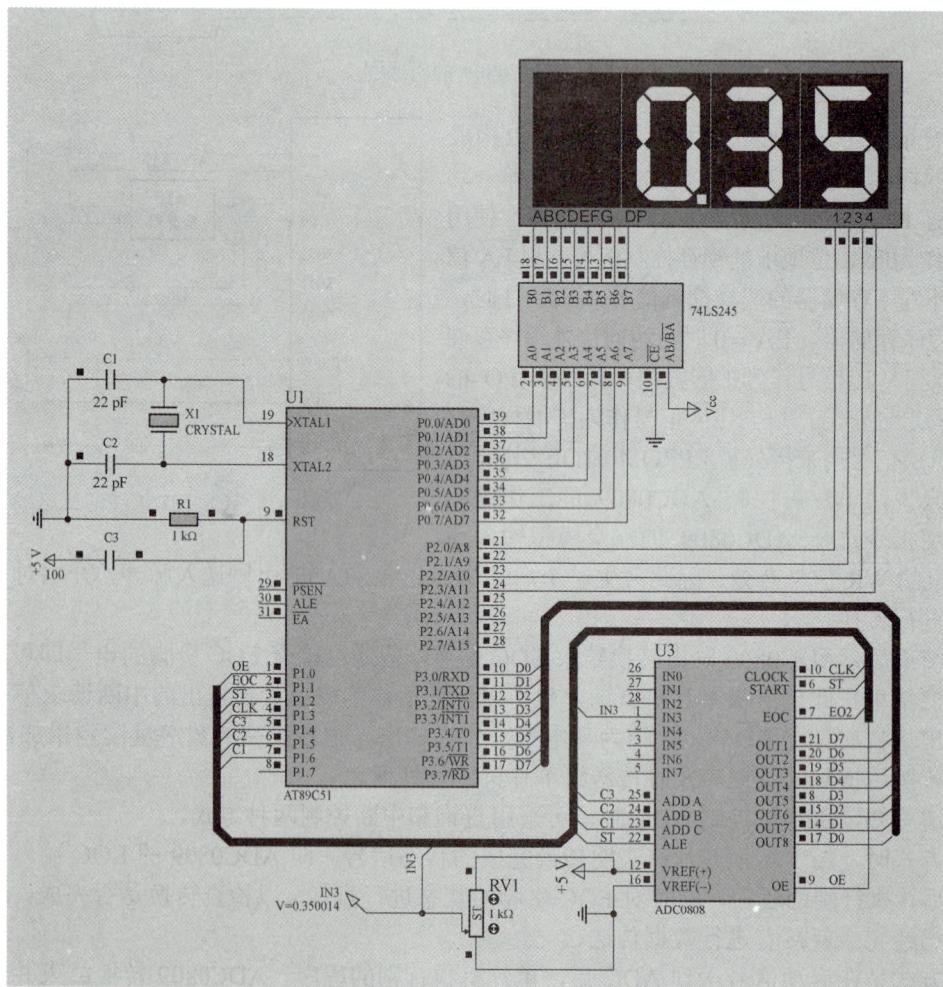

图 8-7　简易电压表硬件电路设计（见彩插）

3. 程序设计

```
/*************************************************************
*程序名称：简易电压表
    *程序功能：测量电压
*************************************************************/
#include <reg51.h>
#define uchar unsigned char
#define uint unsigned int
//各数字的数码管段码（共阴）
double value=0 ;
//位码
uchar code DSY_CODE[]={
0x3f,0x06,0x5b,0x4f,0x66,0x6d,0x7d,0x07,0x7f,0x6f};
//位码，带小数点
uchar code DotDSY_CODE[]={
0xbf,0x86,0xdb,0xcf,0xe6,0xed,0xfd,0x87,0xff,0xef
};
sbit CLK=P1^3 ;                          //时钟信号
sbit ST=P1^2 ;                           //启动信号
sbit EOC=P1^1 ;                          //转换结束信号
sbit OE=P1^0 ;                           //输出使能
/*************************************************************
*名称：DelayMS(uint ms)
*功能：延时
*输入：ms  延时时间
*返回值:无
*************************************************************/
void DelayMS(uint ms)
{
    uchar i ;
    while(ms--)
        for(i=0;i<120;i++);
}
/*************************************************************
*名称：Display_Result(uint d)
*功能：数码管动态显示
*输入：d  显示值
*返回值:无
*************************************************************/
```

```
void Display_Result(uint d)
{
    P2=0xf7 ;                           //选择个位
    P0=DSY_CODE[d%10];                  //输出个位值
    DelayMS(5);                         //延时 5 ms
    P2=0xfb ;                           //选择十位
    P0=DSY_CODE[d%100/10];              //输出十位值
    DelayMS(5);                         //延时 5 ms
    P2=0xfd ;                           //选择百位
    P0=DotDSY_CODE[d/100];              //输出百位值
    DelayMS(5);                         //延时 5 ms
}
//主程序
void main()
{
    TMOD=0x02 ;                         //T1 工作模式 2
    TH0=0x14 ;                          //定时器初值
    TL0=0x00 ;
    IE=0x82 ;                           //开中断
    TR0=1 ;                             //启动定时器
    P1=0x3f ;                           //选择 ADC0809 的通道 3,（0111）(P1.4~P1.6)
    while(1)
    {
        ST=0 ;                          //ST 复位
        ST=1 ;                          //ST 置位
        ST=0 ;                          //ST 复位
        //启动 A/D 转换
        while(EOC==0);                  //等待转换完成
                OE=1 ;
        value=(double)P3*500/255 ;      //计算转换值
        Display_Result(value);          //输出转换结果
        OE=0 ;
    }
}
/************************************************************
    *名称：Timer0_INT()
    *功能：T0 定时器中断给 ADC0808 提供时钟信号
*输入:
*返回值:
```

```
*********************************************************/
void Timer0_INT()interrupt 1
{
    CLK=~CLK ;                          //时钟信号
}
```

任务小结

（1）本项目通过制作简易电压表，涉及 A/D 转换芯片在单片机应用系统中的接口技术，了解了信息采集到数据处理及信息显示到程序设计的整体思路与方法。

（2）ADC0809 芯片为八通道数/模转换器，可以和单片机直接接口，将 IN0～IN7 中任意一个通道输入的模拟电压转换为 8 位二进制数，在时钟为 500 kHz 时，一次变换时间约为 100 μs。

任务 2　波形发生器设计

任务描述

在电子设备中经常要产生各种频率的各种波形，产生波形的方法很多，该任务是利用 AT89C51 单片机和数/模转换芯片 DAC0832 构成的简易波形发生器，编写产生锯齿波信号的程序，通过软件调整设定的参数，用示波器观察输出波形幅值、周期及频率的变化情况。

相关知识

8.3　D/A 转换器

8.3.1　D/A 转换器的分类

1. 电压输出型（如 TLC5620）

电压输出型 D/A 转换器虽有直接从电阻阵列输出电压的，但一般采用内置输出放大器以低阻抗输出。直接输出电压的器件仅用于高阻抗负载，由于无输出放大器部分的延迟，故常作为高速 D/A 转换器使用。

2. 电流输出型（如 THS5661A）

电流输出型 D/A 转换器很少直接利用电流输出，大多外接电流－电压转换电路得到电压输出，后者有两种方法：一是只在输出引脚上接负载电阻而进行电流－电压转换，二是外接运算放大器。用负载电阻进行电流－电压转换的方法，虽可在电流输出引脚上出现电压，但必须在规定的输出电压范围内使用，而且由于输出阻抗高，所以一般外接运算放大器使用。此外，大部分 CMOS D/A 转换器当输出电压不为零时不能正确动作，所以必须外接运算放大器。当外接运算放大器进行电流－电压转换时，则电路构成基本上与内置放大器的电压输出型相同，这时由于在 D/A 转换器的电流建立时间上加入了运算放大器的延迟，使响应变慢。此外，这种电路中运算放大器因输出引脚的内部电容而容易起振，有时必须作相位补偿。

3. 乘算型（如 AD7533）

D/A 转换器中有使用恒定基准电压的，也有在基准电压输入上加交流信号的，后者由于能得到数字输入和基准电压输入相乘的结果而输出，因而称为乘算型 D/A 转换器。乘算型 D/A 转换器一般不仅可以进行乘法运算，而且可以作为使输入信号数字化地衰减的衰减器及对输入信号进行调制的调制器使用。

8.3.2　D/A 转换器主要技术指标

D/A 转换器主要技术指标见表 8-3。

表 8-3　D/A 转换器主要技术指标

技术指标	内容
分辨率	能够分辨的最小模拟量输出
转换精度	绝对精度——满刻度输出与理论输出之间的差异； 相对精度——任意二进制输出与理论值之间的差异
转换速率与建立时间	二进制数输入到转换完成所需时间，电流建立时间
线性度	D/A 转换实际曲线与理想曲线之间的最大偏差

8.3.3　DAC0832

DAC0832 是双列直插式 8 位 D/A 转换器。能完成数字量输入到模拟量（电流）输出的转换。

1. 主要技术指标和特性

（1）分辨率：8 位；
（2）输出类型：电流；
（3）增益温度系数：0.02%；
（4）单电源供电：+5～+15 V；
（5）功耗：20 mW；
（6）转换速度：约 1 μs。

2. DAC0832 引脚及功能说明

DAC0832 引脚如图 8-8 所示。

各引脚的功能定义如下：

（1）D7～D0：8 位的数据输入端，D7 为最高位。

（2）IOUT1：模拟电流输出端 1，当 DAC 寄存器中数据全为"1"时，输出电流最大；当 DAC 寄存器中数据全为"0"时，输出电流为 0。

（3）IOUT2：模拟电流输出端 2，IOUT2 与 IOUT1 的和为一个常数，即

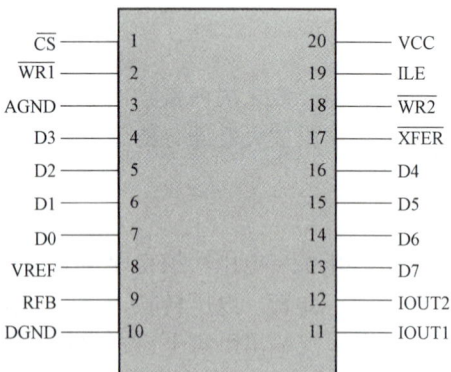

图 8-8　DAC0832 引脚

IOUT1+IOUT2＝常数。

（4）RFB：反馈电阻引出端，DAC0832 内部已经有反馈电阻，所以 RFB 端可以直接接到外部运算放大器的输出端，这样相当于将一个反馈电阻接在运算放大器的输出端和输入端之间。

（5）VREF：参考电压输入端，此端可接一个正电压，也可接一个负电压，它决定 0 至 255 的数字量转化出来的模拟量电压值的幅度，VREF 范围为（+10～−10）V。VREF 端与 D/A 内部 T 形电阻网络相连。

（6）VCC：芯片供电电压，范围为（+5～15）V。

（7）AGND：模拟量地，即模拟电路接地端。

（8）DGND：数字量地。

3. DAC0832 内部结构

DAC0832 内部结构如图 8−9 所示。从图 8−9 中可见，在 DAC0832 中有两级锁存器，第一级锁存器称为输入寄存器，它的允许锁存信号为 ILE，第二级锁存器称为 DAC 寄存器，它的锁存信号也称为通道控制信号 $\overline{XFER}$ 。

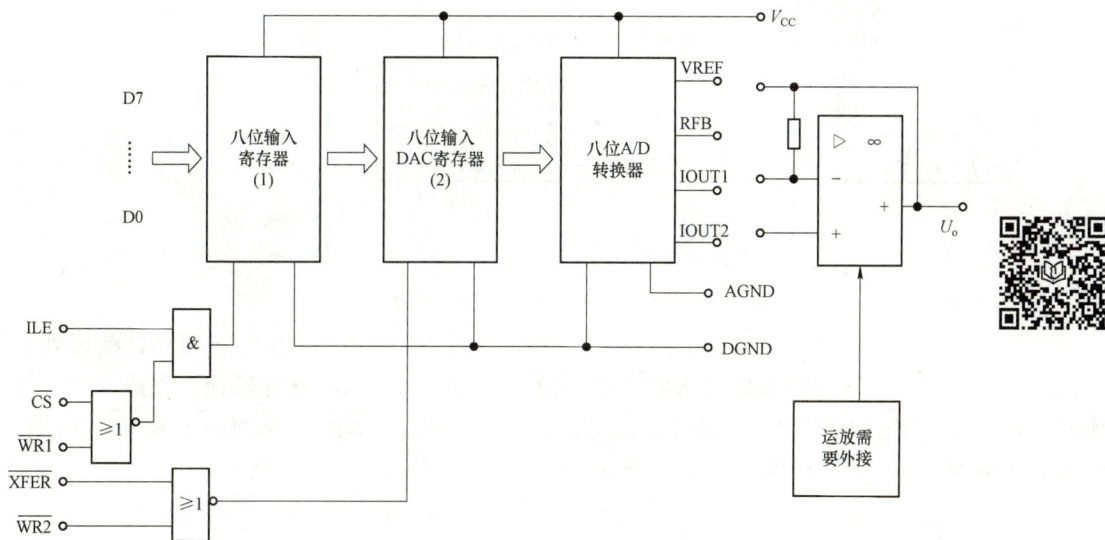

图 8−9 DAC0832 内部结构图

当 ILE 为高电平，片选信号 $\overline{CS}$ 和写信号 $\overline{WR1}$ 为低电平时，输入寄存器控制信号为 1，这种情况下，输入寄存器的输出随输入而变化。此后，当 $\overline{WR1}$ 由低电平变高时，控制信号成为低电平，此时，数据被锁存到输入寄存器中，这样输入寄存器的输出端不再随外部数据 DB 的变化而变化。

对第二级锁存器来说，当传送控制信号 $\overline{XFER}$ 和写信号 $\overline{WR2}$ 同时为低电平时，二级锁存控制信号为高电平，8 位的 DAC 寄存器的输出随输入而变化，此后，当 $\overline{WR2}$ 由低电平变高时，控制信号变为低电平，于是将输入寄存器的信息锁存到 DAC 寄存器中。

8.3.4 DAC0832 的工作方式

DAC0832 可处于 3 种不同的工作方式，分别为直通工作方式、单缓冲工作方式、双缓冲工作方式。

1. 直通方式

当 ILE 接高电平，$\overline{CS}$、$\overline{WR1}$、$\overline{WR2}$ 和 $\overline{XFER}$ 都接数字地时，DAC 处于直通方式，8 位数字量一旦到达 D7～D0 输入端，就立即加到 8 位 D/A 转换器，被转换成模拟量。例如在构成波形发生器的场合，就要用到这种方式，即把要产生基本波形的数据存于 ROM 中，连续取出送到 DAC 去转换成电压信号。直通工作方式适用于只有一路模拟量输出的情况，其连接如图 8-10 所示。

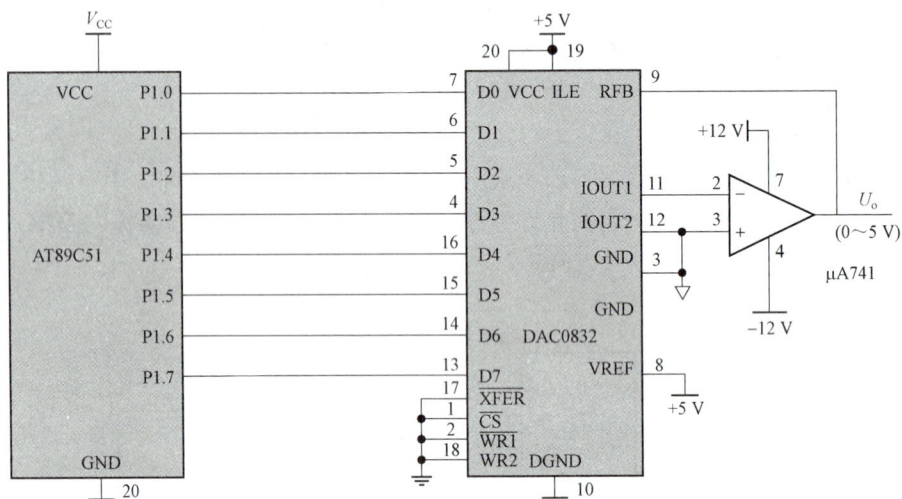

图 8-10　直通工作方式连接

2. 单缓冲方式

只要把两个寄存器中的任何一个接成直通方式，而用另一个锁存器数据，DAC 就可处于单缓冲工作方式。一般的做法是将 $\overline{WR2}$ 和 $\overline{XFER}$ 都接地，使 DAC 寄存器处于直通方式，另外把 ILE 接高电平，$\overline{CS}$ 接端口地址译码信号，$\overline{WR1}$ 接 CPU 的 $\overline{WR}$ 信号，使 $\overline{CS}$ 和 $\overline{WR1}$ 有效，启动 D/A 转换。其连接方式如图 8-11 所示。

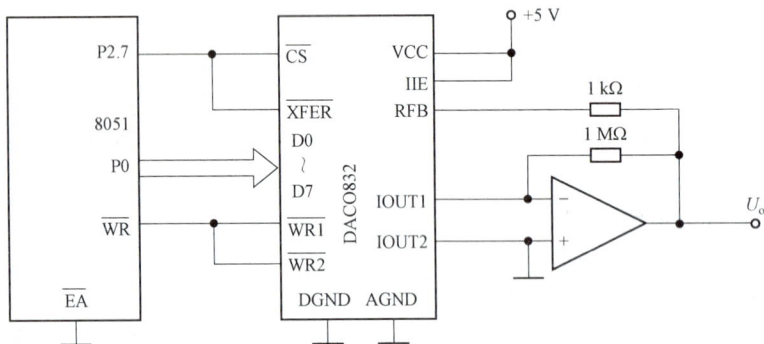

图 8-11　单缓冲工作方式连接

3. 双缓冲方式

需要多路 D/A 转换输出或要求同步进行时，就采用双缓冲工作方式。其连接如图 8-12 所示。

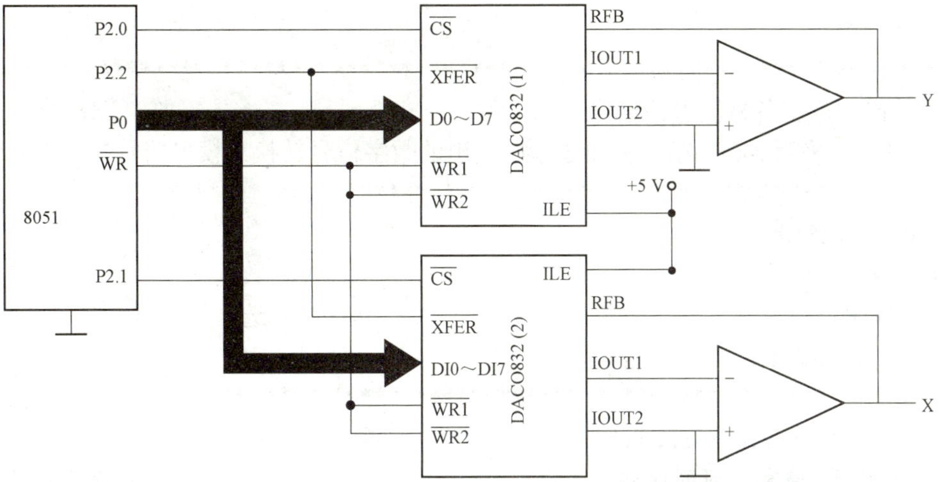

图 8-12 双缓冲工作方式连接

任务实施

1. 任务分析

从硬件角度分析，系统是由单片机、D/A 转换芯片和示波器构成的。单片机经过 P2 口输出数字信号，ADC0832 接收到数字信号后将其转化为模拟量，通过 IOUT1 脚送到示波器。

从软件角度分析，锯齿波的编程思路为：先输出二进制最小值 00H，然后按 +1 规律递增，当输出数据达到最大值 FFH 时，再回到 00H，重复这一过程就可以得到锯齿波。

2. 电路设计

波形发生器电路设计如图 8-13 所示。

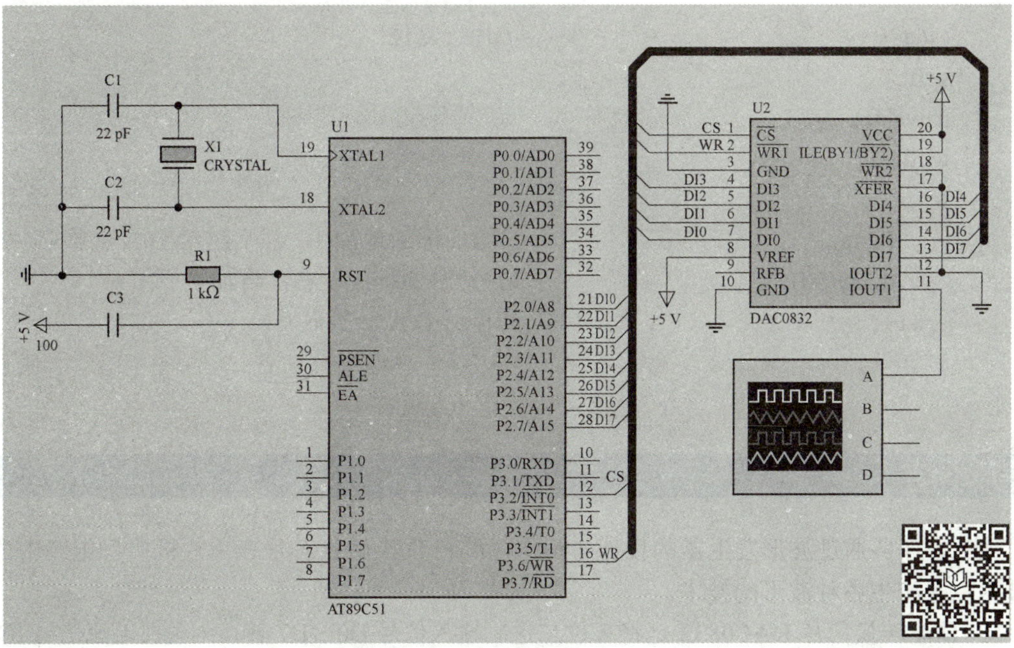

图 8-13 波形发生器电路设计

3. 程序设计

```
/******************简易信号发生器*****************************/
/*    功能：产生各种波形的信号                                  */
/*    说明：采用 ADC0832 将通过程序输出的数字信号转换为模拟信号*/
/*******************************************************/
#include <reg51.h>
sbit dawr=P3^6 ;                          //D/A 写数据
sbit csda=P3^2 ;                          //D/A 片选
unsigned char a,j,k ;                     //延时
/*****************************************************
      *名称：delay(unsigned char i)
      *功能：毫秒级延时函数
      *输入：i 延时毫秒
      *返回值:
  *****************************************************/

void delay(unsigned char i)
{
      for(j=i;j>0;j--)                    //i 个 1 ms
      for(k=125;k>0;k--);                 //1 ms =(8 个机器周期×125)×1 μs
}
void main()
{
      csda=0 ;                           //片选复位
      a=0 ;
      dawr=0 ;
      while(1)
      {
          P2=a ;                         //给 a 不断地加 1，然后送给 D/A 转换芯片
          delay(50);                     // 延时 50 ms 左右，再加 1
       a++;                              //再送 D/A 转换芯片
      }
}
```

任务小结

（1）本任务通过波形发生器的设计与制作，涉及 D/A 转换芯片在单片机接口电路中的应用技术以及产生各种波形的技术。

（2）D/A 转换芯片 DAC0832 是将 8 位二进制输入信号 D0～D7 转换为模拟电流信号 IOUT 输出，分辨率为 8 位，转换时间为 1 μs，满量程误差为±1 LSB，输入电平与 TTL 兼容。

任务扩展　电压电流功率数据采集系统

任务描述

本任务是在简易电压表的基础上做的扩展，将两路模拟信号输入到 A/D 转换芯片 ADC0809，经过转换后将数字信号输入单片机，通过两个电压值，经过计算后可以得到电流和功率，利用 K1 和 K2 切换输出电压、电流和功率值。

相关知识

8.4　ADC0809 数据传送方式

首先输入 3 位地址，并使 ALE＝1，将地址存入地址锁存器中。此地址经译码选通 8 路模拟输入之一到比较器。START 上升沿将逐次逼近寄存器复位。下降沿启动 A/D 转换，之后 EOC 输出信号变低，指示转换正在进行。直到 A/D 转换完成，EOC 变为高电平，指示 A/D 转换结束，结果数据已存入锁存器，这个信号可用作中断申请。当 OE 输入高电平时，输出三态门打开，转换结果的数字量输出到数据总线上。

转换数据的传送：A/D 转换后得到的数据应及时传送给单片机进行处理。数据传送的关键问题是如何确认 A/D 转换的完成，因为只有确认完成后，才能进行传送。为此可采用下述 3 种方式。

1. 定时传送方式

对于一种 A/D 转换器来说，转换时间作为一项技术指标是已知的和固定的。例如 ADC0809 转换时间为 128 μs，相当于 6 MHz 的 MCS－51 单片机共 64 个机器周期。可据此设计一个延时子程序，A/D 转换启动后即调用此子程序，延迟时间一到，转换肯定已经完成了，接着就可进行数据传送。

2. 查询方式

A/D 转换芯片由转换完成的状态信号，例如 ADC0809 的 EOC 端表明。因此可以用查询方式，测试 EOC 的状态，即可确知转换是否完成，并接着进行数据传送。

3. 中断方式

把表明转换完成的状态信号（EOC）作为中断请求信号，以中断方式进行数据传送。

不管使用上述哪种方式，只要一旦确定转换完成，即可通过指令进行数据传送。首先送出口地址并以信号有效时，OE 信号即有效，把转换数据送上数据总线，供单片机接收。

任务实施

1. 任务分析

从硬件角度分析负载电路、ADC 转换电路、单片机和数码管显示电路构成。K1、K2 都断开时，系统关闭；K1 闭合，K2 断开时，ADC0809 转换的是通过 IN0 输入的模拟量，输出的是可变电阻器 RV1 的电压；K1 断开，K2 闭合时，ADC0809 转换的是通过 IN1 输入的模拟量，通过计算后输出的是经过 R5 的电流；K1 和 K2 都闭合时，同时检测电流和电压，经计算后得到功率。

从软件角度分析，多路检测主要取决于加在引脚 ADDA、ADDB 和 ADDC 上的值，通过软件改变加在上述三引脚的值，可以轮流转换经过 IN0～IN7 输入的不同模拟量，转换的过程和一路输入的方法相同。

2. 电路设计

电压电流功率数据采集系统电路设计如图 8–14 所示。

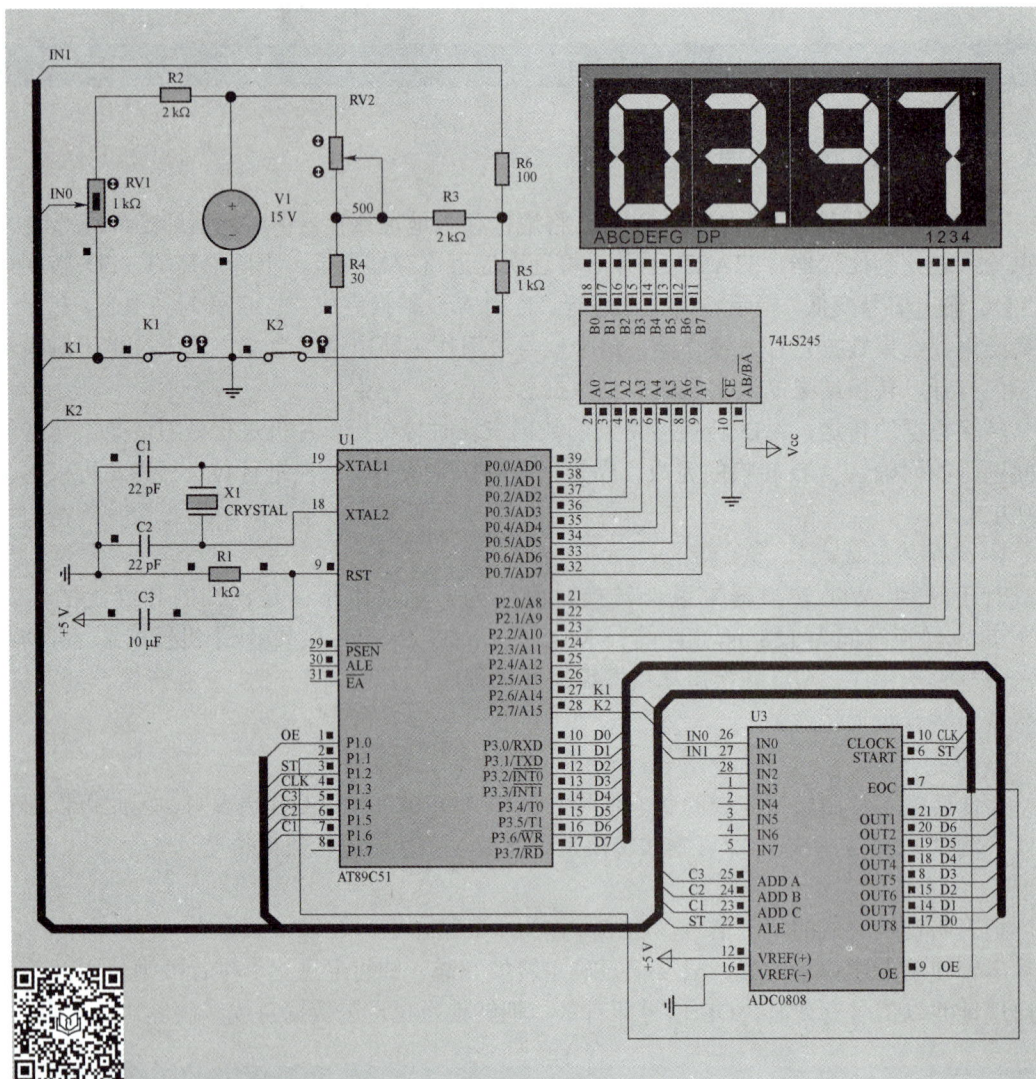

图 8–14　电压电流功率数据采集系统电路设计（见彩插）

3. 程序设计

```
/*****************电压电流功率采集**************************/
*      功能：采集多路信号
*      说明：采用 ADC0809 将采集的多路信号送给单片机进行处理
*************************************************************/
#include <reg52.h>
//数码管显示段码
unsigned char code dispbitcode[]={0x3f,0x06,0x5b,0x4f,0x66,
0x6d,0x7d,0x07,0x7f,0x6f };
//数码管显示缓存
unsigned char dispbuf[4];
unsigned int i ;
unsigned int j ;
unsigned char getdataV ;                //采集电压
unsigned char getdataI ;                //采集电流
unsigned char getdataP ;                //采集功率
unsigned int temp ;
sbit ST=P1^2 ;                          //A/D 启动转换信号
sbit OE=P1^0 ;                          //数据输出允许信号
sbit EOC=P1^1 ;                         //A/D 转换结束信号
sbit CLK=P1^3 ;                         //时钟信号
sbit P14=P1^4 ;                         //P1.4~P1.6 为 3 位地址输入线
sbit P15=P1^5 ;
sbit P16=P1^6 ;
sbit P20=P2^0 ;                         //P2.0~P2.7 为 8 位数字量输出线
sbit P21=P2^1 ;
sbit P22=P2^2 ;
sbit P23=P2^3 ;
sbit P17=P0^7 ;
sbit K1=P2^6 ;                          //开关 K1
sbit K2=P2^7 ;                          //开关 K2
void TimeInitial();
void Delay(unsigned int i);
/*********************************************************
    *名称：TimeInitial()
    *功能：定时器初始化
*********************************************************/

void TimeInitial()
```

```
{
    TMOD=0x10 ;                              //定时器 T1 工作方式 1
    TH1=(65536-200)/256 ;                    //初值高 8 位
    TL1=(65536-200)%256 ;                    //初值低 8 位
    EA=1 ;                                   //开总中断
    ET1=1 ;                                  //开定时器 T1 中断
    TR1=1 ;                                  //启动定时器
}
/************************************************************
    *名称： delay(unsigned char i)
    *功能：毫秒级延时函数
    *输入：i 延时毫秒
************************************************************/
void Delay(unsigned int i)
{
    unsigned int j ;
    for(;i>0;i--)
    for(j=0;j<125;j++);
}
/************************************************************
    *名称：Display()
    *功能：数码管显示函数
************************************************************/

void Display()
{
    P0=dispbitcode[dispbuf[3]];              //第 1 位显示位
    P20=0 ;                                  //控制第 1 位显示
    P21=1 ;
    P22=1 ;
    P23=1 ;
    Delay(5);
    P0=0x00 ;
    P0=dispbitcode[dispbuf[2]];              //第 2 位显示位
    P17=1 ;
    P20=1 ;                                  //控制第 2 位显示
    P21=0 ;
    P22=1 ;
    P23=1 ;
```

```
        Delay(5);
        P0=0x00 ;
        P0=dispbitcode[dispbuf[1]];                //第 3 位显示位
        P20=1 ;                                    //控制第 3 位显示
        P21=1 ;
        P22=0 ;
        P23=1 ;
        Delay(5);                                  //延时 5 ms
        P0=0x00 ;
        P0=dispbitcode[dispbuf[0]];                //控制第 0 位显示
        P20=1 ;                                    //控制第 0 位显示
        P21=1 ;
        P22=1 ;
        P23=0 ;
        Delay(5);
        P0=0x00 ;
}
void main()
{
        TimeInitial();                             //调用初始化函数
        while(1)
        {
            if(K1==0&K2==1)                        //K1、K2 都闭合
            {
                OE=0 ;                             //OE 复位
                ST=1 ;                             //ST 置位
                ST=0 ;                             //复位
                P14=0 ;                            //通道 0
                P15=0 ;
                P16=0 ;
                while(EOC==0);                     //等待转换完成
                OE=1 ;                             //允许数据输出
                getdataV=P3 ;                      //获取转换值
                OE=0 ;                             //禁止数据输出
                temp=getdataV*1.0/255*1500 ;       //换算
                dispbuf[0]=temp%10 ;               //将换算结果存入显示缓存
                dispbuf[1]=temp/10%10 ;
                dispbuf[2]=temp/100%10 ;
                dispbuf[3]=temp/1000 ;
```

```
        Display();                              //调用显示函数
    }
    else if(K2==0&K1==1)                        //K2 关闭、K1 打开
    {
        ST=1 ;                                  //下降沿启动 A/D 转换
        ST=0 ;
        P14=1 ;                                 //A/D 转换通道 1
        P15=0 ;
        P16=0 ;
        while(EOC==0);                          //等待转换完成
        OE=1 ;                                  //允许数据输出
        getdataI=P3 ;                           //获取转换值
        OE=0 ;                                  //禁止数据输出
        temp=getdataI*1.0/255*50 ;10*           //换算
        dispbuf[0]=temp%10 ;                    //将换算结果存入显示缓存
        dispbuf[1]=temp/10%10 ;
        dispbuf[2]=temp/100%10 ;
        dispbuf[3]=temp/1000 ;
        Display();                              //调用显示函数
    }
    else if(K1==0&K2==0)                        //K1、K2 都关闭
    {
        ST=1 ;
        ST=0 ;
        P14=0 ;
        P15=0 ;
        P16=0 ;
        while(EOC==0);
        OE=1 ;
        getdataV=P3 ;
        OE=0 ;

        ST=1 ;
        ST=0 ;
        P14=0 ;
        while(EOC==0);
        OE=1 ;
        getdataI=P0 ;
        OE=0 ;
```

```
            getdataP=getdataV|getdataI ;
            temp=getdataP*1.0/255*750 ;
            dispbuf[0]=temp%10 ;
            dispbuf[1]=temp/10%10 ;
            dispbuf[2]=temp/100%10 ;
            dispbuf[3]=temp/1000 ;
            Display();
        }
    }
}
/*************************************************
    *名称：t1(void)
    *功能：中断服务程序
 *************************************************/

void t1(void)interrupt 3 using 0
{
    TH1=(65536-200)/256 ;                    //定时器初值高 8 位
    TL1=(65536-200)%256 ;                    //定时器初值低 8 位
    CLK=~CLK ;                               //时钟信号
}
```

任务小结

本任务主要是完成 ADC0809 的多路模拟量转换，掌握多路转换的方法。

项目微课与视频

ADC0809 工作时序

项目知识总结

本项目有 3 个任务，任务 1 和任务 2 分别对 A/D 和 D/A 转换芯片在单片机应用系统中的接口技术做了训练，任务 3 是对任务 1 的一个扩展，应用到了信号的多路采集技术。

任务 1 简易数字电压表设计主要讲解了什么是 A/D 和 D/A 转换，以及 ADC0809 的结构、工作原理以及与单片机的接口技术。

任务 2 波形发生器设计主要讲解了 DAC0832 的功能、结构、工作原理以及应用。

习　　题

一、填空题

1. D/A 转换器是把输入的_____转换成与之成比例的_____。

2. 倒 T 形电阻网络 D/A 转换器由_____、_____、_____及_____组成。

3. 最小输出电压和最大输出电压之比叫作_____，它取决于 D/A 转换器的_____。

4. 精度指输出模拟电压的_____和_____之差，即最大静态误差。主要是参考电压偏离_____、运算放大器_____、模拟开关的_____、电阻值误差等引起的。

5. D/A 转换器输出方式有_____、_____和_____。

6. 采样是将时间上_____（a. 连续变化，b. 断续变化）的模拟量，转换成时间上_____（a. 连续变化，b. 断续变化）的模拟量。

二、选择题

1. 将采样所得的离散信号经低通滤波器恢复成输入的原始信号，要求采样频率 f_s 和输入信号频谱中的最高信号 f_{imax} 的关系是（　　）。

A. $f_s \geqslant f_{imax}$ 的　　　　　　　　B. $f_s \leqslant f_{imax}$

C. $f_s = f_{imax}$　　　　　　　　　　D. $f_s > f_{imax}$

2. 下列不属于直接型 A/D 转换器的是（　　）。

A. 并行 A/D 转换器　　　　　　　　B. 双积分 A/D 转换器

C. 计数器 A/D 转换器　　　　　　　D. 逐次逼近型 A/D 转换器

三、简答题

1. D/A 转换器的分辨率与转换器的位数有什么关系？

2. D/A 转换器的主要技术指标有哪些？

3. D/A 转换器输出方式有哪些？

4. 将模拟信号转换成数字信号需要经过哪些步骤？

5. A/D 转换器的主要技术指标有哪些？

四、程序编写题

新冠病毒的主要传播方式是经飞沫传播、接触传播以及不同大小的呼吸道气溶胶近距离传播，起病以发热为主，为防控疫情传播，请设计人体体温监测仪。要求采用 DS18B20 温度传感器，单片机实时检测人体体温，当体温超过 38 ℃时，蜂鸣器报警；低于 38 ℃时，数码管实时显示温度。

项目九　串行通信技术应用

任务 1　串行口控制 LED 灯

任务描述

　　由两片单片机系统构成串行口控制 LED 灯系统，一片单片机作为发射端，另一片单片机作为接收端。发送端发出启动、停止命令，当接收端接收到启动信号后，LED 彩灯开始闪烁；当接收端接收到停止信号后，LED 彩灯停止。

　　通过完成任务，进一步学习定时器的功能和应用，理解串行通信与并行通信的异同，掌握串行通信的重要指标——字符帧和波特率，初步了解 MCS-51 系列单片机串行口的使用方法。

相关知识

9.1　串行通信基本知识

9.1.1　串行通信与并行通信

　　计算机系统中各部件之间通过数据传输进行通信，在数据通信中，按每次传送的数据位数，通信方式可分为串行通信和并行通信。图 9-1 为这两种通信方式的电路连接示意图。

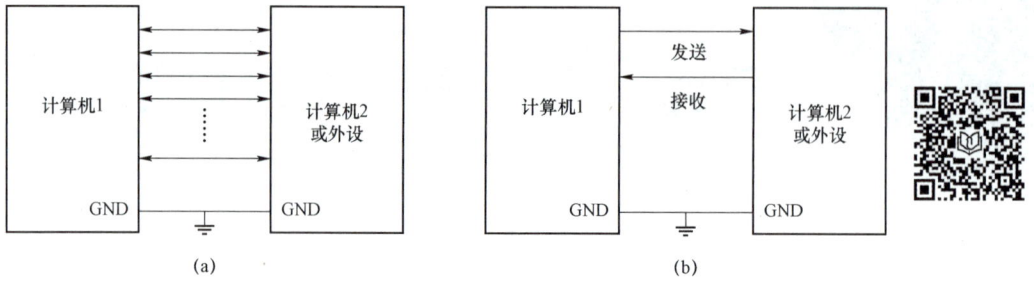

图 9-1　两种通信方式的电路连接形式

（a）并行通信；（b）串行通信

　　并行通信时数据的各个位同时传送，可以字或字节为单位并行进行。并行通信速度快，但用的通信线多、成本高，故不宜进行远距离通信。计算机或 PLC 各种内部总线就是以并行方式传送数据的。

　　串行通信是指使用一条数据线，将数据一位一位地依次传输，每一位数据占据一个固定的时间长度。其只需要少数几条线就可以在系统间交换信息，特别适用于计算机与计算机、计算机与外设之间的远距离通信。

9.1.2　串行通信的分类

1. 按照数据传送方向分类

　　串行通信按照数据传送方向，可分为单工（simplex）、半双工（half duplex）和全双工（full duplex）三种制式。

　　单工：通信线的一端是发送器，一端是接收器，数据只能按照一个固定的方向传送，如图 9-2（a）所示。

　　半双工：系统的每个通信设备都由一个发送器和一个接收器组成，但同一时刻只能有一个站发送，一个站接收，如图 9-2（b）所示。采用半双工方式时，通信系统每一端的发送器和接收器，通过收/发开关转接到通信线上，进行方向的切换，因此，会产生时间延迟。收/发开关实际上是由软件控制的电子开关。

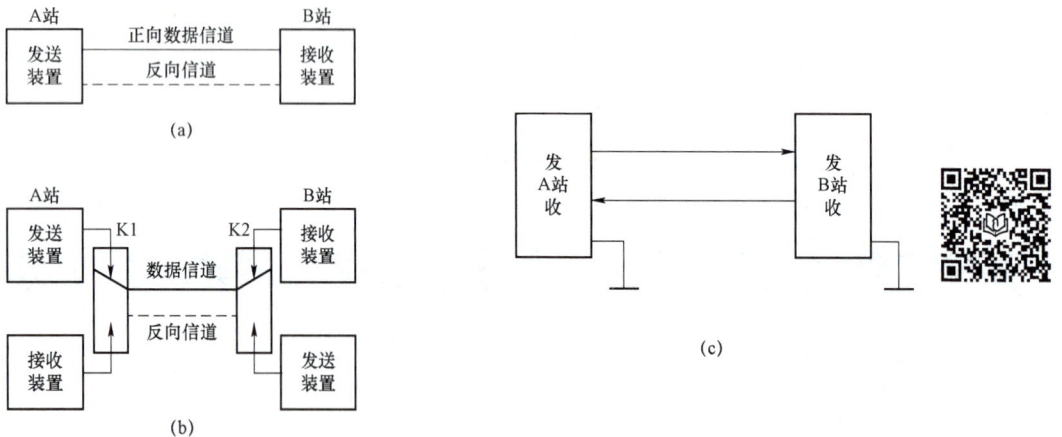

图 9-2　单工、半双工和全双工三种制式

（a）单工；（b）半双工；（c）全双工

全双工：当数据的发送和接收分流，分别由两根不同的传输线传送时，通信双方都能在同一时刻进行发送和接收操作，这样的传送方式就是全双工制，如图9-2（c）所示。在全双工方式下，通信系统的每一端都设置了发送器和接收器，因此，能控制数据同时在两个方向上传送。

2. 按照串行数据的时钟控制方式分类

按照串行数据的时钟控制方式，串行通信可分为异步通信和同步通信两类。

（1）异步通信。

在异步通信中，数据通常是以字符为单位组成字符帧传送的。字符帧由发送端一帧一帧地发送，每一帧数据均是低位在前，高位在后，通过传输线被接收端一帧一帧地接收。发送端和接收端可以由各自独立的时钟来控制数据的发送和接收，这两个时钟彼此独立，互不同步。

在异步通信中，接收端是依靠字符帧格式来判断发送端是何时开始发送，何时结束发送的。图9-3表示异步通信的字符帧格式。

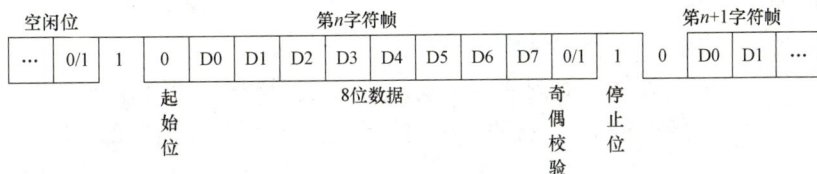

图9-3 异步通信的字符帧格式

① 字符帧。

字符帧也称数据帧，由起始位、数据位、奇偶校验位和停止位四部分组成，如图9-3所示。

起始位：位于字符帧开头，只占一位，为逻辑低电平，标志传输一个字符的开始，接收方可用起始位使自己的接收时钟与发送方的数据同步。

数据位：数据位紧跟在起始位之后，是通信中的真正有效信息。数据位的位数可以由通信双方共同约定，一般可以是5位、7位或8位，标准的ASCII码是0~127（7位），扩展的ASCII码是0~255（8位）。传输数据时先传送字符的低位，后传送字符的高位。

奇偶校验位：奇偶校验位仅占一位，用于进行奇校验或偶校验，奇偶检验位不是必须有的。

停止位：停止位可以是1位、1.5位或2位，可以由软件设定。它一定是逻辑1电平，标志着传输一个字符的结束。

在异步通信中，两相邻字符帧之间可以没有空格，也可以有若干个空闲位，这由用户来决定。

② 波特率。

波特率是异步通信中的另一个重要指标。

波特率为每秒钟传送二进制数码的位数，也称比特数，单位为b/s（位/秒）。波特率用于表征数据传输的速度，波特率越高，数据传输速度越快。但波特率和字符的实际传输速率不同，字符的实际传输速率是每秒内所传字符帧的帧数，和字符帧格式有关。

（2）同步通信。

同步通信把许多字符组成一个信息组，或称为信息帧，每帧的开始用同步字符来指示。由于发送和接收的双方采用同一时钟，所以在传送数据的同时还要传送时钟信号，以便接收方可以用时钟信号来确定每个信息位。

同步通信要求在传输线路上始终保持连续的字符位流，若计算机没有数据传输，则线路上要用专用的"空闲"字符或同步字符填充。

同步通信传送信息的位数几乎不受限制，通常一次通信传的数据有几十到几千个字节，通信效率较高。但它要求在通信中保持精确的同步时钟，所以其发送器和接收器比较复杂，成本也较高，一般用于传送速率要求较高的场合。

9.2 MCS-51 单片机串行接口

MCS-51 单片机内部有一个可编程全双工串行接口，可同时发送和接收数据。它有四种工作方式，可供不同场合使用。波特率由软件设置，通过片内的定时/计数器产生。接收、发送均可工作在查询或中断方式。

9.2.1 MCS-51 系列单片机串行口结构

MSC-51 单片机的内部结构如图 9-4 所示，由发送缓冲寄存器 SBUF、发送控制器、发送控制门、接收缓冲寄存器 SBUF、接收控制器、移位寄存器和中断等部分组成。

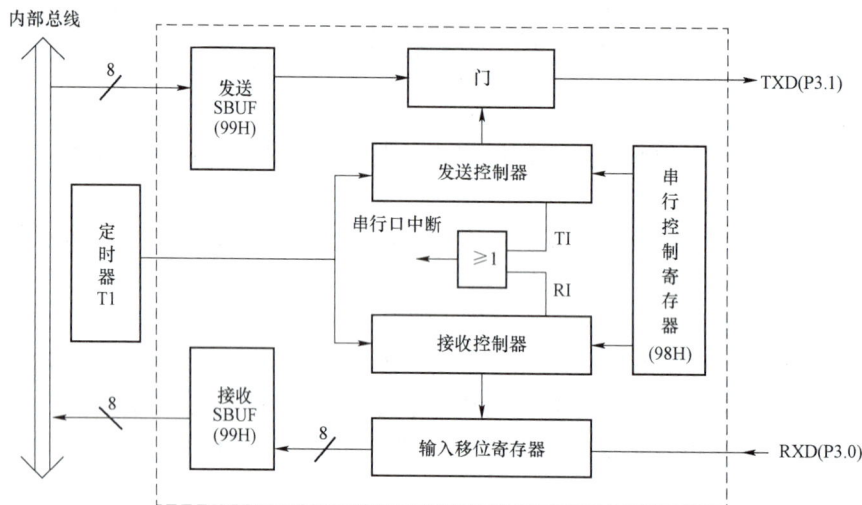

图 9-4　MCS-51 串行口结构

1. SBUF

SBUF 是两个在物理上独立的接收、发送寄存器，一个用于存放接收到的数据，另一个用于存放待发送的数据，可同时发送和接收数据。两个缓冲器共用一个地址 99H，通过对 SBUF 的读、写语句来区别是对接收缓冲器还是发送缓冲器进行操作。CPU 在写 SBUF 时，操作的是发送缓冲器；读 SBUF 时，就是读接收缓冲器的内容。

2. SCON

SCON 是 MSC-51 系列单片机的一个可位寻址的专用寄存器，用于串行数据通信的控制。

字节地址为 98H，位地址为 9FH～98H。其各位的定义见表 9-1。

表 9-1　SCON 的各位定义

9FH	9EH	9DH	9CH	9BH	9AH	99H	98H
SM0	SM1	SM2	REN	TB8	RB8	TI	RI

对各位的含义说明如下：

① SM1、SM0：串行方式选择位，具体含义见表 9-2。

表 9-2　串行口的工作方式

SM0	SM1	工作方式	功能	波特率
0	0	方式 0	8 位同步移位寄存器	$f_{osc}/12$
0	1	方式 1	10 位 UART	可变
1	0	方式 2	11 位 UART	$f_{osc}/64$ 或 $f_{osc}/32$
1	1	方式 3	11 位	可变

② SM2：多机通信控制位，用于方式 2 和方式 3 中。

③ REN：允许串行接收位。由软件置位或清零。REN=1 时，允许接收，REN=0 时，禁止接收。

④ TB8：发送数据的第 9 位。在方式 2 和方式 3 中，由软件置位或复位。一般可作奇偶校验位。在多机通信中，可作为区别地址帧或数据帧的标识位，一般约定地址帧时 TB8 为 1，数据帧时 TB8 为 0。

⑤ RB8：接收数据的第 9 位。

⑥ TI：发送中断标志位。在方式 0 中，发送完 8 位数据后，由硬件置位；在其他方式中，在发送停止位之初由硬件置位。因此，TI=1 是发送完一帧数据的标志，其状态既可供软件查询使用，也可请求中断。TI 位必须由软件清零。

⑦ RI：接收中断标志位。在方式 0 中，接收完 8 位数据后，由硬件置位；在其他方式中，当接收到停止位时该位由硬件置"1"。因此，RI=1 是接收完一帧数据的标志，其状态既可供软件查询使用，也可请求中断。RI 位也必须由软件清零。

3. PCON

PCON 主要是为 CHMOS 型单片机的电源控制而设置的专用寄存器。字节地址为：0x87，其内容见表 9-3。

表 9-3　PCON 的各位定义

SMOD	—	—	—	—	—	—	—

与串行通信有关的只有 SMOD 位。SMOD 为波特率选择位。在方式 1、2 和 3 时，串行通信的波特率与 SMOD 有关。当 SMOD=1 时，通信波特率乘 2，当 SMOD=0 时，波特率不变。

9.2.2 串行口工作方式

MCS-51 系列单片机串行口有四种工作方式, 由 SCON 中的 SM0、SM1 两位选择决定。

1. 方式 0

当 SCON 中 SM1SM0 = 00 时, 工作在方式 0。在方式 0 下, 串行口作同步移位寄存器使用, 其波特率固定为 $f_{osc}/12$。串行数据从 RXD (P3.0) 端输入或输出, 同步移位脉冲由 TXD (P3.1) 送出。

这种方式通常用于扩展 I/O 口。

2. 方式 1

当 SCON 中 SM1SM0 = 01 时, 工作在方式 1。在方式 1 下, 一帧为 10 位, 其中 1 位起始位 (0), 1 位停止位 (1), 8 位数据位。数据格式如图 9-5 所示。用 T1 作为波特率发生器, $B = \dfrac{2^{SMOD}}{32} \times T1$ 溢出率。

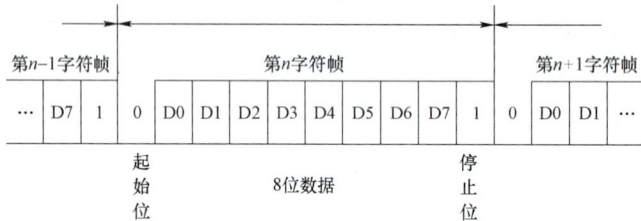

图 9-5 方式 1 字符帧格式

发送数据时, 数据写入 SBUF, 同时启动发送, 一帧数据发送结束, 置位发送中断标志位 TI。

接收数据时, 如 REN = 1 则允许接收。接收完一帧, 如 RI = 0 且停止位为 1 (或 SM2 = 0), 将接收数据装入 SBUF, 停止位装入 RB8, 并置位 RI; 否则丢弃接收数据。

3. 方式 2 和方式 3

当 SCON 中 SM1SM0 = 10 时, 选择工作方式 2; 当 SCON 中 SM1SM0 = 11 时, 选择工作方式 2。在方式 2 和方式 3 下, 一帧数据为 11 位, 其中 1 位起始位 (0), 1 位停止位 (1), 9 位数据位。第 9 位数据位在 TB8/RB8 中, 常用作校验位和多机通信标识位。数据格式如图 9-6 所示。两种方式的波特率不同, 其中方式 2 的波特率 $B = \dfrac{2^{SMOD}}{64} \times f_{osc}$, 方式 3 的波特率 $B = \dfrac{2^{SMOD}}{32} \times T1$ 溢出率。

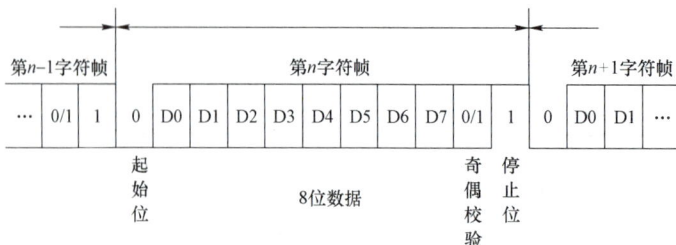

图 9-6 方式 2 字符帧格式

9.2.3 波特率设置

MCS－51 系列单片机有四种工作方式，其中方式 0 和方式 2 的波特率是固定的，方式 1 和方式 3 的波特率可变，由定时器 T1 的溢出率决定。

1. 方式 0 和方式 2

在方式 0 中，波特率为时钟频率的 1/12，即 $f_{osc}/12$，固定不变。在方式 2 中，波特率取决于 PCON 中的 SMOD 值，当 SMOD＝0 时，波特率为 $f_{osc}/64$；当 SMOD＝1 时，波特率为 $f_{osc}/32$。即波特率 $= \dfrac{2^{SMOD}}{64} \times f_{osc}$。

2. 方式 1 和方式 3

方式 1 和方式 3 的波特率 $= \dfrac{2^{SMOD}}{32} \times T1$ 溢出率

其中，T1 的溢出率取决于单片机定时器 1 的计数速率和定时器的预置值。计数速率与 TMOD 寄存器中的 $C/\overline{T}$ 位有关，当 $C/\overline{T}=0$ 时，计数速率为 $f_{osc}/12$，当 $C/\overline{T}=1$ 时，计数速率为外部输入时钟频率。

表 9－4 为常用的波特率及获得方法。

表 9－4 常用的波特率及获得方法

波特率	f_{osc}/MHz	SMOD	定时器 1		
			$C/\overline{T}$	方式	初始值
方式 0:1 Mb/s	12	X	X	X	X
方式 2:375 Kb/s	12	1	X	X	X
方式 1、3:62.5 Kb/s	12	1	0	2	FFH
19.2 Kb/s	11.059 2	1	0	2	FDH
9.6 Kb/s	11.059 2	0	0	2	FDH
4.8 Kb/s	11.059 2	0	0	2	FAH
2.4 Kb/s	11.059 2	0	0	2	F4H
1.2 Kb/s	11.059 2	0	0	2	E8H
137.5 Kb/s	11.986	0	0	2	1DH
110 b/s	6	0	0	2	72H
110 b/s	12	0	0	1	FEEBH

任务实施

1. 任务分析

从硬件角度分析，系统由发送端及接收端组成。发送端甲机通过单片机的 I/O 端口读取启动和停止按钮状态，通过串口通信方式将启动或停止命令发送到接收端乙机。接收端接收到启动命令后，启动单片机 I/O 端口所接的八个 LED 灯依次循环点亮；接收端接收到停止命令后，控制 8 个 LED 灯熄灭。

从软件角度分析，双机异步通信程序可采用查询方式也可以采用中断方式。甲机设置为允许发送，乙机设置为允许接收，两机应采用相同的工作方式和波特率。

2. 电路设计

根据以上分析，串行口控制 LED 灯电路设计如图 9-7 所示。

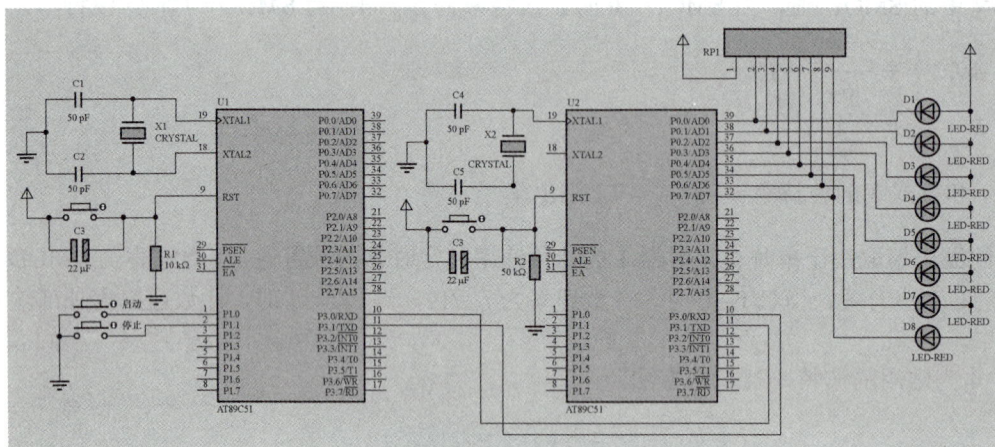

图 9-7　双机通信硬件电路设计

3. 程序设计

查询法参考程序：

甲机程序：

```
/*******************双机通信甲机***********************/
/*功能：甲机通过异步串行通信方式发送启动、停止命名          */
/***************************************************/
#include <reg51.h>
/***********************延时函数**************/
/*函数名：  delay()                                    */
/*函数功能：实现软件延时                                */
/*形式参数：无符号整型变量 i，控制空循环的循环次数    */
/*返回值：无                                          */
/***************************************************/
void delay(unsigned int i)          //延时函数
{
    unsigned int j,k;               //定义无符号整型变量 i、k
    for(j = 0;j<i;j++)              //双重 for 循环语句实现软件延时
        for(k = 0;k<100;k++);
}
/*****主函数*********/
/*函数名：main()      */
```

```
/*返回值：无           */
/*******************/
void main()
 {
     unsigned char cmd＝0x02;      //定义发送名字变量
     TMOD＝0x20;                   //定时器 1 工作于方式 1
     TL1＝0xf4;                    //波特率设置为 2 400 b/s
     TH1＝0xf4;
     TR1＝1;                       //启动定时器
     SCON＝0x40;                   //定义串行口工作方式 1
     while(1)
     {
     if(P1＝＝0xfe)                //检测启动按钮是否按下
     {
         delay(100);              //调用延时子函数
         while(!P1＝＝0xff);       //松手检测
         cmd＝0x01;               //设置启动命名为 0x01
     }
     if(P1＝＝0xfd)                //检测停止按钮是否按下
     {
         delay(100);              //调用延时子函数
         while(!P1＝＝0xff);       //松手检测
         cmd＝0x02;               //设置停止命名为 0x02
     }
     SBUF＝cmd;                    //发送命名
     while(TI＝＝0);               //查询等待发送是否完成
     TI＝0;                       //发送完成，TI 由软件清零
     }
 }
```

乙机参考程序：

```
/*****************双机通信乙机********************/
/*功能：甲机通过异步串行通信方式发送启动、停止命令            */
/***********************************************/
#include <reg51.h>
/*********延时函数*********/
/*函数名：  delay()  */
/*函数功能：实现软件延时*/
/*形式参数：无符号整型变量 i，控制空循环的循环次数*/
/*返回值：无           */
```

```
/***********************/

void delay(unsigned int i)              //延时函数
{
    unsigned int j,k;                   //定义无符号整型变量 j、k
    for(j = 0;j<i;j + +)                //双重 for 循环语句实现软件延时
        for(k = 0;k<100;k + +)
        ;
}
/**********LED 点亮函数**********/
/*函数名： led_run()   */
/*函数功能：控制 P0 口的 LED 灯点亮*/
/*形式参数：无*/
/*返回值：无 */
/***********************/
    void led_run()
    {
        unsigned char led[] = {0xff,0xfe,0xfc,0xf8,0xf0,0xe0,0xc0,0x80,0x00};
                                        //定义数组存放 LED 灯的状态
        unsigned char i;                //定义循环变量
        for(i = 0;i<9;i + +)
        {
            P0 = led[i];                //将 LED 的状态送到 P0 端口
            delay(200);                 //延时
        }
    }
/*****主函数*********/
/*函数名：main()      */
/*返回值：无          */
/*****************/
    main()
    {
        unsigned char buff = 0x02;      //定义接收数据变量
        TMOD = 0x20;                    //定时器 1 工作于方式 2
        TL1 = 0xf4;                     //波特率设置为 2 400 b/s
        TH1 = 0xf4;
        TR1 = 1;                        //启动定时器
        SCON = 0x40;                    //定义串行口工作于方式 1
        REN = 1;                        //允许接收
```

```
while(1)
{
    while(RI==0);            //查询接收标志
    buff=SBUF;               //接收数据
    RI=0;                    //清除接收标志
    if(buff==0x01)           //接收到的为启动命令
        led_run();           //调用函数点亮 LED 灯
    if(buff==0x02)           //接收到的为停止命名
        P0=0xff;             //P0 口输出数据控制 8 个 LED 灯熄灭
}
}
```

任务小结

（1）在双机通信程序设计中，甲机和乙机的通信波特率和工作方式设置必须一致。

（2）发送和接收缓冲器的名字都是 SUBF，寄存器的名字和地址均相同，但在物理上是两个寄存器，互相独立。

（3）采用查询法进行程序设计时，TI、RI 标志均需要软件清零。

任务 2　PC 远程控制 LED 灯

任务描述

通过彩灯远程控制系统的制作，实现 PC 机和单片机之间的通信，学习单片机和 PC 的串口连接方式，单片机和 PC 串口通信协议电平的转换技术，以及单片机和 PC 机端数据收发程序的设计方法。

本系统 PC 作为控制主机，单片机控制彩灯为从机。

相关知识

9.3　串行通信总线标准及其接口

RS－232C 总线是目前广泛使用的串行通信接口。（"RS－232C"中的"C"只不过表示 RS－232 的版本，所以与"RS－232"简称是一样的）。它是在 1970 年由美国电子工业协会（EIA）联合贝尔系统、调制解调器厂家及计算机终端生产厂家共同制定的用于串行通信的标准。它的全名是"数据终端设备（DTE）和数据通信设备（DCE）之间串行二进制数据交换接口技术标准"，该标准规定采用一个 25 个脚的 DB－25 连接器，对连接器的每个引脚的信号内容加以规定，还对各种信号的电平加以规定。RS－232C 标准总线为 25 根，可采用标准

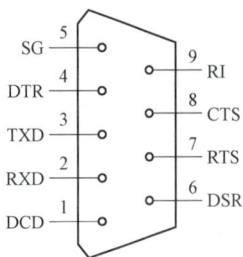

图 9-8 DB-9 连接器引脚分部

的 DB-25 和 DB-9 的 D 型插头。如图 9-8 所示为其引脚分部。目前计算机上只保留了两个 DB-9 插头，作为提供多功能 I/O 卡或主板上 COM1 和 COM2 两个串行接口的连接器。

9.3.1 接口的信号内容

实际上 RS-232C 的 25 条引线中有许多是很少使用的，在计算机与终端通信中一般只使用 9 条线。RS-232C 最常用的 9 条引线的信号内容见表 9-5。

表 9-5 DB-9 连接器各引脚定义

引脚	名称	功能	引脚	名称	功能
1	DCD	载波检测	6	DSR	数据准备完成
2	RXD	接收数据	7	RTS	发送请求
3	TXD	发送数据	8	CTS	发送清除
4	DTR	数据终端准备完成	9	RI	振铃指示
5	SG（GND）	信号地线			

9.3.2 接口的电气特性

在 RS-232C 中，任何一条信号线的电压均为负逻辑关系。即逻辑"1"：$-5 \sim -15\,\text{V}$，逻辑"0"：$+5 \sim +15\,\text{V}$。噪声容限为 2 V，即要求接收器能识别低至 $+3\,\text{V}$ 的信号作为逻辑"0"，高到 $-3\,\text{V}$ 的信号作为逻辑"1"。

因此，RS-232C 不能和 TTL 电平直接相连，否则将使 TTL 电路烧坏，实际应用时必须注意。RS-232C 和 TTL 电平之间必须进行电平转换，常用的电平转换集成电路有 MAX232，其典型应用如图 9-9 所示。

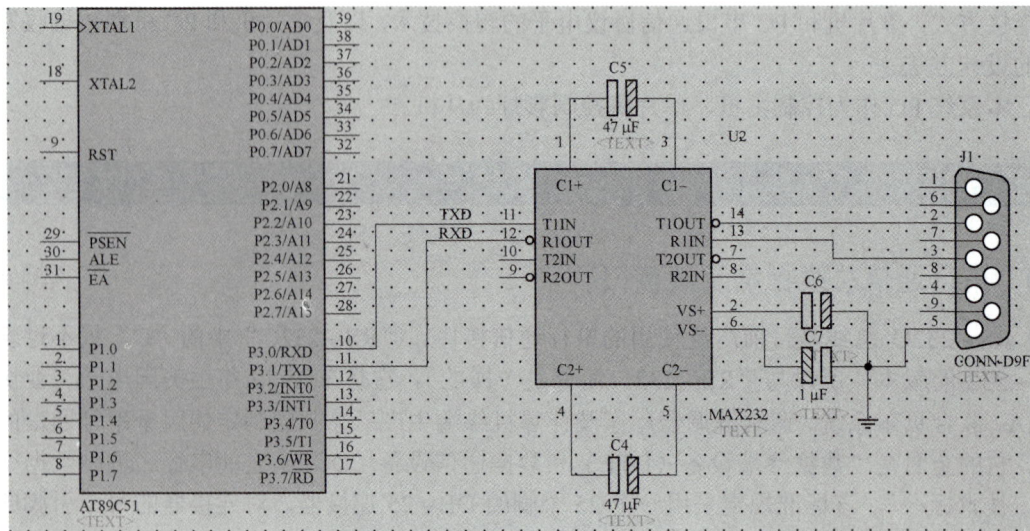

图 9-9 MAX232 典型应用电路图

任务实施

1. 任务分析

从硬件角度分析，系统控制端为 PC 端，单片机系统端接收到命名后控制 P0 口的 LED 灯点亮或者熄灭。

从软件角度分析，主、从机双方按照通信协议进行通信。协议说明：

（1）通过 PC 键盘发出 10H 作为启动命令，单片机接收到后开启彩灯，单片机再发送 10H 作为应答信号，PC 收到应答信号后显示在串口助手。

（2）通过 PC 键盘发出 11H 命令，单片机接收到后彩灯熄灭，单片机再发送 11H 作为应答信号，PC 机串口助手显示 11H。

（2）设置主、从机的波特率为 2 400 b/s；帧格式为 10 位，包括 1 位起始位、8 位数据位和 1 位停止位。

2. 电路设计

PC 远程控制 LED 灯系统，发送端为 PC 机，接收端为单片机系统，其电路主要包括单片机最小系统、MAX232、LED 指示灯，电路结构如图 9-10 所示。

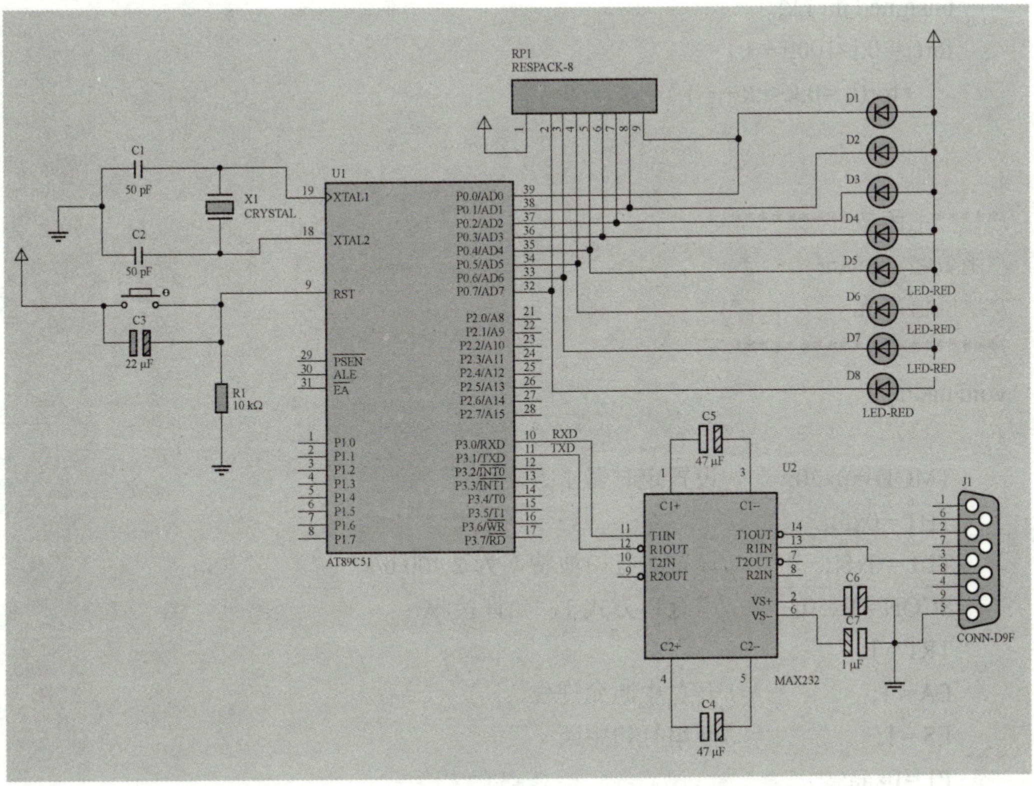

图 9-10　接收端硬件电路设计

3. 程序设计

```
/********************单片机接收端程序设计********************/
/*功能：单片机通过异步串行通信方式接收 PC 远程命令，控制 LED 灯的亮灭 */
```

```
/*                                                              */
/********************************************************/
#include <reg51.h>
void ledrun();        //函数声明
void ledstop();       //函数声明
unsigned int flag = 0;   //定义全局变量作为彩灯运行标志位
/********************延时函数*****************/
/*函数名：   delay()                                        */
/*函数功能：实现软件延时                                    */
/*形式参数：无符号整型变量 i，控制空循环的循环次数*/
/*返回值：无                                                */
/********************************************/
void delay(unsigned int i)
{
    unsigned int j,k;
    for(j = 0;j<100;i + + )
        for(k = 0;k<i;k + + )
            ;
}
/*****主函数*********/
/*函数名：main()        */
/*返回值：无            */
/*****************/
void main()
{
    TMOD = 0x20;      //设置定时器 1 方式 2
    TH1 = 0xf4;
    TL1 = 0xf4;       //设置串行口波特率为 2 400 b/s
    SCON = 0x50;      //串行口方式 1，允许接收
    TR1 = 1;
    EA = 1;           //开总中断允许位
    ES = 1;           //开串行口中断
    P1 = 0xaa;
    while(1)
    {
    if(flag = = 1)    //接收到彩灯运行命令
        ledrun();
```

```
        if(flag==2)        //接收到彩灯停止命令
            ledstop();
    }
}
```

/**********LED 点亮函数************/
```
/*函数名：  ledrun( )                    */
/*函数功能：控制 P1 口的 LED 灯点亮*/
/*形式参数：无                       */
/*返回值：无                         */
/********************************/
void ledrun()
{
    unsigned char led[]={0x00,0x01,0x03,0x0f,0x1f,0x3f,0x5f,0xff};
//定义数组存放 LED 灯的状态
    unsigned char i;            //定义循环变量
    for(i=0;i<8;i++)
    {
     P1=led[i];              //控制 P1 端口发光二极管点亮
     delay(100);             //调用延时子函数
    }
}
```

/**********LED 熄灭子函数*********/
```
/*函数名：  ledstop( )              */
/*函数功能：控制 P1 口的 LED 灯全灭*/
/*形式参数：无                  */
/*返回值：无                    */
/********************************/
void ledstop( )
{
    P1=0x00;
}
```

/**********串口中断服务子程序*********/
```
/*函数名：serial( ) */
/*函数功能：响应串口中断，并根据接收的*/
/*                命令设置彩灯运行标志*/
/*形式参数：无                    */
/*返回值：无                      */
```

```
/***********************************/
void serial() interrupt 4
{
    EA = 0;                          //关中断
    if(RI == 1)                      //接收到数据
    {
        RI = 0;                      //软件清除中断标志位
        if(SBUF == 0x01)             //判断是否为彩灯运行命令
        {
         flag == 1;                  //设置彩灯运行标志
         SBUF = 0x10;                //将收到 10H 命令回发给主机
         while(!TI);                 //查询发送
         TI = 0;                     //发送成功, 由软件清零
        }
        if(SBUF == 0x11)             //判断是否为彩灯停止命令
        {
         flag == 2;                  //设置彩灯停止标志
         SBUF = 0x11;                //将收到的 11H 命令回发给主机
         while(!TI);                 //查询发送
         TI = 0;                     //发送成功, 由软件清零
        }
    }
    EA = 1;                          //开中断
}
```

任务小结

在单片机与 PC 机通信中, PC 端串口助手波特率设置要与单片机接收端波特率一致, 数据位以及停止位与单片机接收端工作模式一致。

任务拓展　串行口控制数码管显示

任务描述

MCS-51 系列单片机在实际应用中常需要扩展 I/O 端口, 采用串行口扩展并行 I/O 是应用最广泛的方法之一。

本任务采用串行口扩展并行输出口的方法, 控制 1 位静态 LED 数码管显示。

任务实施

1. 任务分析

从硬件角度分析，系统由单片机最小系统、74LS164以及数码管构成。串行数据从RXD（P3.0）端输入或输出，同步移位脉冲由TXD（P3.1）送出。

从软件角度分析，设置单片机串口工作于方式0，将数码管字型码从串口发送端依次送出。

2. 电路设计

根据以上分析，串行口控制数码管显示电路设计如图9-11所示。

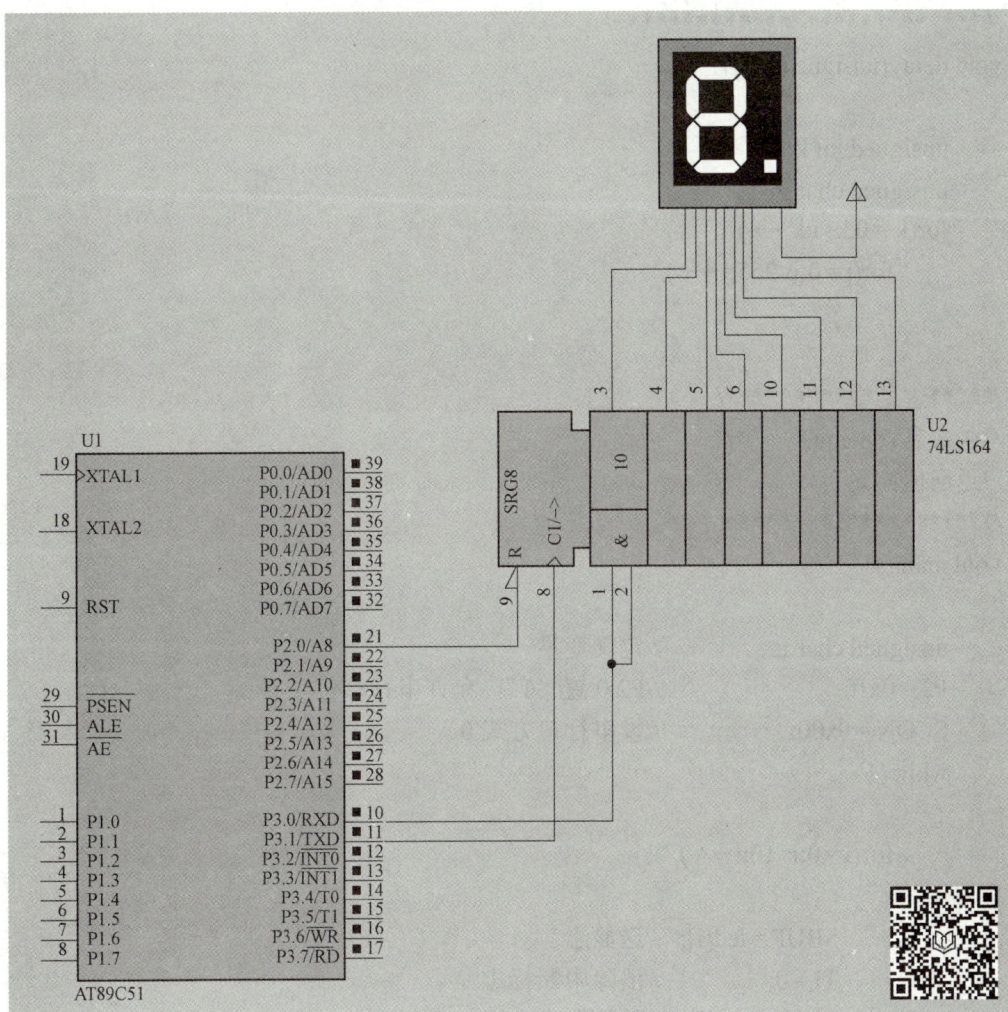

图 9-11 串行口扩展 I/O 口控制数码管

3. 程序设计

/*********************串行口扩展 I/O 程序设计****************/

/*功能：通过单片机的串行口扩展 8 位 I/O，控制数码管静态显示*/

```
/*******************************************************/
#include <reg51.h>
unsigned char led[] = {0xc0,0xf9,0xa4,0xb0,0x99,0x92,0x82,0xf8,0x80,0x90};
                                    //共阳极数码管字型码
/**********延时函数**********/
/*函数名：  delay()            */
/*函数功能：实现软件延时       */
/*形式参数：无符号整型变量 i,*/
/*        控制空循环的循环次数*/
/*返回值：无                   */
/*************************/
void delay(unsigned int i)
{
    unsigned int k;
    unsigned char j;
    for(k = 0;k<i;k + + )
        for(j = 0;j<255;j + + )
            ;
}
/*****主函数*********/
/*函数名：main()     */
/*返回值：无          */
/*****************/
void main()
{
    unsigned char i;        //定义变量
    P2 = 0xff;              //P2.0 置"1"，允许串行移位
    SCON = 0x00;           //设串行口方式 0
    while(1)
    {
        for(i = 0;i<10;i + + )
        {
            SBUF = led[i]; //送显示
            TI = 0;         //清除中断标志
            while(!TI);     //等待发送完毕
            delay(500);
        }
    }
}
```

任务小结

本任务通过串行口对移位寄存器 74LS164 写入数据，然后再逐一送到输出端口，控制数码管。由此可见，在实时性要求不高的场合，可采用串行可扩展并行 I/O 的方法，大大节省单片机的 I/O 口资源。

项目微课与视频

串行口的工作方式

项目知识总结

本项目通过单片机与单片机之间的双机通信、PC 机与单片机之间的双机通信以及单片机串口扩展并行 I/O 的系统设计，详细介绍了以下内容：

（1）串行口的工作特点；

（2）MCS－51 系列单片机串行口结构以及工作方式；

（3）单片机之间的双机通信设计；

（4）单片机与 PC 机串行通信设计；

（5）单片机串行口扩展并行 I/O 方法。

习　　题

一、填空题

1. 串行通信按照数据传送方向分，可分为_____、_____和_____。

2. 异步通信的一个重要指标为_____，表示每秒钟传送二进制的位数，单位为_____。

3. MCS－51 系列单片机内部有_____个可编程全双工串行通信接口，该串行口有_____种工作方式。

4. 串行口结构中_____寄存器可同时发送和接收数据，公用一个地址。

二、选择题

1. 单片机输出信号是（　　）电平。

A. RS－232　　　　B. TTL　　　　　　C. RS－449　　　　　　D. RS－232C

2. 串行口的控制寄存器为（　　　）。

A. RI　　　　　　B. SCON　　　　　C. RXD　　　　　D. REN

3. 串行口工作于方式 1 时数据格式为（　　　）位数据。

A. 10 位　　　　B. 8 位　　　　C. 11 位　　　　D. 12 位

4. 串行口工作于方式 0 时，其波特率（　　　）。

A. 取决于定时器 1 的溢出率

B. 取决于 PCON 中的 SMOD 位

C. 取决于时钟频率

D. 取决于 PCON 中的 SMOD 位和定时器 1 的溢出率

三、实践题

1. 编程实现单片机双机点对点通信，甲机发送验证码（如 123456），乙机接收到后显示到数码管中，并返回 01H，甲机接收到后，点亮指示灯。

2. 利用串行口设计 2 位静态数码管显示，要求 2 位数码管每隔 1s 交替显示"09"和"12"。

项目十 串行扩展设计

任务 1　数据存储系统设计

任务描述

要求设计一个数据存储系统，能将输入的数据存储并读取。

该系统由控制器、输入设备、输出设备和存储设备构成。利用矩阵键盘输入数据，按确定键将数据存储到芯片 AT24C02，按清零键将显示数据清除，再按读取数据键可将存到存储芯片内的数据读取出来，并用数码管显示。

相关知识

10.1　I²C 总线

10.1.1　I²C 总线概述

I²C 总线是 PHILIPS 公司推出的一种串行总线，是具备多主机系统所需的包括总线裁决和高低速器件同步功能的高性能串行总线。I²C 总线只有两根双向信号线。一根是数据线 SDA，另一根是时钟线 SCL，如图 10-1 所示。

I²C 总线通过上拉电阻接正电源。当总线空闲时，两根线均为高电平。连到总线上的任一器件输出的低电平，都将使总线的信号变低，即各器件的 SDA 及 SCL 都是线"与"关系。如图 10-2 所示。

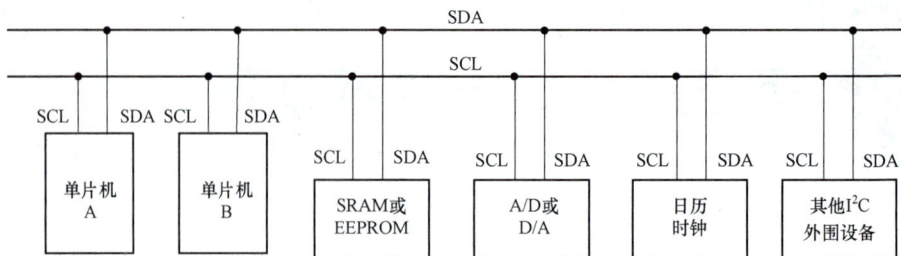

图 10-1 I²C 总线结构图

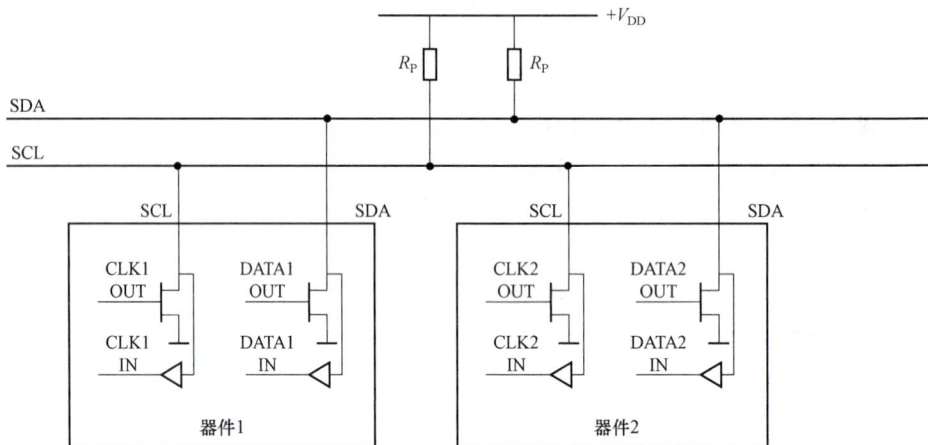

图 10-2 I²C 总线逻辑结构图

每个接到 I²C 总线上的器件都有唯一的地址。主机与其他器件间的数据传送可以是由主机发送数据到其他器件，这时主机即为发送器。由总线上接收数据的器件则为接收器。在多主机系统中，可能同时有几个主机企图启动总线传送数据。为了避免混乱，I²C 总线要通过总线仲裁，以决定由哪一台主机控制总线。

10.1.2 I²C 总线数据传送

1. 数据位的有效性规定

I²C 总线进行数据传送时，时钟信号为高电平期间，数据线上的数据必须保持稳定，只有在时钟线上的信号为低电平期间，数据线上的高电平或低电平状态才允许变化，如图 10-3 所示。

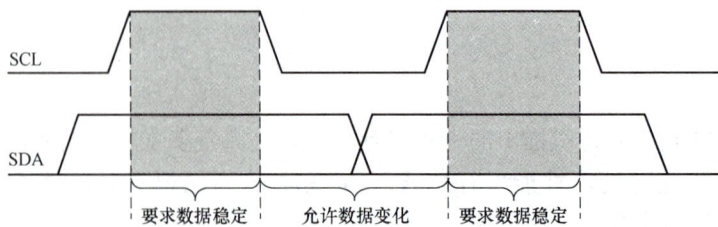

图 10-3 I²C 总线时序图

2. 起始信号和终止信号

SCL 线为高电平期间，SDA 线由高电平向低电平的变化表示起始信号；SCL 线为高电平期间，SDA 线由低电平向高电平的变化表示终止信号，如图 10-4 所示。

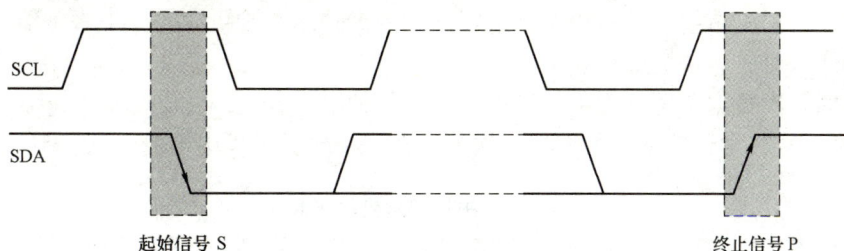

图 10-4　I²C 总线起始和终止时序图

　　起始信号和终止信号都是由主机发出的，在起始信号产生后，总线就处于被占用的状态；在终止信号产生后，总线就处于空闲状态。连接到 I²C 总线上的器件，若具有 I²C 总线的硬件接口，则很容易检测到起始信号和终止信号。接收器件收到一个完整的数据字节后，有可能需要完成一些其他工作，如处理内部中断服务等，可能无法立刻接收下一个字节，这时接收器件可以将 SCL 线拉成低电平，从而使主机处于等待状态。直到接收器件准备好接收下一个字节时，再释放 SCL 线使之为高电平，从而使数据传送可以继续进行。

3. 数据传送格式

（1）字节传送与应答。

　　每一个字节必须保证是 8 位长度。数据传送时，先传送最高位（MSB），每一个被传送的字节后面都必须跟随一位应答位（即一帧共有 9 位），如图 10-5 所示。

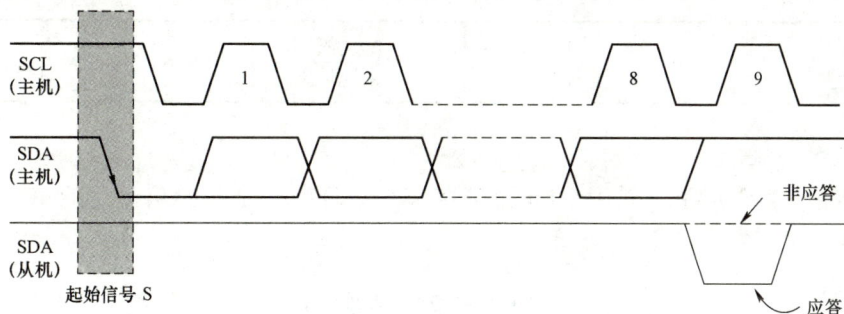

图 10-5　I²C 总线时序图

　　由于某种原因，从机不对主机寻址信号应答时（如从机正在进行实时性的处理工作而无法接收总线上的数据），它必须将数据线置于高电平，而由主机产生一个终止信号以结束总线的数据传送。

　　如果从机对主机进行了应答，但在数据传送一段时间后无法继续接收更多的数据时，从机可以通过对无法接收的第一个数据字节的"非应答"通知主机，主机则应发出终止信号以结束数据的继续传送。

　　当主机接收数据时，它收到最后一个数据字节后，必须向从机发出一个结束传送的信号。这个信号是由对从机的"非应答"来实现的。然后，从机释放 SDA 线，以允许主机产生终止信号。

（2）数据帧率格式。

　　I²C 总线上传送的数据信号是广义的，既包括地址信号，又包括真正的数据信号。在起始信号后必须传送一个从机的地址（7 位），第 8 位是数据的传送方向位（R/T），用"0"表示主机发送数据（T），"1"表示主机接收数据（R）。每次数据传送总是由主机产生的终止信号结束。但是，若主机希望继续占用总线进行新的数据传送，则可以不产生终止信号，马上再次发出起始信号对另一从机进行寻址。

在总线的一次数据传送过程中，可以有以下几种组合方式：

① 主机向从机发送数据，数据的传送方向在整个传送过程中不变，见表 10-1。

表 10-1　主机向从机发送数据

S	从机地址	0	A	数据	A	数据	A/$\overline{A}$	P

有阴影部分表示数据由主机向从机传送，无阴影部分则表示数据由从机向主机传送。A 表示应答，$\overline{A}$ 表示非应答（高电平）。S 表示起始信号，P 表示终止信号。

② 主机在第一个字节后，立即从从机读数据，见表 10-2。

表 10-2　主机读从机数据

S	从机地址	1	A	数据	A	数据	$\overline{A}$	P

③ 传送过程中，当需要改变传送方向时，起始信号和从机地址都被重复产生一次，但两次读/写方向位正好反向，见表 10-3。

表 10-3　数据传送过程

S	从机地址	0	A	数据	A/$\overline{A}$	S	从机地址	1	A	数据	$\overline{A}$	P

4. 总线的寻址

I²C 总线有明确规定，采用 7 bit 寻址字节（寻址字节是起始信号后的第一个字节），见表 10-4。

表 10-4　7 bit 寻址字节

位	7	6	5	4	3	2	1	0
			从机地址的 3 位可编程位			R/$\overline{W}$		

D7～D1 位组成从机的地址。D0 位是数据传送方向位，为"0"时表示主机向从机写数据，为"1"时表示主机由从机读数据。

主机发送地址时，总线上的每个从机都将这 7 位地址码和自己的地址比较，如果相同，则认为自己被主机寻址，根据 R/T 位将自己确认为发送器或者接收器。

从机的地址由固定部分和可编程部分组成。在一个系统中，可能希望接入多个相同的从机，从机地址中可以编程的部分决定了可接入总线该类器件的最大数目。如一个从机的 7 位寻址位有 4 位是固定位，3 位是可编程位，这时仅能寻址 8 个同样的器件，即可以有 8 个同样的器件接入到该 I²C 总线系统中。

10.2　AT24C02

10.2.1　AT24C02 简介

AT24C02 是美国 Atmel 公司的低功耗 CMOS 型 EEPROM，内含 256×8 位存储空间，具有工作电压宽（2.5～5.5 V）、擦写次数多（大于 10 000 次）、写入速度快（小于 10 ms）、抗干扰能力强、数据不易丢失、体积小等特点。并且它是采用 I²C 总线方式进行数据读写的串行操作，只占用很少的资源和 I/O 线。AT24C02 有一个 16 字节页写缓冲器，该器件通过 I²C 总线接口进行操作，还有一个专门的写保护功能。

10.2.2　AT24C02 的引脚功能

AT24C02 引脚图如图 10-6 所示。

SCL：串行时钟输入引脚，用于产生器件所有数据发送或接收的时钟。

SDA：双向串行数据/地址引脚，用于器件所有数据的发送或接收。

A0、A1、A2：器件地址输入端。这些输入脚用于多个器件级联时设置器件地址，当这些脚悬空时默认值为 0。使用 AT24C02 最大可级联 8 个器件，如果只有一个 AT24C02 被总线寻址，这三个地址输入脚 A0、A1、A2 可悬空或连接到 VSS 引脚。

WP：写保护。如果 WP 引脚连接到 VCC 引脚，所有的内容都被写保护，只能读。当 WP 引脚连接到 VSS 引脚或悬空，允许器件进行正常的读/写操作。

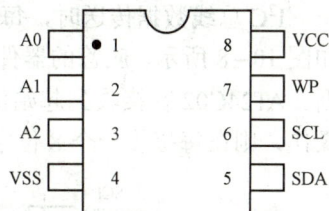

图 10-6　AT24C02 引脚图

VSS：电源地（GND）。

VCC：电源电压（+5 V）。

10.2.3　AT24C02 的工作原理

AT24C02 支持 I²C 总线数据传送协议，I²C 总线协议规定：任何将数据传送到总线的器件作为发送器，任何从总线接收数据的器件为接收器。数据传送是由产生串行时钟和所有起始停止信号的主器件控制的，主器件和从器件都可以作为发送器或接收器，但由主器件控制传送数据发送或接收的模式。I²C 总线协议定义如下：

（1）只有在总线空闲时才允许启动数据传送。

（2）在数据传送过程中，当时钟线为高电平时，数据线必须保持稳定状态，不允许有跳变，时钟线为高电平时，数据线的任何电平变化将被看作总线的起始信号或停止信号。

如图 10-7 所示，时钟线保持高电平期间，数据线电平从高到低的跳变作为 I²C 总线的起始信号。时钟线保持高电平期间，数据线电平从低到高的跳变作为 I²C 总线的停止信号。

主器件通过发送一个起始信号启动发送过程，然后发送它所要寻址的从器件的地址。8 位从器件地址的高 4 位固定为 1010（见表 10-5），接下来的 3 位 A2、A1、A0 为器件的地址位，用来定义哪个器件以及器件的哪个部分被主器件访问。从器件 8 位地址的最低位作为读写控制位。"1"表示对从器件进行读操作，"0"表示对从器件进行写操作。

在主器件发送起始信号和从器件地址字节后，AT24C02 监视总线并当其地址与发送的从地址相符时响应一个应答信号。通过 SDA 线 AT24C02 再根据读写控制位 R/W 的状态进行读或写操作。

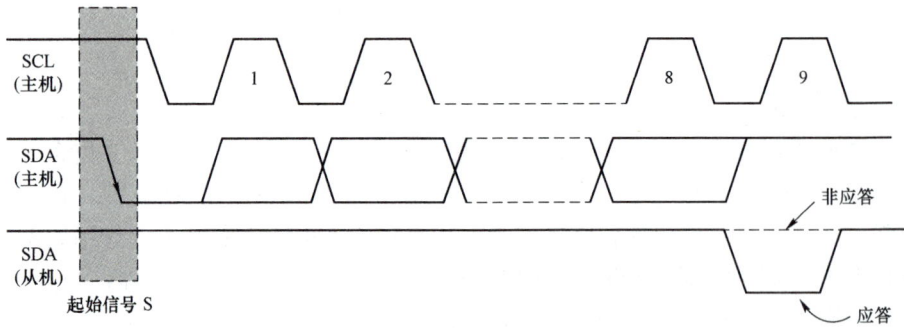

图 10-7   I²C 总线协议

表 10-5   AT24C02 控制字

1	0	1	0	A2	A1	A0	R/W

I²C 总线数据传送时，每成功地传送一个字节数据后，接收器都必须产生一个应答信号，如图 10-8 所示。应答的器件在第 9 个时钟周期时将 SDA 线拉低，表示其已收到一个 8 位数据。AT24C02 在接收到起始信号和从器件地址之后响应一个应答信号，如果器件已选择了写操作，则在每接收一个 8 位字节之后响应一个应答信号。

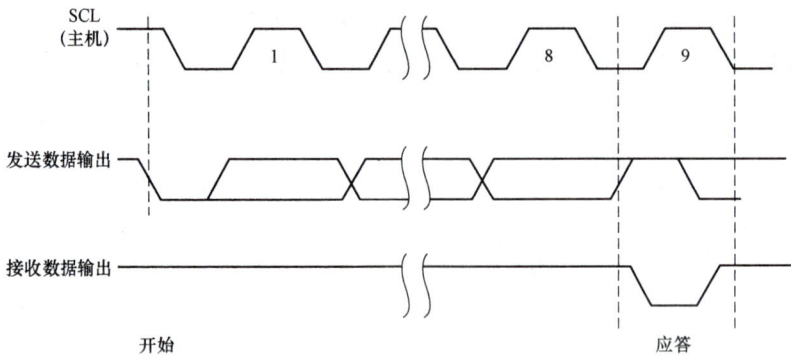

图 10-8   AT24C02 应答时序

当 AT24C02 工作于读模式时，在发送一个 8 位数据后释放 SDA 线并监视一个应答信号。一旦接收到应答信号，AT24C02 继续发送数据，如主器件没有发送应答信号，器件停止传送数据且等待一个停止信号。AT24C02 的写模式有字节写和页写两种。本设计中选择字节写模式，其时序如图 10-9 所示。该模式下，主器件发送起始命令和从器件地址信息（R/W 位置"0"）给从器件。在从器件产生应答信号后，主器件发送 AT24C02 的字节地址，主器件在收到从器件的另一个应答信号后，再发送数据到被寻址的存储单元。AT24C02 再次应答，并在主器件产生停止信号后开始内部数据的擦写。在内部擦写过程中，AT24C02 不再应答主器件的任何请求。

对 AT24C02 读操作的初始化方式和写操作时一样，仅把 R/W 位置为"1"。有三种不同的读操作方式：立即地址读、选择读和连续读。设计中需要一次性读出 16 字节的密码，故用连续读方式。

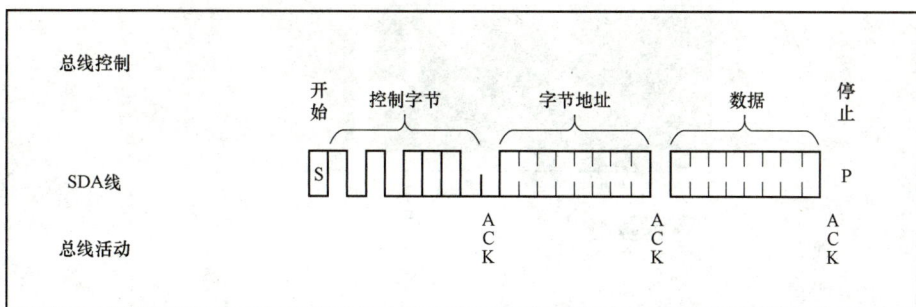

图 10-9 AT24C02 字节写时序

如图 10-10 所示，连续读操作可通过立即读或选择性读操作启动，在 AT24C02 发送完一个 8 位字节数据后，主器件产生一个应答信号来响应，告知 AT24C02 主器件要求更多的数据。对应每个主机产生的应答信号，AT24C02 将发送一个 8 位数据字节；当主器件不发送应答信号而发送停止位时结束此操作。

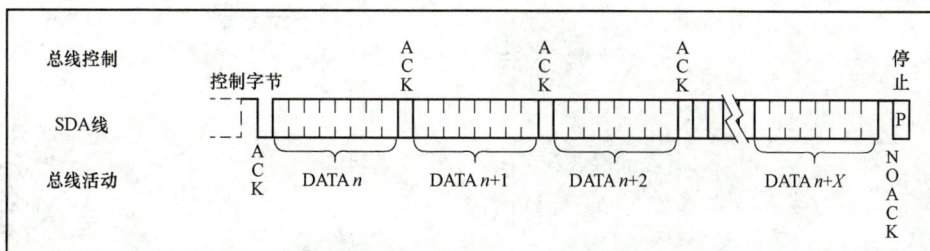

图 10-10 AT24C02 连续读时序

任务实施

1. 任务分析

从硬件角度分析，系统是由控制器（MSC-51 系列单片机）、输入设备（矩阵键盘）、输出设备（8 位数码管）和存储设备（AT24C02）构成的，通过矩阵键盘的 0~9 号按键输入数据，10 号按键作为输入确定键，按下之后可以将当前输入的数据保存到存储芯片 AT24C02 中，12 号键作为清零键，按下之后可以将当前输入清零，11 号键是读取键，按下之后将刚才存储的数据读取并通过数码管显示出来。

从软件的角度分析，矩阵键盘的输入和数码管的显示与我们在前面的项目里学习的都是一样的，这里重点是 AT24C02 的存储与读取。AT24C02 与单片机是通过 I^2C 协议与单片机进行串行通信的，需要根据 I^2C 协议规定的时序将 AT24C02 的读写函数编写好，然后再根据输入的指令来调用存储、读取函数。

2. 电路设计

数据存储系统设计电路如图 10-11 所示。

3. 程序设计

程序流程图如图 10-12 所示。

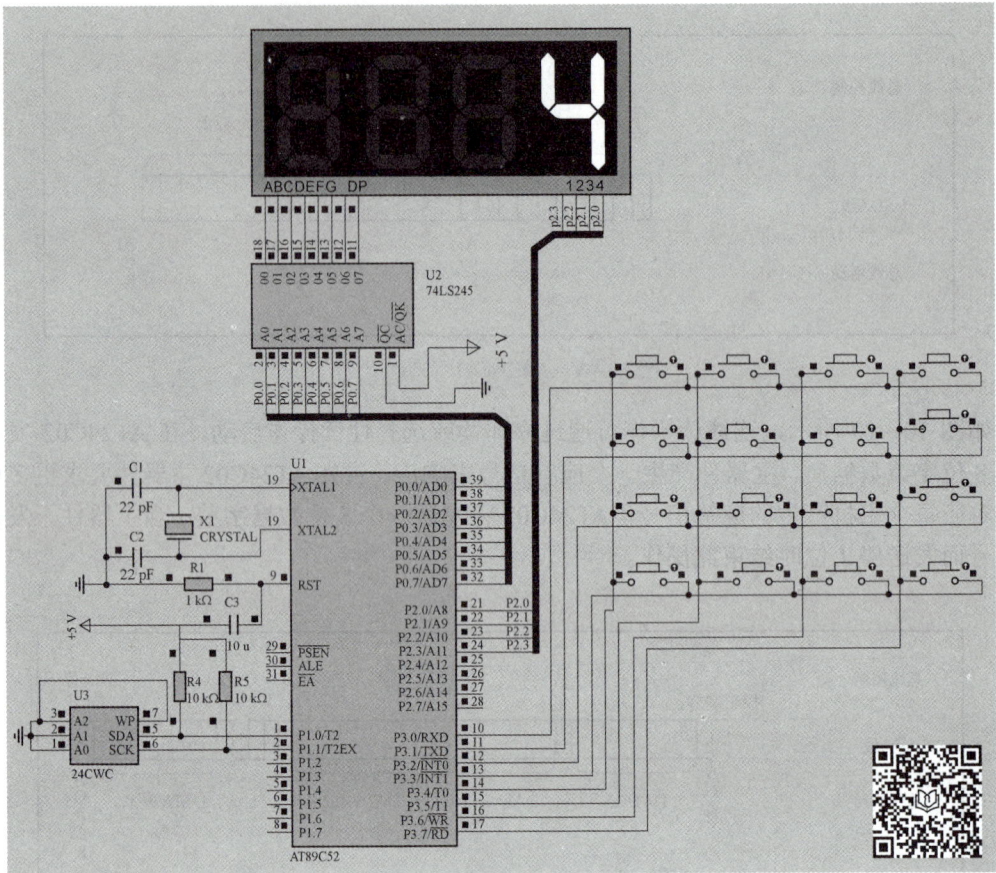

图 10-11 数据存储系统硬件电路设计（见彩插）

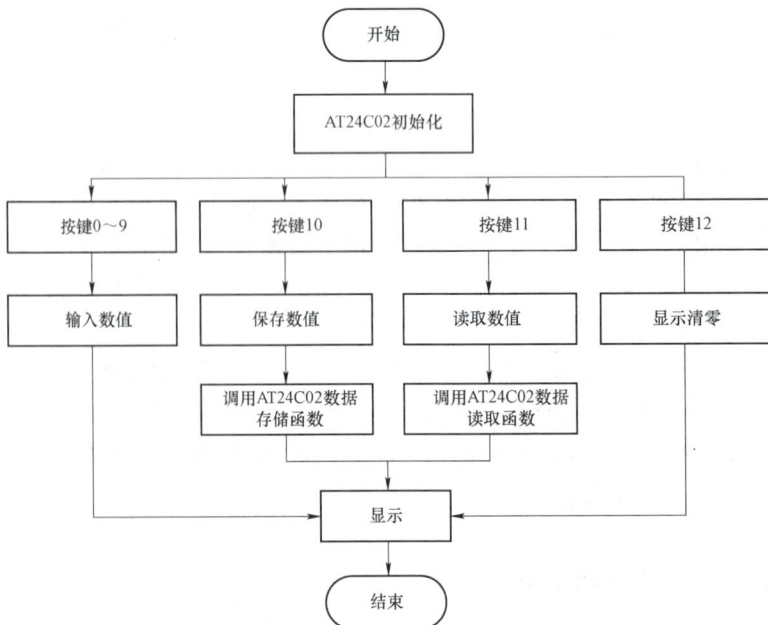

图 10-12 程序流程图

源程序如下：

```
/*************************************************************
*程序名称：数据存储系统
*程序功能：利用 AT24C02 存储数据
*************************************************************/
#include <reg52.h>
#include <intrins.h>
#include <at24c02.h>
#define uint unsigned int
#define uchar unsigned char
uchar led_code[10] = {0xc0,0xf9,0xa4,0xb0,0x99,0x92,0x82,0xf8,0x80,0x90 };//字符码表
uchar led_bit[4] = {0x01,0x02,0x04,0x08 };  //位选控制码表
uchar led_buf[4];                           //待显示缓存
uchar key_buf[4];                           //键值缓存
uchar key_code[8] = {0xfe,0xfd,0xfb,0xf7,0xef,0xdf,0xbf,0x7f };
uint n,i,x,m = 0 ;
uint num ;                                  //待显示数值
uint key ;                                  //键盘输入数值
uint storeNum = 0;
/*************************************************************
 *名称：delayms
 *功能：毫秒级延时函数
 *输入参数：延时时间（毫秒）
 *返回值：无
*************************************************************/
void delayms(uint ms)
{
    uint a,b ;
    for(a = 0;a<= ms;a ++)
    {
        for(b = 0;b<= 125;b ++);
    }
}
/*************************************************************
 *名称：delayms
 *功能：毫秒级延时函数
 *输入参数：延时时间（毫秒）
 *返回值：无
*************************************************************/
```

```
void counti()
{
    if(num>=1000)i=4 ;
    else if(num<1000&&num>=100)i=3 ;
    else if(num<100&&num>=10)i=2 ;
    else if(num<10)i=1 ;
}
/*************************************************************
 *名称：numToBuf
 *功能：把待显示数值存入待显示缓存
 *输入参数：无
 *返回值：无
 *************************************************************/
void numtobuf()
{
    led_buf[3]=num/1000 ;
    led_buf[2]=num%1000/100 ;
    led_buf[1]=num%100/10 ;
    led_buf[0]=num%10 ;
}
/*************************************************************
 *名称：Timer0
 *说明：定时器 T0, 1 ms 定时
 *功能：数码管动态扫描
 *输入参数：无
 *返回值：无
 *************************************************************/
void Timer0()interrupt 1
{
    TH0=0XFC ;
    TL0=0X18 ;
    counti();
    numtobuf();
    P2=~led_bit[n];
    P0=~led_code[led_buf[n]];
    n++ ;
    n=n%i ;
}
/*************************************************************
```

```
*名称：keyToNum
*功能：把键值缓存转化为数值
*输入参数：延时时间（毫秒）
*返回值：无
*****************************************************************/
void keytonum()
{
    num＝key_buf[3]*1000＋key_buf[2]*100＋key_buf[1]*10＋key_buf[0];
}


/*****************************************************************
*名称：Key_Scan
*功能：键盘扫描
*输入参数：无
*返回值：按键对应值（0~15）;无键按下返回 0x7f
*****************************************************************/

unsigned char Key_Scan(void)
{
    unsigned char i,n ;
    unsigned char key_temp ;
    P3＝0xf0 ;
    if((P3&0xf0)!＝0xf0)
    {
        delayms(50);
        if((P3&0xf0)!＝0xf0)
        {
            for(i＝0;i<4;i＋＋)
            {
                P3＝~(1<<i);
                n＝P3 ;
                n&＝0xf0 ;
                if(n!＝0xf0)
                {
                    switch(n)
                    {
                        case(0xe0):
                        key_temp＝i*4 ;
                        break ;
```

```
                                    case(0xd0):
                                    key_temp = 1 + i*4 ;
                                    break ;
                                    case(0xb0):
                                    key_temp = 2 + i*4 ;
                                    break ;
                                    case(0x70):
                                    key_temp = 3 + i*4 ;
                                    break ;
                                    default :
                                    key_temp = 0x7f ;
                                }
                            return key_temp ;
                        }
                    }
                }
            }
        return 0x7f ;
    }
/************************************************************
 *名称：key_dectde
 *功能：按键释放检测
 *返回值：键值
 ************************************************************/
unsigned int key_dectde(void)
{
    unsigned char temp1,temp2 ;
    temp1 = Key_Scan();
    if(temp1 = = 0x7f)
    return 0x7f ;
    do
    {
        temp2 = Key_Scan();
    }
    while(temp1 = = temp2);
    return temp1 ;
}
void main()
{
```

```
int k ;
//定时器 T0
TMOD = 0X01 ;
TH0 = 0XFC ;
TL0 = 0X18 ;
IE = 0X82 ;
TR0 = 1 ;
//AT24C02 初始化
init_2402();

while(1)
{
    key = key_dectde();                  //检测按键返回值

    if(key! = 0x7F)                      //有按键按下
    {
        if(key<10&&key> = 0)             //若为数字键（0～9），则输入数值
        {                                //键值缓存移位
            for(k = 0;k<m;k + + )
            {
                key_buf[m − k] = key_buf[m − 1 − k];
            }
            key_buf[0] = key ;
            m + + ;
            m = m%4 ;
            keytonum();                  //键值缓存转换为数值
        }
        else if(key = = 10)              //存储数据
        {
            write2402_data(0x20,num);   //写入 AT24C02

        }
        else if(key = = 11)              //读取数据
        {
            num = read_data(0x20);
        } else if(key = = 12)            //显示清零
        {
            uchar i = 0;
            for(i = 0;i<4;i + + )         //键值缓存四位赋值"0"
```

```
                    key_buf[i] = 0;
                num = 0;
            }
        }
    }
}
    /************************************************************
    *程序名称：AT24C02 驱动程序
    *程序功能：AT24C02 读写函数
    ************************************************************/
#define uchar unsigned char
sbit SDA = P1^0;                              //定义 SDA 线为 P1.0 口
sbit SCL = P1^1;                              //定义 SCL 线为 P1.1 口
/************************************************************
 *名称：star_signal()
 *功能：在 SCL 为高电平时，SDA 从高电平下降为低电平表示 AT24C02 的
 *            开始信号
 *输入：
 *返回值：
 ************************************************************/

void star_signal()
{
    SDA = 1;                                 //SDA 为高电平
    _nop_();                                 //空指令
    SCL = 1;                                 //SCL 为高电平
    _nop_();                                 //空指令
    SDA = 0;                                 //SAD 复位
    _nop_();                                 //空指令
}
/************************************************************
 *名称：stop_signal()
 *功能：在 SCL 为高电平时，SDA 从低电平下降为高电平表示 AT24C02
 *            的停止信号
 *输入：
 *返回值：
 ************************************************************/
void stop_signal()
{
```

```
    SDA = 0;                                    //SDA 清零
    _nop_();                                    //空指令
    SCL = 1;                                    //SCL 置 "1"
    _nop_();                                    //空指令
    SDA = 1;                                    //SDA 置 "1"
    _nop_();                                    //空指令
}
```

```
/************************************************************
 *名称：response_clock()
 *功能：应答时钟，每一次读写都要发送应答时钟，判断是否读
 *         写到数据
 *输入：
 *返回值：
 ************************************************************/
void response_clock() {
    uchar i;
    SCL = 1;                                    //SCL 置位
    _nop_();                                    //空指令
    while((SDA == 1)&&(i<256))                  //等待
        i++;
    SCL = 0;                                    //SCL 复位
    _nop_();                                    //空指令
}
```

```
/************************************************************
 *名称：rwrite_byte(uchar byte)
 *功能：写一个字节
 *输入：写入一个字节数据
 *返回值：
 ************************************************************/
void write_byte(uchar byte)
{
    uchar temp,i;
    temp = byte;
    for(i = 0;i<8;i++)                          //串行发送一个字节是需要把
                                                //这个字节中的 8 位一位一位
                                                //地发送出去，temp = temp<<1,
    {                                           //表示将 temp 左移一位，最高
                                                //位将移入 PSW 寄存器
                                                //的 CY 位中，然后将
```

227

```
                                        //CY 赋给 SDA，进而在
    temp = temp<<1;                     //SCL 的控制下发送出去
    SCL = 0;                            //SCL 复位
    _nop_();
    SDA = CY;                           //CY 赋给 SDA
    _nop_();
    SCL = 1;                            //SCL 置位
    _nop_();
    }
    SCL = 0;                            //SCL 复位
    _nop_();
    SDA = 1;                            //SDA 置位
    _nop_();
}
/*************************************************
 *名称：read_byte()
 *功能：读一个字节
 *输入：
 *返回值：
 **************************************************/

uchar read_byte()
{
    uchar temp,i;
    SCL = 0;                            //SCL 复位
    _nop_();
    SDA = 1;                            //SDA 置位
    _nop_();
    for(i = 0;i<8;i++)                  //串行接收字节时将 8 位一位
                                        //一位地接收，然后再组合成
                                        //一个字节代码，将 temp 左移
    {                                   //一位后与 SDA 进行"或"运
        SCL = 1;                        //算，表示依次把 8 个独立的位
                                        //放入一个字节中来完成一个字
                                        //节的接收

        _nop_();
        temp = (temp<<1)|SDA;
```

```
        SCL = 0;
        _nop_();
    }
    return temp;
}
/***********************************************************
 *名称：write2402_data(uchar add,uchar date)
 *功能：写数据
 *输入：add 为地址，date 为数据
 *返回值：
 ***********************************************************/
void write2402_data(uchar add,uchar date)
{
    star_signal();                          //启动信号
    write_byte(0xa0);                       //AT24C02 的写命令
    response_clock();                       //应答信号
    write_byte(add);                        //写地址
    response_clock();                       //应答信号

    write_byte(date);                       //写数据
    response_clock(); /                     //应答信号
    stop_signal();                          //停止信号
}
/***********************************************************
 *名称：uchar read_data(uchar add)
 *功能：读数据
 *输入：add 为地址
 *返回值：读取的数据
 ***********************************************************/
uchar read_data(uchar add)
{
    uchar date;
    star_signal();                          //启动信号
    write_byte(0xa0);                       //AT24C02 写读命令
    response_clock();                       //应答信号
    write_byte(add);                        //要先写一下要读数据的地址，
                                            //然后才能读数据
    response_clock();                       //应答信号
    star_signal();                          //启动信号
```

```
    write_byte(0xa1);                        //AT24C02 的读命令
    response_clock();                        //应答信号
    date = read_byte();                      //读数据
    stop_signal();                           //停止信号
    return date;                             //返回数据
}
/**********************************************************
 *名称：   init_2402()
 *功能：初始化
 *输入：
 *返回值：
 **********************************************************/

void init_2402()
{
    SCL = 1;                                 //SCL 置位
    _nop_();
    SDA = 1;                                 //SDA 置位
    _nop_();
}
```

任务小结

（1）本项目通过制作一个数据存储系统，涉及 I²C 总线协议、芯片 AT24C02 的结构和工作过程以及编程方法。

（2）I²C 总线是一种用于 IC 器件之间连接的二线制总线。它通过 SDA（串行数据线）及 SCL（串行时钟线）两根线在连到总线上的器件之间传送信息，并根据地址识别每个器件。

任务 2　串行驱动数码管设计

任务描述

在前面我们了解了单片机通过驱动电路并行驱动数码管的原理及编程方法，我们知道一个 8 位的数码管并行驱动需要 16 个端口，在端口有限的情况下，就没法通过并行驱动的方式实现，在这个任务中我们采用 2 片 74HC595 芯片，通过 SPI 协议串行驱动 8 位数码管，这样只需要 3 个端口就可以实现。

10.3 SPI 协议

10.3.1 SPI 总线协议概述

同步外设接口（SPI）是由摩托罗拉公司开发的全双工同步串行总线，该总线大量用在与 EEPROM、ADC、FRAM 和显示驱动器之类的慢速外设器件通信。

SPI（Serial Peripheral Interface）是一种串行同步通信协议，由一个主设备和一个或多个从设备组成，主设备启动一个与从设备的同步通信，从而完成数据的交换。SPI 接口由 SDI（串行数据输入）、SDO（串行数据输出）、SCK（串行移位时钟）、CS（从使能信号）四种信号构成。CS 决定了唯一的与主设备通信的从设备，如没有 CS 信号，则只能存在一个从设备，主设备通过产生移位时钟来发起通信。通信时，数据由 SDO 输出，SDI 输入，数据在时钟的上升或下降沿由 SDO 输出，在紧接着的下降或上升沿由 SDI 读入，这样经过 8/16 次时钟的改变，完成 8/16 位数据的传输。

10.3.2 SPI 通信

该总线通信基于主 – 从配置。它有以下 4 个信号：

MOSI：主出/从入；

MISO：主入/从出；

SCK：串行时钟；

SS：从属选择。芯片上"从属选择"（slave – select）的引脚数决定了可连到总线上的器件数量。

在 SPI 传输中，数据是同步进行发送和接收的。数据传输的时钟基于来自主处理器的时钟脉冲，摩托罗拉没有定义任何通用 SPI 的时钟规范。然而，最常用的时钟设置基于时钟极性（CPOL）和时钟相位（CPHA）两个参数，CPOL 定义 SPI 串行时钟的活动状态，而 CPHA 定义相对于数据位的时钟相位。CPOL 和 CPHA 的设置决定了数据取样的时钟沿。

10.3.3 数据方向和通信速度

SPI 传输串行数据时首先传输最高位。波特率可以高达 5 Mb/s，具体速度大小取决于 SPI 硬件。例如，Xicor 公司的 SPI 串行器件传输速度能达到 5 MHz。

10.3.4 SPI 总线接口及时序

SPI 总线包括 1 根串行同步时钟信号线以及 2 根数据线。

SPI 模块为了和外设进行数据交换，根据外设工作要求，其输出串行同步时钟极性和相位可以进行配置，时钟极性（CPOL）对传输协议没有重大的影响。如果 CPOL=0，串行同步时钟的空闲状态为低电平；如果 CPOL=1，串行同步时钟的空闲状态为高电平。时钟相位（CPHA）能够配置用于选择两种不同的传输协议之一进行数据传输。如果 CPHA=0，在串行同步时钟的第一个跳变沿（上升或下降）数据被采样；如果 CPHA=1，在串行同步时钟的第二个跳变沿（上升或下降）数据被采样。SPI 主模块和与之通信的外设时钟相位和极性应该一致。SPI 接口时序如图 10–13、图 10–14 所示。

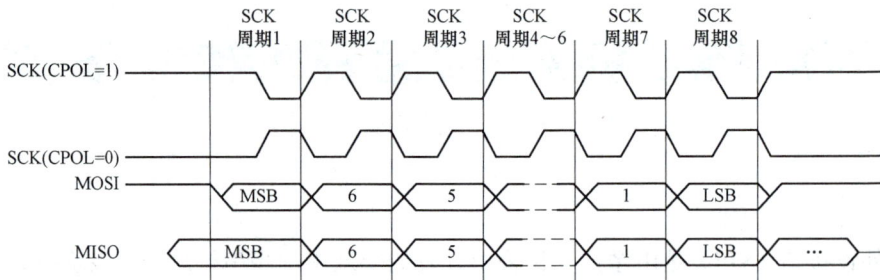

图 10 - 13　CPHA = 0 时 SPI 总线数据传输时序

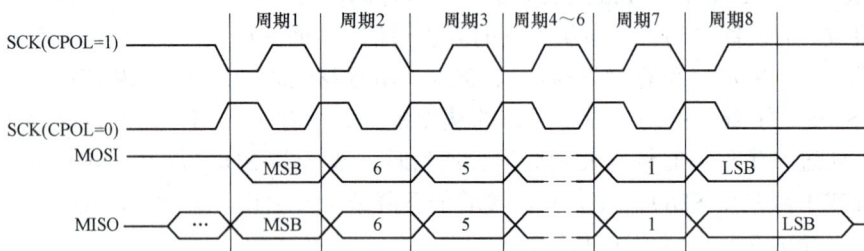

图 10 - 14　CPHA = 1 时 SPI 总线数据传输时序

　　SPI 是一个环形总线结构，由 SS（CS）、SCK、SDI、SDO 构成，其时序其实很简单，主要是在 SCK 的控制下，两个双向移位寄存器进行数据交换。

　　假设下面的 8 位寄存器装的是待发送的数据 10101010，上升沿发送、下降沿接收、高位先发送。

　　那么第一个上升沿来的时候数据将会是 SDO = 1，寄存器 = 0101010x。下降沿到来的时候，SDI 上的电平将锁存到寄存器中去，那么这时寄存器 = 0101010SDI，这样在 8 个时钟脉冲以后，两个寄存器的内容互相交换一次。这样就完成了一个 SPI 时序。

　　假设主机和从机初始化就绪：并且主机的 SBUFF = 0xaa，从机的 SBUFF = 0x55，表 10 - 6 将分步对 SPI 的 8 个时钟周期的数据情况演示一遍（假设上升沿发送数据）。

表 10 - 6　SPI 的 8 个时钟周期的数据情况

脉冲	主机 SBUFF	从机 SBUFF	SDI	SDO
0	10101010	01010101	0	0
1 上	0101010x	1010101x	0	1
1 下	01010100	10101011	0	1
2 上	1010100x	0101011x	1	0
2 下	10101001	01010110	1	0
3 上	0101001x	1010110x	0	1
3 下	01010010	10101101	0	1
4 上	1010010x	0101101x	1	0
4 下	10100101	01011010	1	0

续表

脉冲	主机 SBUFF	从机 SBUFF	SDI	SDO
5 上	0100101x	1011010x	0	1
5 下	01001010	10110101	0	1
6 上	1001010x	0110101x	1	0
6 下	10010101	01101010	1	0
7 上	0010101x	1101010x	0	1
7 下	00101010	11010101	0	1
8 上	0101010x	1010101x	1	0
8 下	01010101	10101010	1	0

这样就完成了两个寄存器 8 位的交换，表 10-6 中的"上"表示上升沿、"下"表示下降沿，SDI、SDO 是相对于主机而言的。其中 SS 引脚作为主机的时候，从机可以把它拉低被动选为从机，作为从机的时候，可以作为片选脚用。根据以上分析，一个完整的传送周期是 16 位，即两个字节，因为，首先主机要发送命令过去，然后从机根据主机的命令准备数据，主机在下一个 8 位时钟周期才把数据读回来。

SPI 总线是 Motorola 公司推出的三线同步接口，同步串行 3 线方式进行通信：一条时钟线 SCK，一条数据输入线 MOSI，一条数据输出线 MISO；用于 CPU 与各种外围器件进行全双工、同步串行通信。SPI 的主要特点有：可以同时发送和接收串行数据；可以当作主机或从机工作；提供频率可编程时钟；发送结束中断标志；写冲突保护；总线竞争保护等。SPI 总线工作的四种方式如图 10-15 所示，其中使用得最为广泛的是 SPI0 和 SPI3 方式（实线表示）。

图 10-15 SPI 总线四种工作方式

任务实施

1. 任务分析

从硬件角度分析，系统是由控制器、两片 74HC595 和 8 位数码管构成的。两片 74HC595 驱动 8 位共阴极数码管，一片作位选信号，另一片作段选信号。

单片机应用技术

从软件角度分析，本任务最主要的还是数码管的扫描，数码管的驱动分静态扫描和动态扫描两种，使用最多的是动态扫描，优点是使用较少的 MCU 的 I/O 口就能驱动较多位数的数码管。任务的核心还是单片机与 74HC595 的通信，在这里我们采用的 SPI 协议，根据 SPI 协议规则编写程序。

2. 电路设计

串行驱动数码管设计电路如图 10-16 所示。

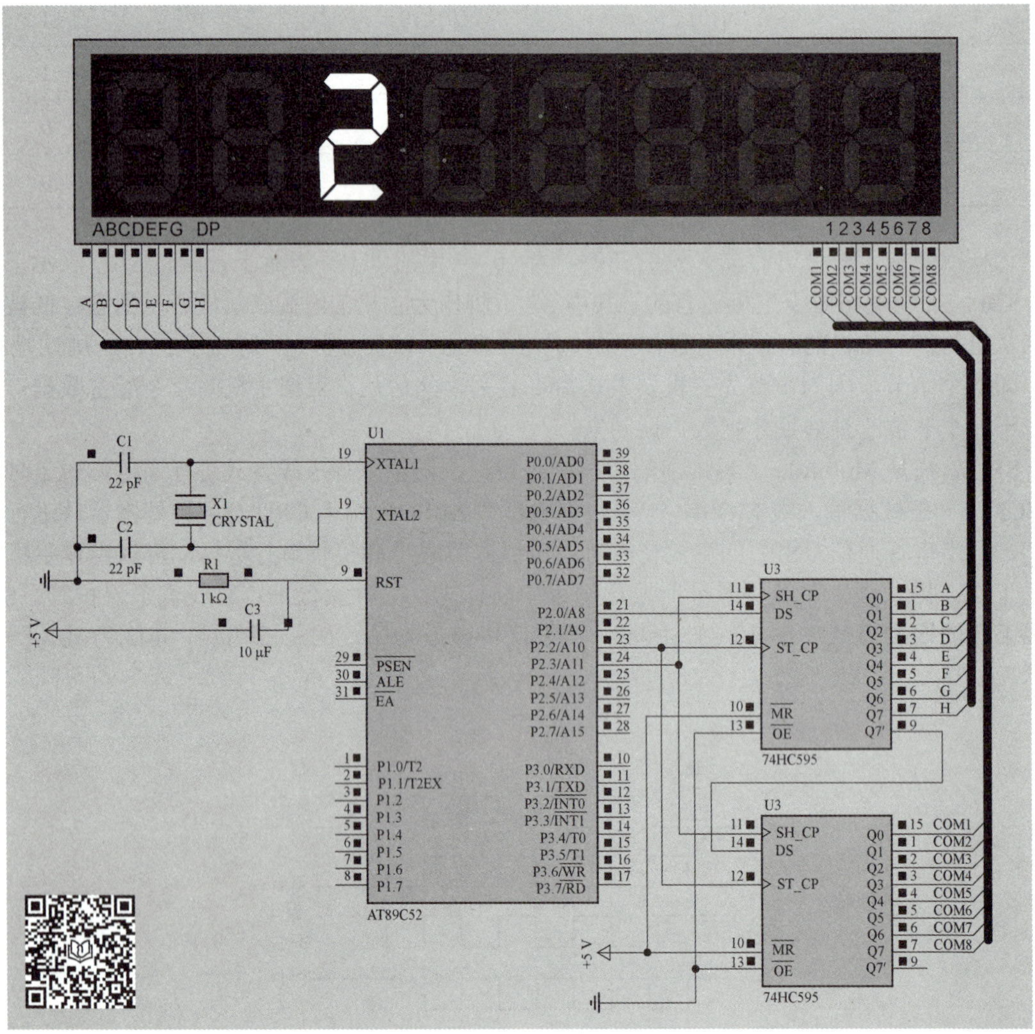

图 10-16　串行驱动数码管原理图

3. 程序设计

（1）程序流程图如图 10-17 所示。

234

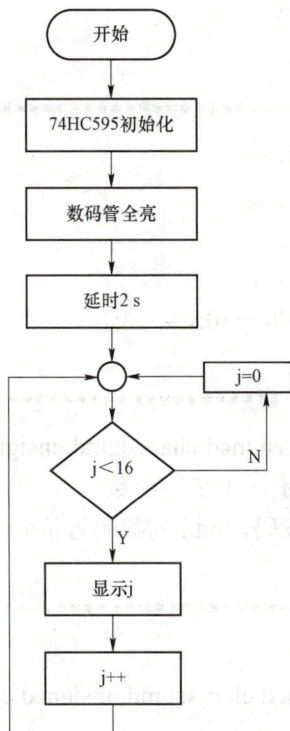

图 10－17 程序流程图

（2）源程序。

```
/*************************************************************
*程序名称：74HC595 驱动数码管
*程序功能：利用 74HC595 串行驱动数码管动态显示
*************************************************************/
# include <reg52.h>
unsigned char code segmcode[] = {0x3f,0x06,0x5b,0x4f,0x66,
0x6d,0x7d,0x07,0x7f,0x6f,0x77,0x7C,0x39,0x5E,0x79,0x71};
//共阴极数码管段码 0～f
unsigned char code bitcode[] = {0xfe,0xfd,0xfb,0xf7,0xef,0xdf,0xbf,0x7f};
                                    //8 位共阴极数码管位码
sbit ser = P2^0;                     //74HC595 串行数据输入
sbit oe = P2^1;                      //74HC595 使能，为"0"时输出数
                                     //据，为"1"时呈高阻态
sbit rclk = P2^2;                    //74HC595 数据锁存
sbit srclk = P2^3;                   //74HC595 串行时钟
/*************************************************************
    *名称：Delayms(unsigned int t)
    *功能：延时毫秒函数
```

```
       *输入：延时时间
       *返回值：
*************************************************************/
   void Delayms(unsigned int t)
   {
            unsigned int x,y;
            for(x = t;x>0;x – –)
                    for(y = 120;y>0;y – –);              //延时大约 1 ms
   }
/*************************************************************
    *名称：DTDisplayChar(unsigned char segmd,unsigned char bitd )
    *功能：任意位数码管显示一个字符函数
    *输入：segmd 为数码管段码，bitd 为数码管位码
    *返回值：
*************************************************************/

   void DTDisplayChar(unsigned char segmd,unsigned char bitd )
   {
            unsigned char i;
            unsigned int dat;
            dat = bitd;
            dat = dat<<8|segmd;                      //位码、段码合并为一个 int 型数据
            for(i = 0;i<16;i + +)                     //16 位数据从高位依次移入 74HC595
            {
                    ser = (dat&0x8000)?1:0;          //判断最高位，为真时取 "1"，
                                                     //为假时取 "0"
                        srclk = 1;                   //上升沿送数据
                        srclk = 0;
                        dat<< = 1;                   //左移取下一位
            }
            rclk = 1;                                //74HC595 锁存数据
            rclk = 0;
   }
   int main(void)
   {
            unsigned char j,k;
            oe = 0; rclk = 0;srclk = 0;
            DTDisplayChar(0xff,0x00);                //数码管全亮
```

```
        Delayms(2000);                          //延时 2 s，检查数码管是否有
                                                //缺画
        while(1)
        {
            for(j＝0;j<16;j＋＋)                 //逐个显示 0～f 这 16 个字符
                {
                    DTDisplayChar(segmcode[j],bitcode[j%8]);
                                                //从数组取出段码和位码
                    for(k＝0;k<5;k＋＋)   //每个字符闪烁 5 次
                    {
                        oe＝0;          //打开显示
                        Delayms(200);  //延时 200 ms
                        oe＝1;          //关闭显示
                        Delayms(200);
                    }
                }
        }
        return 0;
}
```

任务小结

（1）本任务通过串行驱动数码管，主要涉及单片机与 74HC595 利用 SPI 协议通信的硬件接口电路及编程方法。

（2）74HC595 具有 8 位移位寄存器和一个存储器，三态输出功能。移位寄存器和存储器有相互独立的时钟。74HC595 移位寄存器有一个串行移位输入（DS）、一个串行输出（Q7′）和一个异步的低电平复位，存储寄存器有一个并行 8 位的具备三态的总线输出，当使能 OE 时（为低电平），存储寄存器的数据输出到总线。

项目知识总结

本项目有两个任务，任务 1 通过 AT24C02 存储数据学习了 I²C 的时序及编程方法，任务 2 通过芯片 74HC595 的应用，学习了 SPI 总线的编程方法。

I²C 串行总线一般有两根信号线，一根是双向的数据线 SDA，另一根是时钟线 SCL。所有接到 I²C 总线设备上的串行数据 SDA 都接到总线的 SDA 上，各设备的时钟线 SCL 接到总线的 SCL 上。

SPI 的通信原理很简单，它以主从方式工作，这种模式通常有一个主设备和一个或多个从设备，需要至少 4 根线，事实上 3 根也可以（单向传输时）。也是所有基于 SPI 的设备共有

的，它们是 SDI（数据输入）、SDO（数据输出）、SCK（时钟）、CS（片选）。其中，CS 用于控制芯片是否被选中，也就是说只有片选信号为预先规定的使能信号时（高电位或低电位），对此芯片的操作才有效。这就允许在同一总线上连接多个 SPI 设备成为可能。

习　题

一、填空题

1. I^2C 总线中，SDA 线的作用是_____，SCL 线的作用是_____。

2. I^2C 总线空闲时，SCL 线为_____电平，SDA 线为_____电平。

3. I^2C 总线传输数据时，当 SCL 线为_____时，允许 SDA 线上变换数据。

4. 采用 4 线制的 SPI 协议分别是_____、_____、_____、_____。

二、简答题

1. 简述单片机 I^2C 接口芯片的寻址方式，并举例说明。

2. 简述 SPI 总线的工作时序。

3. 简述 SPI 总线的四种工作方式。

三、画图题

1. 画出 I^2C 总线启动信号时序图。

2. 画出 I^2C 总线应答信号时序图。

项目十一　单片机系统的设计与开发

任务1　水温水位控制系统

任务描述

要求设计并制作温度及水温自动控制系统。控制对象为能盛 1 L 水的容器。要求如下：

（1）温度设定范围为 40～90 ℃，最小区分度为 1 ℃，标准温差≤1 ℃。

（2）环境温度降低时（例如用电风扇或加入冷水降温）温度控制的静态误差≤1 ℃。

（3）用十进制数码显示水的实际温度。

（4）水温采用发光二极管以光柱形式和数码形式显示。

（5）当水位低于设定水位时，能自动补水，防止烧干而损坏电热管。

相关知识

11.1　单片机系统设计与开发的一般方法

11.1.1　总体方案设计

系统的总体方案设计就是根据设计任务，参考国内外同类产品的资料，进行必要的理论分析和计算，提出合理而可行的技术指标，并编写出详细设计技术方案。详细设计方案应包括产品名称、设计目的、系统功能要求、系统性能指标、设计周期、设计费用、单片机的选型、单片机的资源分配、人机界面的形式、通信协议等，对所选用器件的生产商、精度要求、使用环境要求等也都要在该技术方案中加以说明。

这个过程完成得好坏直接影响下一步的设计工作，一个好的设计方案往往要经过反复推敲和论证，最终达成共识。因此对于单片机应用系统的设计，最关键的一步就是系统总体方案设计。

11.1.2　硬件设计

所谓硬件设计，就是根据总体设计方案所确定的系统扩展所需要的存储器、I/O 接口电路、A/D 和 D/A 电路、通信接口电路等，设计出系统的电路原理图，并根据设计出来的电路原理图制作试验板或印制电路板（PCB）的过程。

为使硬件设计尽可能合理，系统硬件设计应注意以下几个方面：

（1）尽可能选择标准化、模块化的典型电路，提高设计的成功率和结构的灵活性。

（2）在条件允许的情况下，尽可能选择功能强、集成度高的电路或芯片。因为采用这种器件代替某一部分电路，不仅元件数量、接插件和相互连线减少，使系统可靠性增加，而且成本往往比用多个元件实现的电路要低。

（3）注意选择通用性强、市场货源充足的元器件，尤其对需大批量生产的场合，更应该注意这方面的问题。如果某种器件无法得到，也要能用其他元器件直接替换或只需对电路稍作修改就可使用其他器件替换。

（4）设计一个应用系统时，最好采取模块化设计，通常把中央控制单元、输入接口、输出接口、人机对话接口等分块进行设计，然后采用某种连接方式将其组合成一个完整的系统。

（5）系统的扩展及各功能模块的设计在满足应用系统功能要求的基础上，应适当留有余地，以备将来修改、扩展。如存储器的容量选择，在设计时采取多种不同容量芯片均能读写的电路（可设置跨接线选择）。

（6）设计时应尽可能地了解最新先进技术。现在电子技术的发展迅速，器件功能越来越强大，采取新技术、新工艺，所设计的系统就会具有更好的竞争力。如现在的单片机，有带看门狗的、有带 LCD 驱动的、有带 A/D 和 D/A 转换的等，如系统需要 LCD 驱动就可直接选择自带 LCD 驱动的单片机，而不需再设计 LCD 驱动电路，如程序存储器空间不够，就可直接选用较大存储空间的单片机而不需扩充程序存储器。

（7）在电路设计时，要充分考虑应用系统各部分的驱动能力。如发光二极管正常发光的驱动电流在 15 mA 左右，能否直接用单片机 I/O 口驱动，不正确的设计容易损坏 I/O 口造成系统可靠性降低。

（8）印制板的设计应考虑工艺要求和系统的抗干扰性。包括器件的布局、布线等，还应考虑便于安装、调试、维修等。

11.1.3　软件设计

软件设计的任务是根据应用系统的总体设计方案的要求和硬件结构，设计出能够实现系统各种控制功能的程序。

软件设计时，应从以下几个方面进行考虑：

（1）根据软件功能要求，将系统软件分成若干个相对独立的部分。根据它们之间的联系和时间上的关系，设计出合理的软件总体结构，使其清晰、简捷、流程合理。

（2）培养结构化程序设计风格。各功能程序应实行模块化、子程序化。这样，既便于调试、连接，又便于移植、修改。

（3）建立正确的数学模型。即根据功能要求，描述出各个输入和输出变量之间的数学关系。

（4）为提高软件的总体设计效率，应以简明、直观的方法对任务进行描述，在编写应用软件之前，先绘制出程序流程图。

（5）要合理分配系统资源。系统资源分配包括 ROM、RAM、定时/计数器、中断源等，特别是片内 RAM 的分配、中断优先级的设置等。

（6）注意在程序的有关位置处写上功能注释（非指令解释），提高程序的可读性。

（7）加强软件抗干扰设计，提高计算机应用系统可靠性。

11.1.4 系统仿真调试

基于上述考虑所完成的电路板和设计出的控制软件或多或少存在问题，一般不能直接应用。如印制板在设计过程中出现了短路、断路、遗漏；在焊接过程中出现了虚焊、器件装反、装错等；在器件采购过程中出现所购器件性能达不到要求，在程序设计过程中出现所设计程序存在语法错误或逻辑错误。要解决上述存在的问题，通常需借助仿真器进行调试，排除硬件和软件上的所有错误，使系统能够正常运行后，然后再把程序固化到单片机系统的程序存储器中，再经过一整套完全的测试方案进行测试，如测试结果在性能和功能上达不到总体设计方案规定的指标要求，还必须修改硬件或软件甚至修改总体设计方案，经过多次反复，直至满足系统设计要求。

11.1.5 文档编制

用单片机所设计的系统一般都具有一定的应用背景，最终要变成产品交由用户使用，从设计完成到生产出产品中间的一系列环节不可能均由设计者全部完成。因此，当系统设计完成时，应编制好一些必要的文档资料，如电路原理图、印制板图、元器件清单及性能指标参数、加工制作工艺、产品调试测试工艺、产品检验工艺、技术说明书、使用安装说明书等。

任务实施

1. 任务分析

从硬件角度分析，系统由控制器、按键输入、LED 和数码管输入，以及 A/D 转换电路构成。输入部分用的是一个矩阵键盘，输出部分由数码管和 LED 光柱显示温度，水位状态用 LED 灯来模拟。

从软件角度分析，矩阵键盘和数码管的显示在前面的项目中我们已经训练过，温度的显示采用了数码管和光柱两种方式，在这里利用两个 74LS245 分时驱动数码管和 LED 光柱。

2. 电路设计

水温水位控制系统原理图如图 11-1 所示。

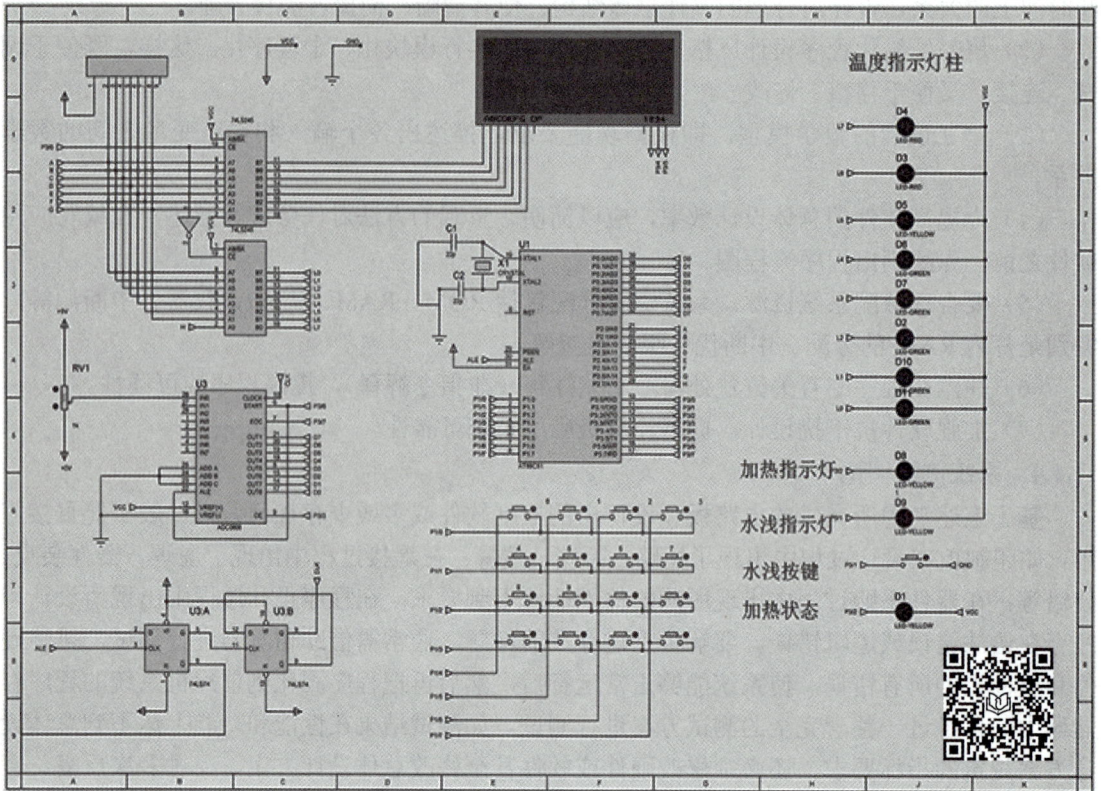

图 11-1 水温水位控制系统原理图

3. 程序设计

（1）程序流程图，如图 11-2 所示。

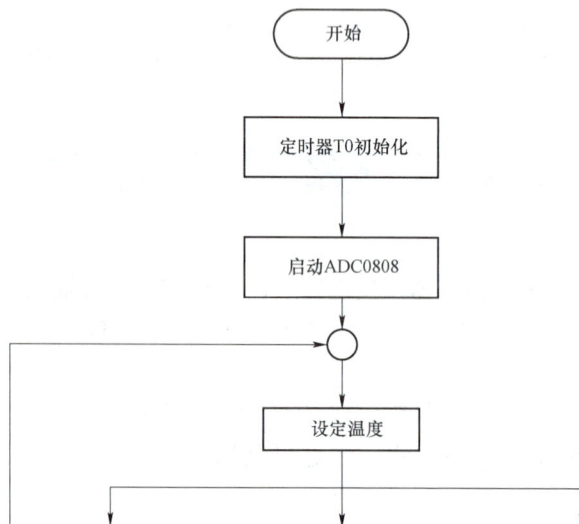

图 11-2 程序流程图

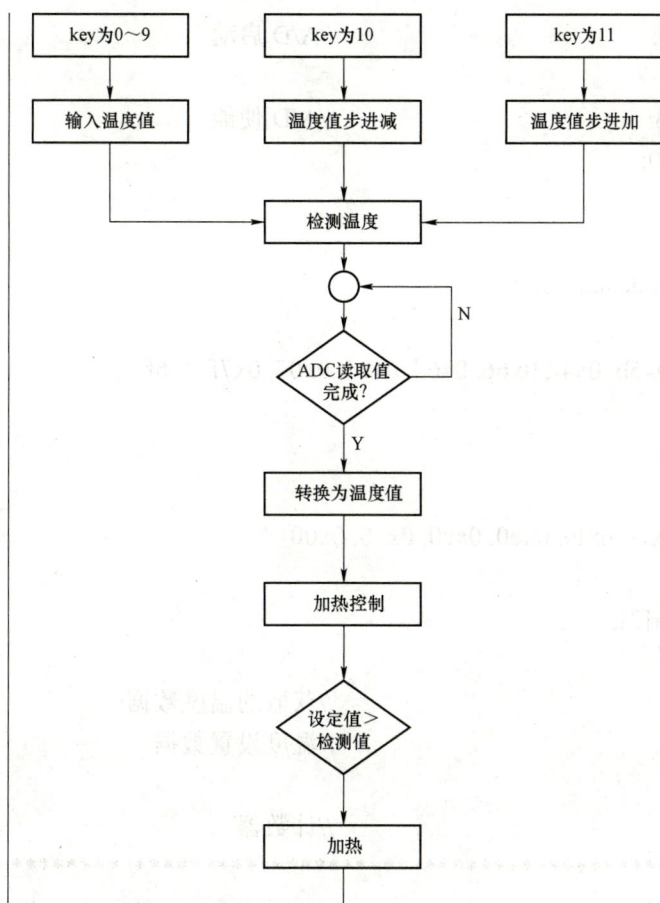

图 11-2 程序流程图（续）

（2）源程序。

源程序如下：

```
/*************************************************************
*程序名称：水温水位控制系统
*程序功能：自动控制水温和水位
**************************************************************/
#include <reg52.h>
#define uint unsigned int
#define uchar unsigned char
sbit SMG1 = P3 ^ 5;                    //数码管位控制
sbit SMG2 = P3 ^ 4;                    //数码管位控制
//sbit wh = P3 ^ 0;
sbit wl = P3 ^ 1;                      //低水位
sbit jr = P3 ^ 2;                      //加热
```

```
sbit ST = P3 ^ 6;                    //A/D 启动
sbit EOC = P3 ^ 7;
sbit OE = P3 ^ 3;                    //A/D 使能
sbit flag = P3 ^ 0;
uint display = 0;
//数码管段码
unsigned char code tab[10] =
{
    0x3f, 0x06, 0x5b, 0x4f, 0x66, 0x6d, 0x7d, 0x07, 0x7f, 0x6f
};
uchar LED[8] =
{
    0xfe, 0xfc, 0xf8, 0xf0, 0xe0, 0xc0, 0x80, 0x00
};
uchar keyBuffer[2];
uint num;
uint addata;                         //获取的温度数据
uint stdata;                         //温度设置数据
uint nkey;
int counter;                         //计数器
/***********************************************************
*名称：key_delay
*功能：延时
*输入：
*返回值：
***********************************************************/
void key_delay(void)
{
    unsigned int i;
    for (i = 1000; i > 0; i − −)
        ;
}


/***********************************************************
 *名称：Key_Scan
 *功能：键盘扫描
 *输入：
 *返回值：按键对应值（0~15）;无键按下返回 0x7f
***********************************************************/
```

```c
unsigned char Key_Scan(void)
{
    unsigned char i, n;
    unsigned char key_temp;
    P1 = 0xf0;
    if ((P1 & 0xf0) != 0xf0)
    {

        if ((P1 & 0xf0) != 0xf0)
        {
            key_delay();
            for (i = 0; i < 4; i++)
            {
                P1 = ~(1 << i);
                n = P1;
                n &= 0xf0;
                if (n != 0xf0)
                {
                    switch (n)
                    {
                        case (0xe0): key_temp = i * 4;
                        break;
                        case (0xd0): key_temp = 1 + i * 4;
                        break;
                        case (0xb0): key_temp = 2 + i * 4;
                        break;
                        case (0x70): key_temp = 3 + i * 4;
                        break;
                        default:
                            key_temp = 0x7f;
                    }
                    return key_temp;

                }
            }
        }
    }
    return 0x7f;                        //如果未按任何键
}
```

```
/*********************************************************
 *名称：key_dectde
 *功能：按键释放检测
 *输入：
 *返回值：
 *********************************************************/
unsigned char key_dectde(void)
{
    unsigned char temp1, temp2;
    temp1 = Key_Scan();
    if (temp1 == 0x7f)
        return 0x7f;
    do
    {
        temp2 = Key_Scan();
    }
    while (temp1 == temp2);
    return temp1;
}


/*********************************************************
 *名称：keyToNum
 *功能：键值转为数值
 *输入：
 *返回值：
 *********************************************************/
void keyToNum(void)
{
    if (nkey == 0)
        keyBuffer[1] = 0;
    stdata = keyBuffer[0] *10 + keyBuffer[1];
    if (stdata <= 90 && stdata >= 40)
        num = stdata;
}


/*********************************************************
 *名称：LEDd
 *说明： 显示光柱数据
 *功能：光柱显示数据
```

```
 *：输入：
 * 返回值：
 ***************************************************************/
void LEDd(void)
{
  uint cc;
  cc = addata;
  if (cc <= 20)
    P2 = LED[0];
  if (cc > 20 && cc <= 40)
    P2 = LED[1];
  if (cc > 40 && cc <= 50)
    P2 = LED[2];
  if (cc > 50 && cc <= 60)
    P2 = LED[3];
  if (cc > 60 && cc <= 70)
    P2 = LED[4];
  if (cc > 70 && cc <= 80)
    P2 = LED[5];
  if (cc > 80 && cc <= 90)
    P2 = LED[6];
  if (cc > 90 && cc <= 100)
    P2 = LED[7];
}


/**********************************************************
 *名称：LEDShow
 *说明：  数码管动态扫描程序，利用定时器
 *功能：数码管显示数据
 *输入：
 *返回值：
 ***************************************************************/
void LEDShow(void)interrupt 1
{
  uint i;
  i = num;
  TH0 = 0xf8;
  TL0 = 0x30;                                  //定时器 0 的时间常数(500 μs，12 MHz)
  if (display == 0)
```

```
    {
        display = !display;
        flag = 0;
        if (counter ==  0)
        {
            SMG1 = 1;
            SMG2 = 0;
            P2 = tab[(uint)num / 10];
            counter  + ;
        }
        else if (counter ==  1)
        {
            SMG2 = 1;
            SMG1 = 0;
            P2 = tab[num % 10];
            counter = 0;
        }
        if (num < 10)
            SMG2 = 1;
        //counter + + ;
    }
    else
    {
        display = !display;
        flag = 1;
        LEDd();
    }
}

Void main()
{
    uint keyNum;
    uint n2 = 0, n3;
    uint indata;
    /*******************启动定时器*********************/
    TMOD = 0x01;                      //定时器 0 为方式 0
    IP = 0x02;                        //定时器中断 0 为高优先级
    TH0 = 0xd8;
    TL0 = 0xf0;                       //定时器 0 的时间常数(5 ms，4 MHz)
```

```
counter = 0;                        //计数 5 ms 的个数
TR0 = 1;                            //启动定时器 0
IE = 0x82;                          //允许定时器 0 中断
flag = 0;
/*********************启动 AD0808*********************/
ST = 1;
ST = 0;
while (1)
{
  /******************键盘输入温度*******************/
  keyNum = key_dectde();
  if (keyNum != 0x7f)
  {
    for (n3 = 0; n3 < 5000; n3 ++)
    {
      if (n3 != 0)
        keyNum = key_dectde();
      if (nkey == 0)
      {
        if (keyNum <= 9 && keyNum >= 4)
        {
          n3 = 0;
          keyBuffer[nkey] = keyNum;
          keyToNum();
          nkey = 1 - nkey;
        }
      }
      else
      {
        if (keyNum <= 9 && keyNum >= 0)
        {
          n3 = 0;
          keyBuffer[nkey] = keyNum;
          keyToNum();
          nkey = 1 - nkey;
        }
      }
```

```
/********************步进加********************/
if (keyNum ==  11)
{
    n3 = 0;
    stdata = stdata + 1;
    if (stdata > 90)
        stdata = 90;
    if (stdata < 40)
        stdata = 40;
    num = stdata;
}

/********************步进减********************/
if (keyNum ==  10)
{
    n3 = 0;
    stdata = stdata - 1;
    if (stdata > 90)
        stdata = 90;
    if (stdata < 40)
        stdata = 40;
    num = stdata;
}
    }
}

n3 = 0;
nkey = 0;

/******************加热控制********************/
if (wl ==  0)
{
    jr = 1;
}
else
{
    if (stdata > addata)
        jr = 0;
```

```
    else
        jr = 1;
}

/********************AD0808 转换*********************/
ST = 1;
ST = 0;
while (!EOC)
    OE = 1;
indata = P0;
addata = indata / 2.55;                        //实际温度
num = addata;
OE = 0;
    }
}
```

任务小结

本任务通过一个水温水位控制系统的设计来了解单片机系统设计的一般步骤和方法，综合应用了矩阵键盘输入、数码管和 LED 灯输出、ADC 转换器、触发器等，涵盖了一个常用的应用系统的基本模块。

任务 2　直流电机自动控制系统

任务描述

在电气设备中，直流电机应用非常广泛，本任务利用 MSC-51 单片机通过一个 H 桥来控制一个直流电机，通过键盘的控制，能实现直流电机的正转、反转、加速、减速，并通过数码管显示设定转速。

相关知识

11.2　直流电机工作原理

11.2.1　直流电机的工作原理

如图 11-3 所示，直流电机里边固定有环状永磁体，电流通过转子上的线圈产生安培力，当转子上的线圈与磁场平行时，若再继续转动，运行方向将改变，因此此时转子末端的电刷跟转换片交替接触，从而线圈上的电流方向也改变，产生的洛伦兹力方向不变，所以电机能保持一个方向转动。

直流发电机的工作原理就是把电枢线圈中感应的交变电动势，靠换向器配合电刷的换向作用，使之从电刷端引出时变为直流电动势的原理。

感应电动势的方向按右手定则确定（磁感线指向手心，大拇指指向导体运动方向，其他四指的指向就是导体中感应电动势的方向）。

导体受力的方向用左手定则确定。这一对电磁力形成了作用于电枢一个力矩，这个力矩在旋转电机里称为电磁转矩，转矩的方向是逆时针方向，使电枢逆时针方向转动。如果此电磁转矩能够克服电枢上的阻转矩（例如由摩擦引起的阻转矩以及其他负载转矩），电枢就能按逆时针方向旋转起来。

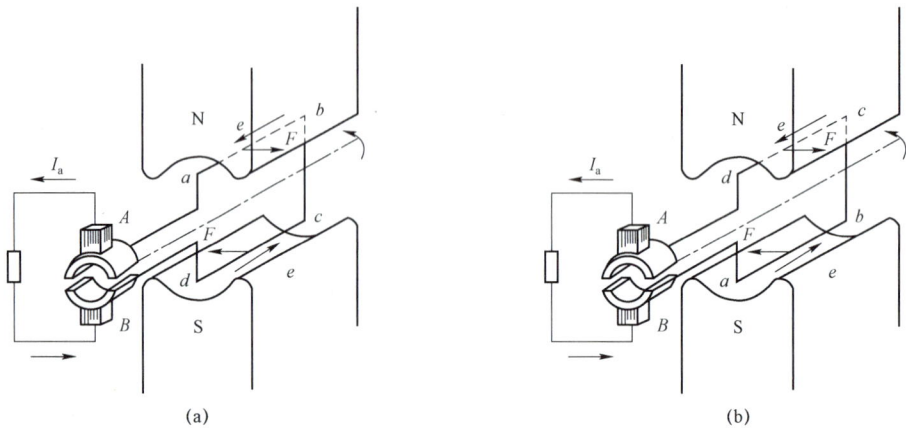

(a) (b)

图 11-3　直流电机的工作原理图

11.2.2　直流电机的结构

如图 11-4 所示，直流电机的结构是由定子和转子两大部分组成。直流电机运行时静止

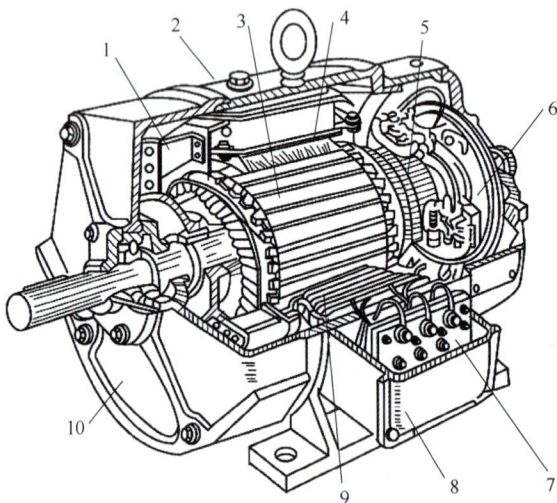

图 11-4　直流电机结构图

1—风扇；2—机座；3—电枢；4—主磁极；5—刷架；6—换向器；

7—接线板；8—出线盒；9—换向磁极；10—端盖

不动的部分称为定子，定子的主要作用是产生磁场，由机座、主磁极、换向极、端盖、轴承和电刷装置等组成。运行时转动的部分称为转子，其主要作用是产生电磁转矩和感应电动势，是直流电机进行能量转换的枢纽，所以通常又称为电枢，由转轴、电枢铁芯、电枢绕组、换向器和风扇等组成。

1. 定子

（1）主磁极。主磁极的作用是产生气隙磁场。主磁极由主磁极铁芯和励磁绕组两部分组成。

铁芯一般用 0.5～1.5 mm 厚的硅钢板冲片叠压铆紧而成，分为极身和极靴两部分，上面套励磁绕组的部分称为极身，下面扩宽的部分称为极靴，极靴宽于极身，既可以调整气隙中磁场的分布，又便于固定励磁绕组。励磁绕组用绝缘铜线绕制而成，套在主磁极铁芯上。整个主磁极用螺钉固定在机座上。

（2）换向极。换向极的作用是改善换向，减小电机运行时电刷与换向器之间可能产生的换向火花，一般装在两个相邻主磁极之间，由换向极铁芯和换向极绕组组成。换向极绕组用绝缘导线绕制而成，套在换向极铁芯上，换向极的数目与主磁极相等。

（3）机座。电机定子的外壳称为机座。机座的作用有两个：

一是用来固定主磁极、换向极和端盖，并起整个电机的支撑和固定作用；

二是机座本身也是磁路的一部分，借以构成磁极之间磁的通路，磁通通过的部分称为磁轭。为保证机座具有足够的机械强度和良好的导磁性能，一般为铸钢件或由钢板焊接而成。

（4）电刷装置。电刷装置是用来引入或引出直流电压和直流电流的。电刷装置由电刷、刷握、刷杆和刷杆座等组成。电刷放在刷握内，用弹簧压紧，使电刷与换向器之间有良好的滑动接触，刷握固定在刷杆上，刷杆装在圆环形的刷杆座上，相互之间必须绝缘。刷杆座装在端盖或轴承内盖上，圆周位置可以调整，调好以后加以固定。

2. 转子

（1）电枢铁芯。电枢铁芯是主磁路的主要部分，同时用以嵌放电枢绕组。

一般电枢铁芯采用由 0.5 mm 厚的硅钢片冲制而成的冲片叠压而成，以降低电机运行时电枢铁芯中产生的涡流损耗和磁滞损耗。叠成的铁芯固定在转轴或转子支架上。铁芯的外圆开有电枢槽，槽内嵌放电枢绕组。

（2）电枢绕组。电枢绕组的作用是产生电磁转矩和感应电动势，是直流电机进行能量变换的关键部件，所以叫电枢。它是由许多线圈（以下称元件）按一定规律连接而成的，线圈采用高强度漆包线或玻璃丝包扁铜线绕成，不同线圈的线圈边分上下两层嵌放在电枢槽中，线圈与铁芯之间以及上、下两层线圈边之间都必须妥善绝缘。为防止离心力将线圈边甩出槽外，槽口用槽楔固定。线圈伸出槽外的端接部分用热固性无纬玻璃带进行绑扎。

（3）换向器。在直流电动机中，换向器配以电刷，能将外加直流电源转换为电枢线圈中的交变电流，使电磁转矩的方向恒定不变；在直流发电机中，换向器配以电刷，能将电枢线圈中感应产生的交变电动势转换为正、负电刷上引出的直流电动势。换向器是由许多换向片组成的圆柱体，换向片之间用云母片绝缘。

（4）转轴。转轴起转子旋转的支撑作用，需有一定的机械强度和刚度，一般用圆钢加工而成。

11.2.3　直流电机的分类

直流发电机是把机械能转化为直流电能的机器。它主要作为直流电动机、电解、电镀、电冶炼、充电及交流发电机的励磁电源等所需的直流电机。虽然在需要直流电的地方，也用电力整流元件，把交流电转换成直流电，但从某些工作性能方面来看，交流整流电源还不能完全取代直流发电机。

直流电动机是将直流电能转换为机械能的转动装置。电动机定子提供磁场，直流电源向转子的绕组提供电流，换向器使转子电流与磁场产生的转矩保持方向不变。根据是否配置有常用的电刷－换向器可以将直流电动机分为两类，包括有刷直流电动机和无刷直流电动机。

无刷直流电动机是近几年来随着微处理器技术的发展和高开关频率、低功耗新型电力电子器件的应用，以及控制方法的优化和低成本、高磁能级的永磁材料的出现而发展起来的一种新型直流电动机。

无刷直流电动机既保持了传统直流电机良好的调速性能，又具有无滑动接触和换向火花、可靠性高、使用寿命长及噪声低等优点，因而在航空航天、数控机床、机器人、电动汽车、计算机外围设备和家用电器等方面都获得了广泛应用。

按照供电方式的不同，无刷直流电动机又可以分为两类：方波无刷直流电动机，其反电动势波形和供电电流波形都是矩形波，又称为矩形波永磁同步电动机；正弦波无刷直流电动机，其反电动势波形和供电电流波形均为正弦波。

11.3　直流电机的驱动电路——H桥

11.3.1　H桥驱动电路

图11-5所示为一个典型的直流电机控制电路。电路得名于"H桥驱动电路"是因为它

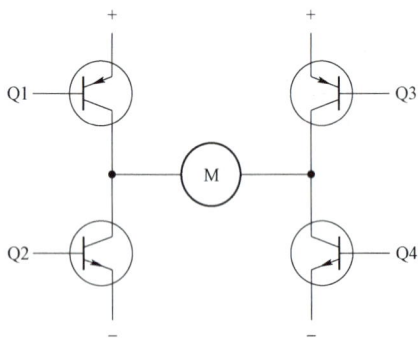

图11-5　H桥驱动电路

的形状酷似字母H。4个三极管组成H的4条垂直腿，而电机就是H中的横杠（注意：图11-5及随后的两个图都只是示意图，而不是完整的电路图，其中三极管的驱动电路没有画出来）。

H桥式电机驱动电路包括4个三极管和1个电动机。要使电动机运转，必须导通对角线上的一对三极管。根据不同三极管对的导通情况，电流可能会从左至右或从右至左流过电动机，从而控制电动机的转向。

要使电机运转，必须使对角线上的一对三极管导通。例如，如图11-6所示，当Q1管和Q4管导通时，电流就从电源正极经Q1从左至右穿过电动机，

然后再经Q4回到电源负极。按图中电流箭头所示，该流向的电流将驱动电动机顺时针转动。当三极管Q1和Q4导通时，电流将从左至右流过电动机，从而驱动电动机按特定方向转动（电动机周围的箭头指示为顺时针方向）。

如图11-7所示为另一对三极管Q2和Q3导通的情况，电流将从右至左流过电动机。当三极管Q2和Q3导通时，电流将从右至左流过电动机，从而驱动电动机沿另一方向转动（电动机周围的箭头表示为逆时针方向）。

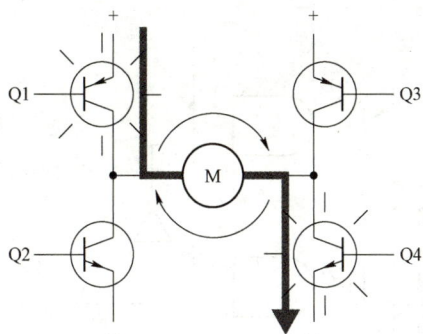

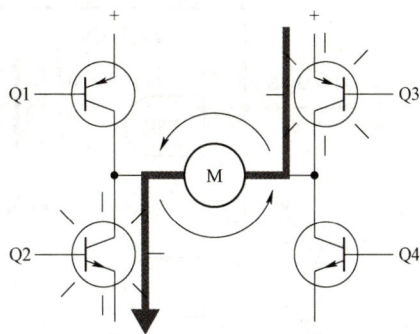

图 11-6　H 桥电路驱动电动机顺时针转动　　　　图 11-7　H 桥驱动电动机逆时针转动

11.3.2　使能控制和方向逻辑

驱动电动机时，保证 H 桥上两个同侧的三极管不会同时导通非常重要。如果三极管 Q1 和 Q2 同时导通，那么电流就会从正极穿过两个三极管直接回到负极。此时，电路中除了三极管外没有其他任何负载，因此电路上的电流就可能达到最大值（该电流仅受电源性能限制），甚至烧坏三极管。基于上述原因，在实际驱动电路中通常要用硬件电路方便地控制三极管的开关。

图 11-8 所示就是基于这种考虑的改进电路，它在基本 H 桥电路的基础上增加了 4 个与门和 2 个非门。4 个与门与一个"使能"导通信号相接，这样，用这一个信号就能控制整个电路的开关。而 2 个非门通过提供一种方向输入，可以保证任何时候在 H 桥的同侧腿上都只有一个三极管能导通。

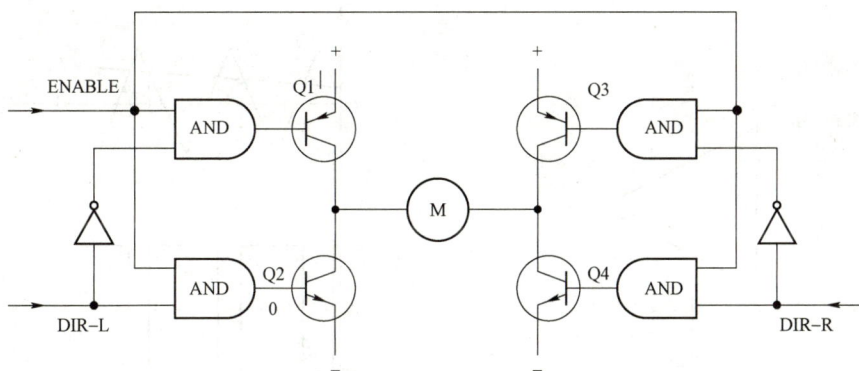

图 11-8　具有使能控制和方向逻辑的 H 桥电路

采用以上方法，电动机的运转就只需要用三个信号控制：两个方向信号和一个使能信号。如果 DIR-L 信号为"0"，DIR-R 信号为"1"，并且使能信号是"1"，那么三极管 Q1 和 Q4 导通，电流从左至右流经电动机，如图 11-9 所示；如果 DIR-L 信号变为"1"，而 DIR-R 信号变为"0"，那么 Q2 和 Q3 将导通，电流则反向流过电动机。

实际使用的时候，用分立元件制作 H 桥是很麻烦的，好在现在市面上有很多封装好的 H 桥集成电路，接上电源、电动机和控制信号就可以使用了，在额定的电压和电流内使用非常方便可靠。比如常用的 L293D、L298N、TA7257P、SN754410 等。

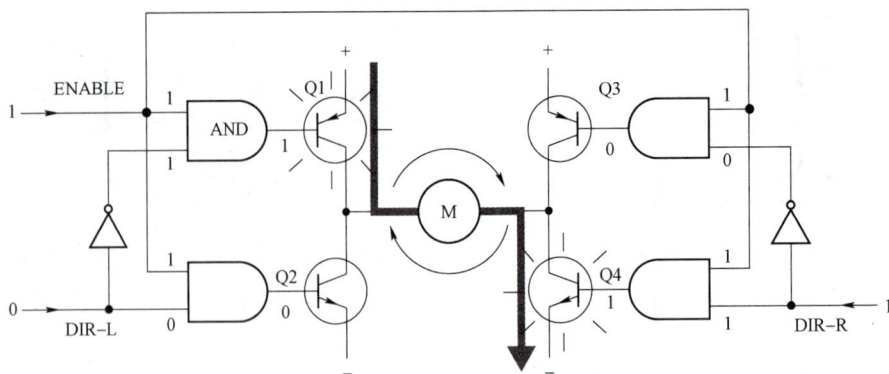

图 11-9 使能信号与方向信号的使用

11.4 直流电机调速 PWM 信号

PWM 信号是由脉宽调制器（一个电压—脉冲变换装置）生成的，常用的脉宽调制器有以下几种：用锯齿波或三角波作调制信号的脉宽调制器；用多谐振荡器和单稳态触发器组成的脉宽调制器；数字式脉宽调制器。这里简要介绍一下用三角波作调制信号的脉宽调制器生成 PWM 波的方法。脉宽调制器由恒频率波形发生器和脉冲宽度调制电路组成。恒频率波形发生器的作用就是产生频率恒定的振荡源作为比较的基准，如三角波。脉冲宽度调制电路，实际上就是电压/脉宽转换电路（简称 V/W 电路），是 PWM 信号的形成电路。调制产生 PWM 信号的工作原理如图 11-10（a）所示。

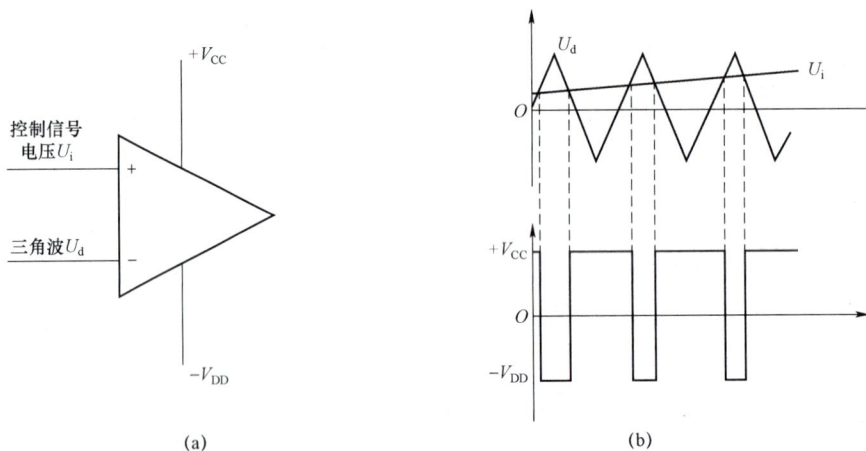

(a)　　　　　　　　　　(b)

图 11-10 调制产生 PWM 信号的工作原理

（a）电压比较器；（b）输入–输出波形

图 11-10（a）是电压比较器，输入信号为图 11-10（b）中的 U_i。在电压比较器的两个输入端输入控制信号和三角波信号，则比较器的输出将按以下规律变化：$U_i > U_d$ 时，输出正的电压 $+V_{CC}$；$U_i < U_d$ 时，输出负的电压 $-V_{DD}$。由此即可产生 PWM 脉冲信号。

11.4.1 直流电机电枢的 PWM 调压调速原理

直流电机转速 n 的表达式为：

$$n = \frac{U - IR}{K\Phi} \qquad (11-1)$$

式中　U——电枢端电压；

　　　I——电枢电流；

　　　R——电枢电路总电阻；

　　　Φ——每极磁通量；

　　　K——电机结构参数。

11.4.2　脉宽调制占空比调节

　　脉宽调制即 PWM 控制，就是对脉冲宽度进行调制的技术，即通过对一系列的脉冲宽度进行调制，来等效地获得所需波形。图 11-11 是利用开关管对直流电动机进行 PWM 调速控制的原理图和输入输出电压波形。在图 11-11（a）中，当开关管 MOSFET 的栅极输入高电平时，开关管导通，直流电动机电枢绕组两端有电压 U_s。t_1 秒后，栅极变为低电平，开关管截止，电动机电枢两端电压为0。t_2 秒后，栅极输入重新变为高电平，开关管的动作重复前面的过程。这样，对应输入的电平高低，直流电动机电枢绕组两端的电压波形如图 11-11（b）所示。电动机的电枢绕组两端的电压平均值 U_0 为：

$$U_0 = \frac{t_1 U_s + 0}{t_1 + t_2} = \frac{t_1}{T} U_s = \alpha U_s \qquad (11-2)$$

式中，α 为占空比，$\alpha = \frac{t_1}{T}$。

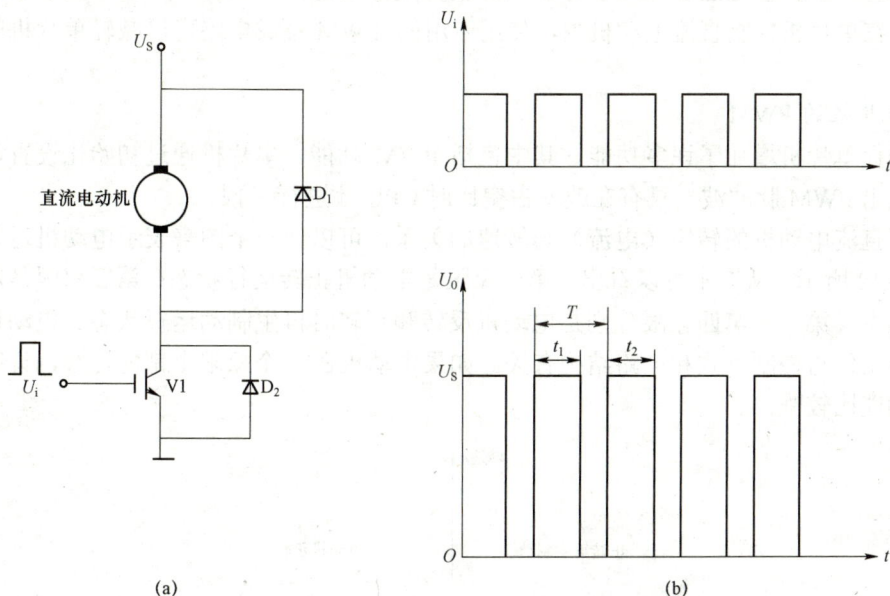

图 11-11　PWM 调速控制原理和电压波形图

（a）原理图；（b）输入-输出电压波形

　　占空比 α 表示了在一个周期 T 里，开关管导通的时间与周期的比值。α 的变化范围为 $0 \leq \alpha \leq 1$。可知，当电源电压 U_s 不变的情况下，电枢的端电压的平均值 U_0 取决于占空比 α 的大小，改变 α 的值就可以改变电枢两端电压的平均值，从而达到调速的目的，这就是 PWM 调速原理。

在 PWM 调速时，占空比 α 是一个重要的参数，以下三种方法都可以改变占空比的值。

（1）定宽调频法。这种方法是保持 t_1 不变，只改变 t_2，这样使周期 T（或频率）也随之改变。

（2）调宽调频法。这种方法是保持 t_2 不变，而改变 t_1，这样使周期 T（或频率）也随之改变。

（3）定频调宽法。这种方法是使周期 T（或频率）保持不变，而同时改变 t_1 和 t_2。

前两种方法由于在调速时改变了控制脉冲的周期（或频率），当控制脉冲的频率与系统的固有频率接近时，将会引起振荡，因此这两种方法很少用。目前，在直流电动机控制中，主要使用定频调宽法。

11.4.3 PWM 控制信号产生的方法

1. 分立电子元件组成的 PWM 信号电路

它是最早期的方法，现在已被淘汰了。

2. 软件模拟法

利用单片机的一个 I/O 引脚，通过软件对该引脚不断地输出高低电平来实现 PWM 波输出。这种方法要占用 CPU 大量时间，使单片机无法进行其他工作，因此也逐渐被淘汰。

3. 专用 PWM 集成电路

从 PWM 控制技术出现之日起，就有芯片制造商生产专用的 PWM 集成电路芯片，现在市场上已有许多种。这些芯片除了有 PWM 信号发生功能外，还有"死区"调节功能、保护功能等。在单片机控制直流电动机中，使用专用的 PWM 集成电路可以减轻单片机的负担，工作可靠。

4. 单片机的 PWM

新一代单片机增加了许多功能，其中包括 PWM 功能。单片机通过初始化设置，使其能自动地发出 PWM 脉冲波，只有在改变占空比时 CPU 才进行干预。

根据直流电动机的转矩（电流）与转速的关系，可以做一个图来表示电动机运行状态，如图 11-12 所示。从图中可以看出，第一象限是电动机正转运行状态；第三象限是电动机反转运行状态；第二和第四象限分别是电动机反转和正转时再生制动运行状态。电动机能在几个象限内工作与控制方式和电路结构有关。如果电动机在 4 个象限上都能运行，说明电动机的控制功能比较强。

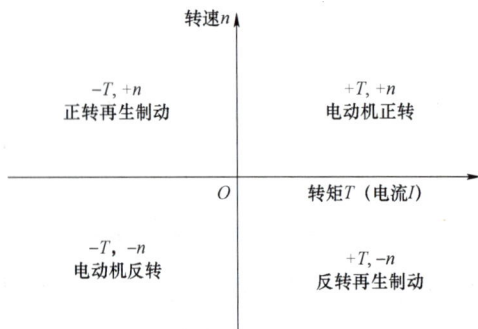

图 11-12　电动机四个运行象限

任务实施

1. 任务分析

从硬件角度分析，系统是由单片机、矩阵键盘输入、数码管显示、直流电机驱动电路和直流电动机构成。键盘是用来输入电动机的设定转速和控制电动机正反转及加速减速，数码管用来显示电动机的设定转速，H 桥用来驱动直流电动机。

从软件角度分析，矩阵键盘输入和数码管显示在前面的项目中已经做过训练，本任务最主要的是通过编程产生频率可调的 PWM 波，并能通过按键控制增加和减少 PWM 波频率实现加减速。

2. 电路设计

直流电机的控制系统原理图如图 11-13 所示。

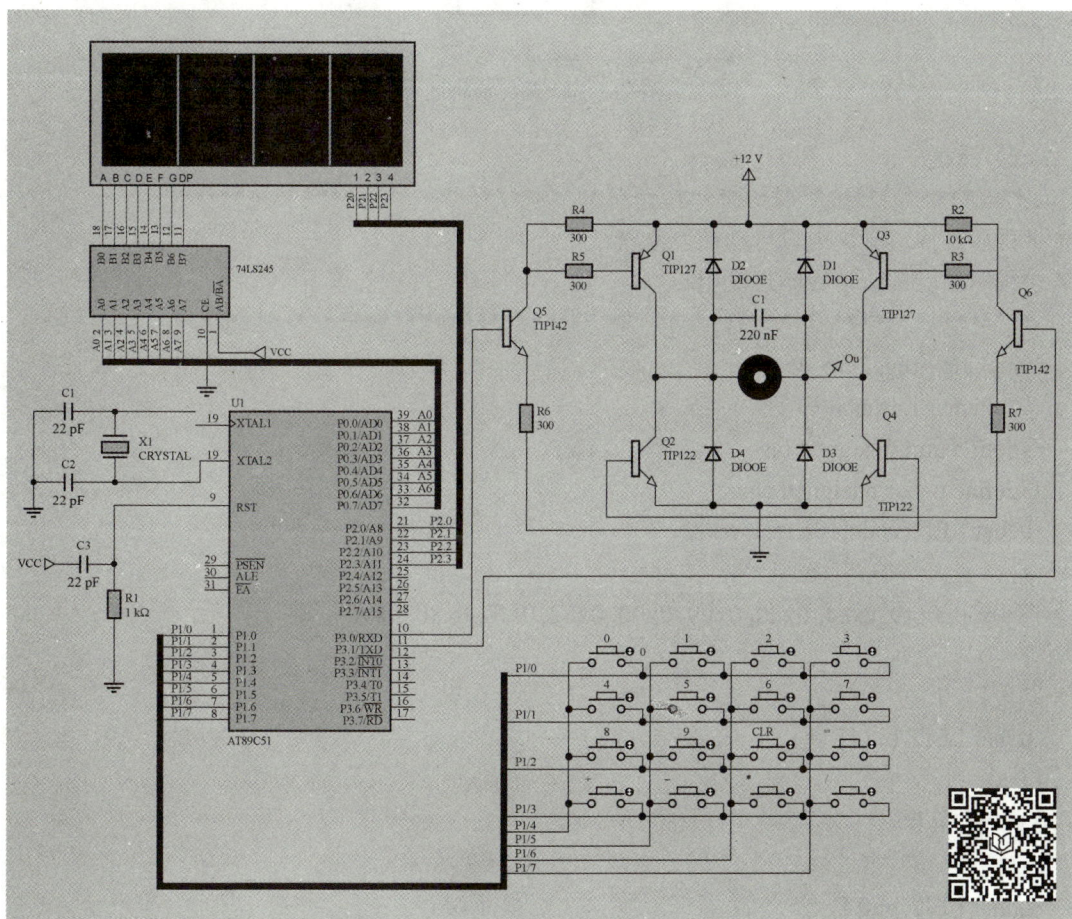

图 11-13 直流电机的控制系统原理图

3. 程序设计

（1）程序流程图，如图 11-14 所示。

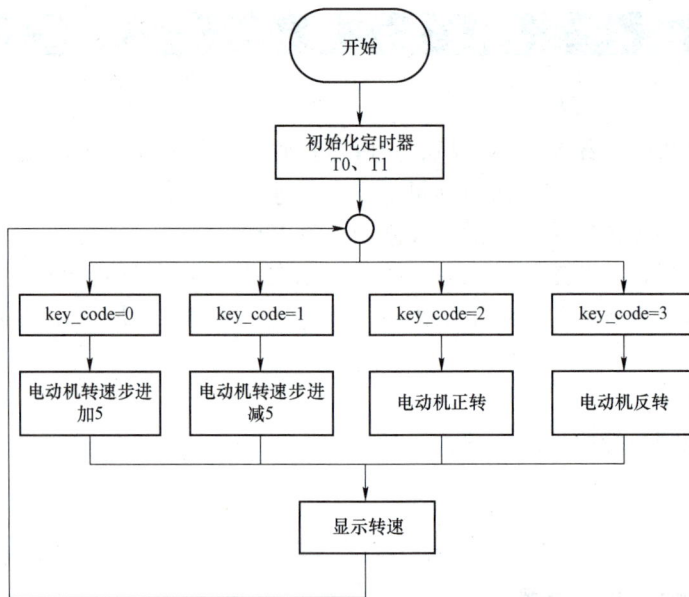

图 11－14　程序流程图

（2）源程序：

```
/**************************************************************
*程序名称：直流电机自动控制系统
*程序功能：自动控制直流电机
**************************************************************/
#include <reg52.h>
#include <intrins.h>
#define uint unsigned int
#define uchar unsigned char
uchar LED_code[10]  =
{
    0xa0, 0xf9, 0xc4, 0xd0, 0x99, 0x92, 0x82, 0xf8, 0x80, 0x90
};
//段码 0～9
uchar LED_bit[4]  =
{
    1, 2, 4, 8
};                                        //位码
uchar LED_buf[4];                         //显示缓存
uchar key_buf[4];                         //按键缓存
int num  = 50;                            //显示数据
int n = 0;                                //当前显示位
int i = 4;                                //位消隐参数
```

```
int m = 0;                              //按键次数
uchar key_code;
sbit MOTOR0 = P3^0;
sbit MOTOR1 = P3^1;
uint MOTORPORT1;
int MOTORDIR = 0;
int MOTORSTOP = 0;
int counter = 0;
/***********************************************************
 *名称：delayms
 *说明：延时子程序
 *功能：产生一定时间的延时
 *输入：毫秒延时时间 1 ms 的倍数
 *返回值：无
 ***********************************************************/
void delayms(uint ms)
{
    uint a, b;
    for (a = 0; a < ms; a++)
    {
        for (b = 0; b < 125; b++)
            ;
        //1ms
    }
}
/***********************************************************
 *名称：numToBuf
 *说明：数据转换
 *功能：把数据按位存入显示缓存
 *输入：无
 *返回值：无
 ***********************************************************/
void numToBuf(void)
{
    LED_buf[0] = LED_code[num % 10];                //个位
    LED_buf[1] = LED_code[num / 10 % 10];           //十位
    LED_buf[2] = LED_code[num / 100 % 10];          //百位
    LED_buf[3] = LED_code[num / 1000];              //千位
}
```

```
/***********************************************************
 *名称：keyToNum
 *说明：数据转换
 *功能：把键盘缓存转换为数据
 *输入：无
 *返回值：无
 ***********************************************************/
void keyToNum(void)
{
   num=key_buf[0]+key_buf[1]*10+key_buf[2]*100+key_buf[3]*1000;
}
/***********************************************************
 *名称：int_0
 *说明：定时器 0 中断服务程序
 *功能：数码管动态扫描程序
 *输入：无
 *返回值：无
 ***********************************************************/
void int_0(void)interrupt 1
{
   TH0=0xec;
   TL0=0x78;                              //定时器 0 赋初值
   /*消隐位*/
   if (num >=  1000)
   {
                                          //数据大于等于 10 000
      i=4; //显示 4 位
   }
   else if (num < 1000 && num >=  100)
   {
                                          //数据小于 1 000 大于 100
      i=3;                                //显示 3 位
   }
   else if (num < 100 && num >=  10)      //数据小于 100 大于 10
   {
      i=2;                                //显示两位
   }
```

```
      else if (num < 10)                          //数据小于 10
       {
          i = 1;                                   //显示 1 位
       }
       /*显示输出*/
       numToBuf();
       P2 = LED_bit[n];                            //调用位码
       P0 = ~LED_buf[n];                           //调用段码
       n++;                                        //移位
       n = n % i;
}


/**************************************************************
 *名称：int_1
 *说明：定时器 1 中断服务程序
 *功能：键盘扫描
 *输入：无
 *返回值：无
 **************************************************************/
void int_1(void)interrupt 3
{
   TH1 = 0xfe;
   TL1 = 0x0c;                                     //定时器 0 赋初值
      if(counter<=100-num){
      MOTORPORT1 = 1;
}else if(counter<=100 && counter>100-num){
   MOTORPORT1 = 0;

   }
counter++;
counter = counter%100;


}

/**************************************************************
 *名称：Key_Scan
 *说明：
 *功能：键盘扫描
```

```
 *输入：
 *返回值：按键对应值（0～15）；无键按下返回 0x7f
 **********************************************************/
unsigned char Key_Scan(void)
{
    unsigned char i, n;
    unsigned char key_temp;
    P1 = 0xf0;
    if ((P1 & 0xf0) != 0xf0)
    {
        if ((P1 & 0xf0) != 0xf0)
        {
            delayms(100);
            for (i = 0; i < 4; i++)
            {
                P1 = ~(1 << i);
                n = P1;
                n &= 0xf0;
                if (n != 0xf0)
                {
                    switch (n)
                    {
                        case (0xe0): key_temp = i * 4;
                        break;
                        case (0xd0): key_temp = 1 + i * 4;
                        break;
                        case (0xb0): key_temp = 2 + i * 4;
                        break;
                        case (0x70): key_temp = 3 + i * 4;
                        break;
                        default:
                            key_temp = 0x7f;
                    }
                    return key_temp;
                }
            }
        }
    }
```

```
    return 0x7f;
}
/***********************************************************
 *名称：key_dectde
 *说明：
 *功能：按键释放检测
 *输入：
 *返回值：
 ***********************************************************/
unsigned char key_dectde(void)
{
    unsigned char temp1, temp2;
    temp1 = Key_Scan();
    if (temp1 ==  0x7f)
        return 0x7f;
    do
    {
        temp2 = Key_Scan();
    }
    while (temp1 ==  temp2);
    return temp1;
}

/*主程序*/
void main()
{
    /* 初始化*/
    TMOD = 0x11;
    TH0 = 0xec;              //定时器 T0 为方式 1
    TL0 = 0x78;              //定时器 0 的时间常数(10 ms，12 MHz)
    TR0 = 1;                //启动定时器 0
    TH1 = 0xfe;             //定时器 T1 为方式 1
    TL1 = 0x0c;             //启动定时器 0
    TR1 = 1;
    IE = 0x8a;             //允许定时器 0/1 中断

    /* 键盘程序*/
```

```
    while (1)                              //循环
    {
        key_code = key_dectde();
       if (key_code != 0x7f)
        {

    if(key_code == 0){
    num += 5;
    }else if(key_code == 1){
    num -= 5;
    }else if(key_code == 2){
    MOTORDIR = !MOTORDIR;
    }else if(key_code == 3){
    num = 0;
    }
        if(num<0){
    num = 0;
    }else if(num>100){
    num = 100;
        }
    }
    if(MOTORDIR == 0){
    MOTOR0 = 0;
    MOTOR1 = MOTORPORT1;
    }else if(MOTORDIR == 1){
    MOTOR0 = MOTORPORT1;
    MOTOR1 = 0;
    }
    }
    }
```

任务小结

本任务通过控制直流电机主要掌握以下几点：
（1）直流电机的基本结构与工作原理；
（2）直流电机的驱动电路——H 桥的电路结构及工作原理；
（3）PWM 调速的原理及软件产生 PWM 的方法。

项目微课与视频

H 桥电机驱动电路工作原理

项目知识总结

本项目有 2 个任务，任务 1 主要训练了单片机应用系统的设计与开发流程，任务 2 通过直流电机的控制了解直流电机的工作原理、直流电机的驱动电路和 PWM 调速。

单片机应用系统的开发主要分为总体方案设计、硬件设计、软件设计、系统仿真与调试和文档编制。

直流电机的结构应由定子和转子两大部分组成。直流电机运行时静止不动的部分称为定子，定子的主要作用是产生磁场，由机座、主磁极、换向极、端盖、轴承和电刷装置等组成。运行时转动的部分称为转子，其主要作用是产生电磁转矩和感应电动势，是直流电机进行能量转换的枢纽，所以通常又称为电枢，由转轴、电枢铁芯、电枢绕组、换向器和风扇等组成。

习　题

一、填空题

1. 直流电机的定子由_____、_____、_____及_____组成。

2. 直流电机的转子由_____、_____、_____及_____组成。

3. 根据是否配置有常用的电刷–换向器可以将直流电动机分为_____和_____两类。

4. 按照供电方式的不同，无刷直流电动机又可以分为_____和_____两类。

二、简答题

1. 简述 H 桥的工作原理。

2. PWM 控制信号有哪几种产生方法？

3. 简述单片机系统开发的一般步骤。

参 考 文 献

[1] 郭天祥. 新概念 51 单片机 C 语言教程：入门、提高、开发、拓展、全攻略 [M]. 北京：
    电子工业出版社，2009.
[2] 王静霞. 单片机应用技术（C 语言版）[M]. 第 3 版. 北京：电子工业出版社，2015.
[3] 胡乾斌，等. 单片微型计算机原理与应用 [M]. 第 2 版. 武汉：华中科技大学出版社，
    2006.
[4] 龚运新. 单片机 C 语言项目式教程 [M]. 北京：北京邮电大学出版社，2012.
[5] 杜洋. 爱上单片机 [M]. 北京：人民邮电出版社，2011.
[6] 郑毛祥. 单片机应用基础 [M]. 北京：人民邮电出版社，2008.

彩　　图

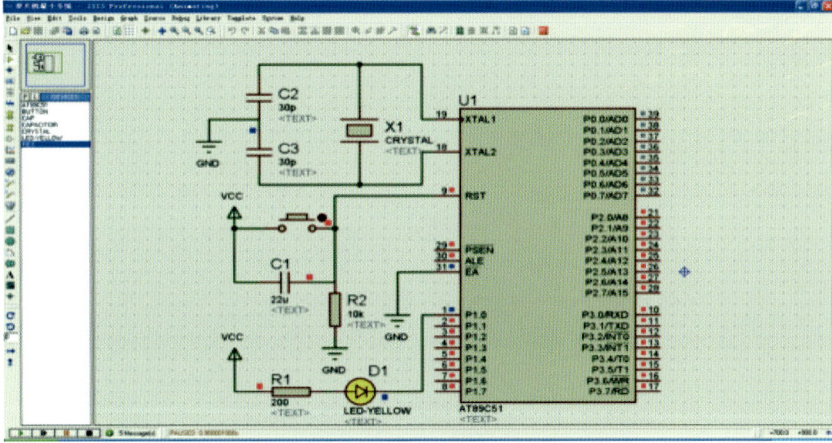

图 2-41　仿真运行

图 2-51　系统运行效果图

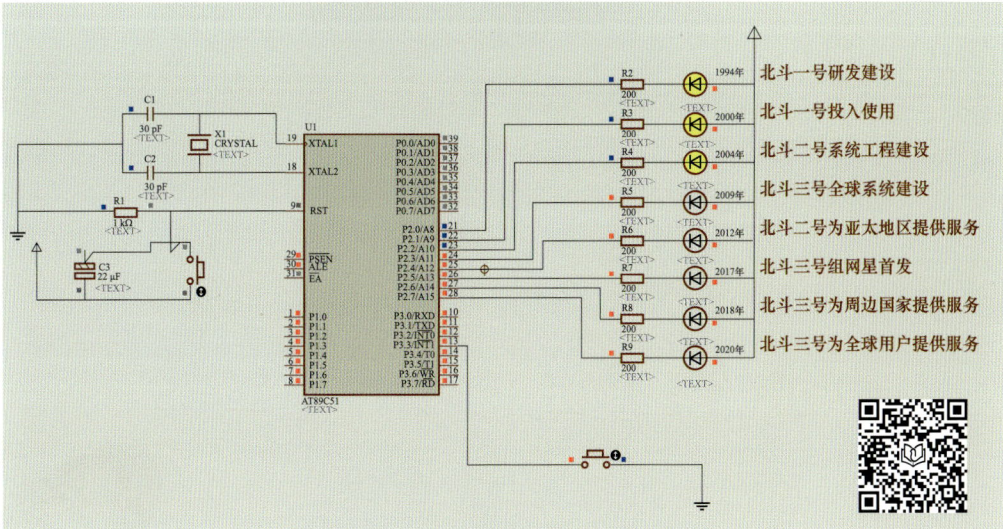

图 4-5　北斗系统历程介绍电路设计

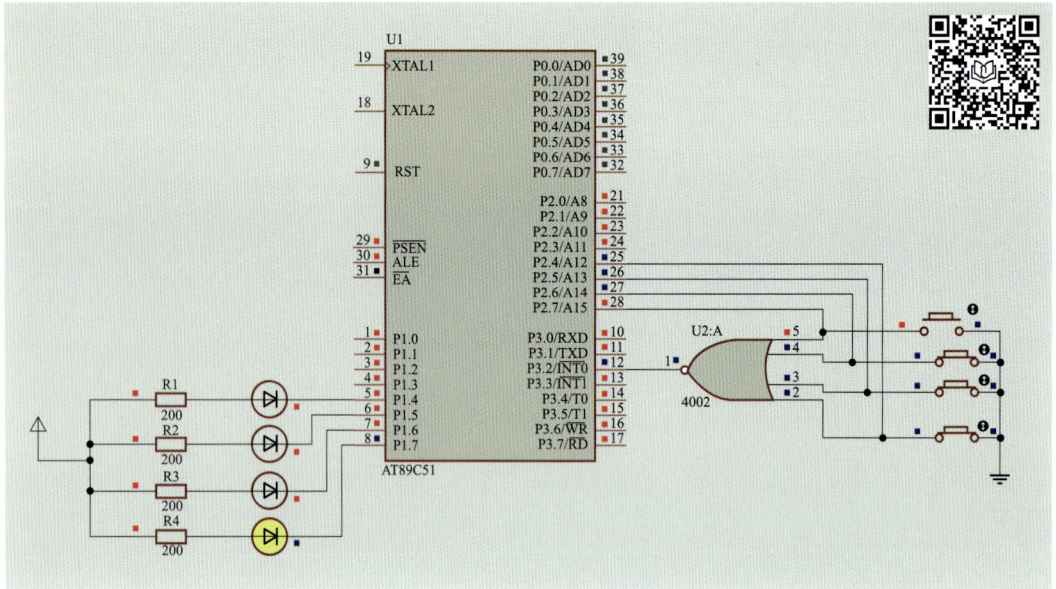

图 4-8　多故障源显示电路设计

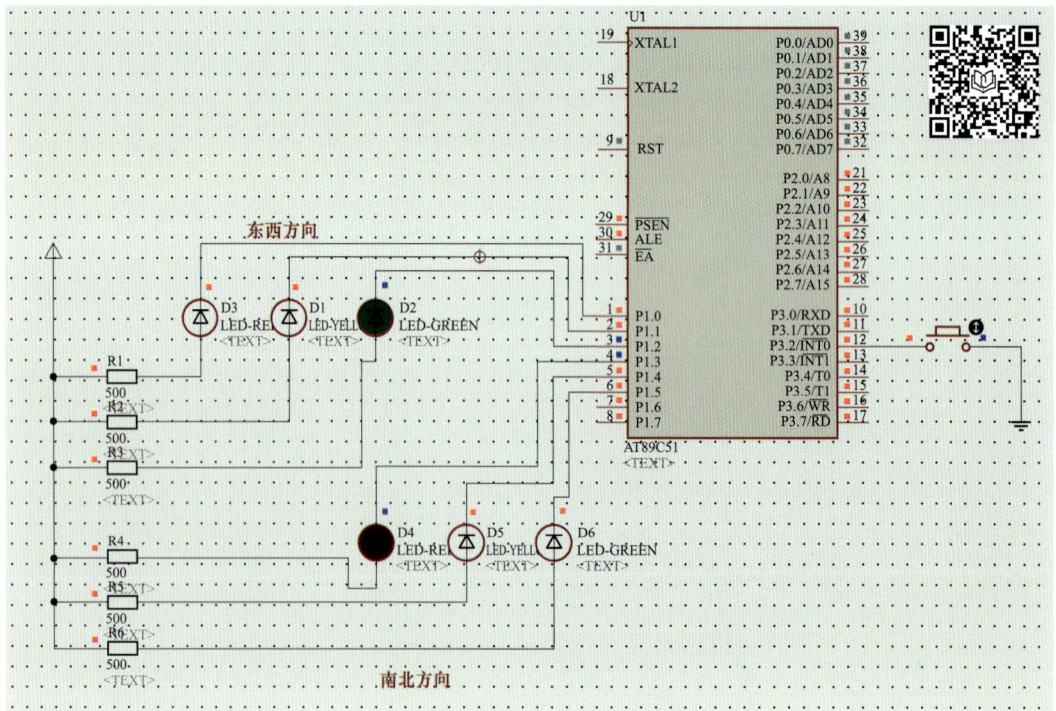

图 5-12　模拟交通灯硬件电路

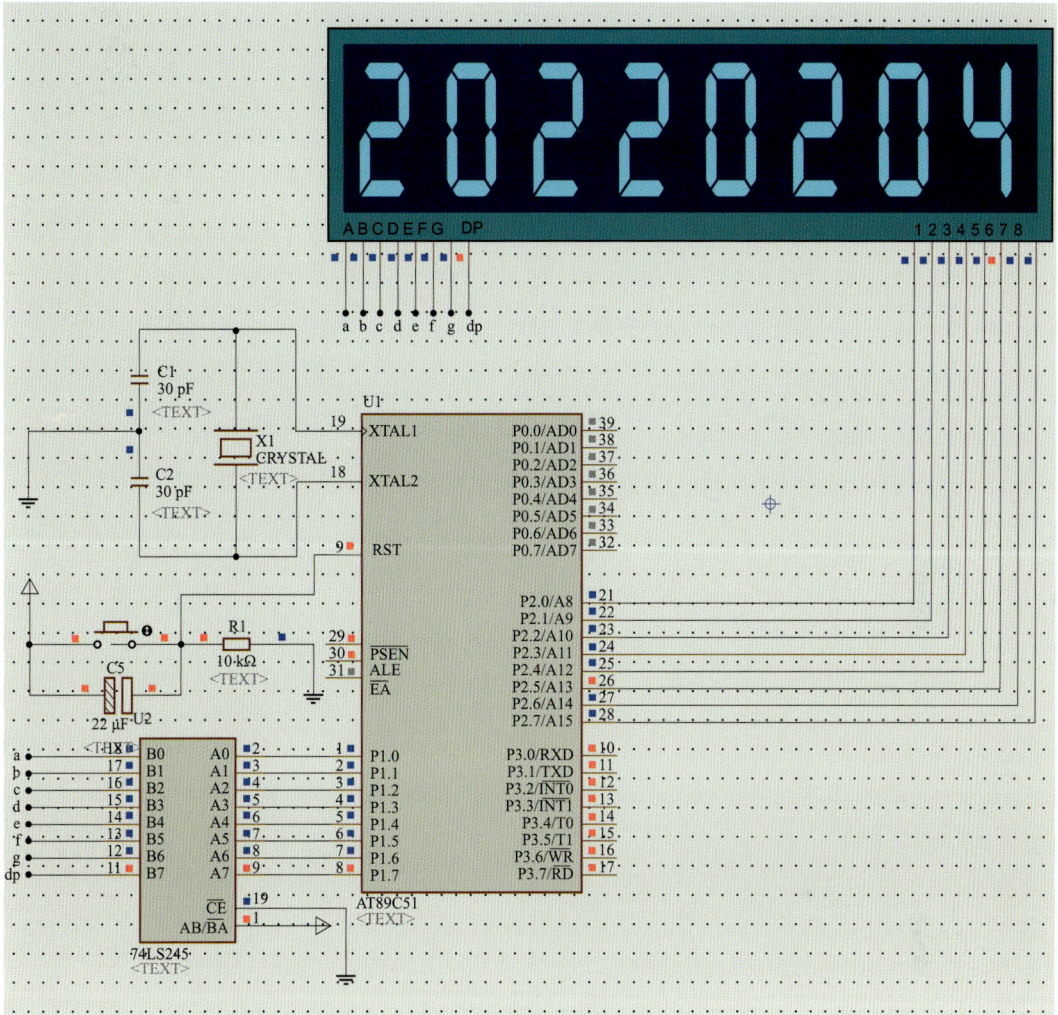

图 6-14　实践题图

图 7-8　矩阵键盘硬件电路

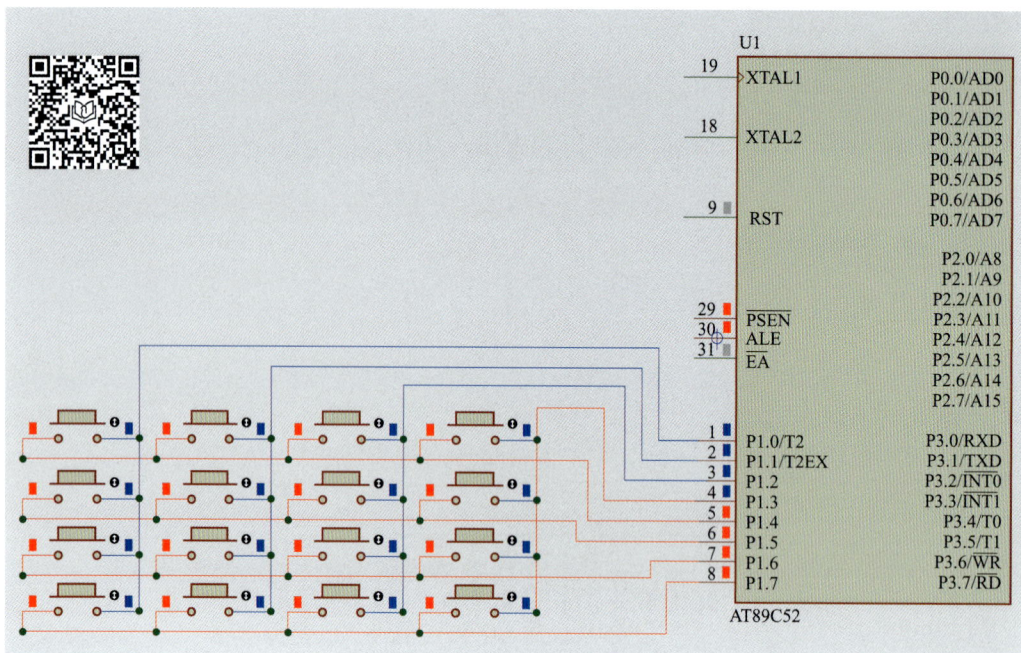

图 7-9 初始化行设置

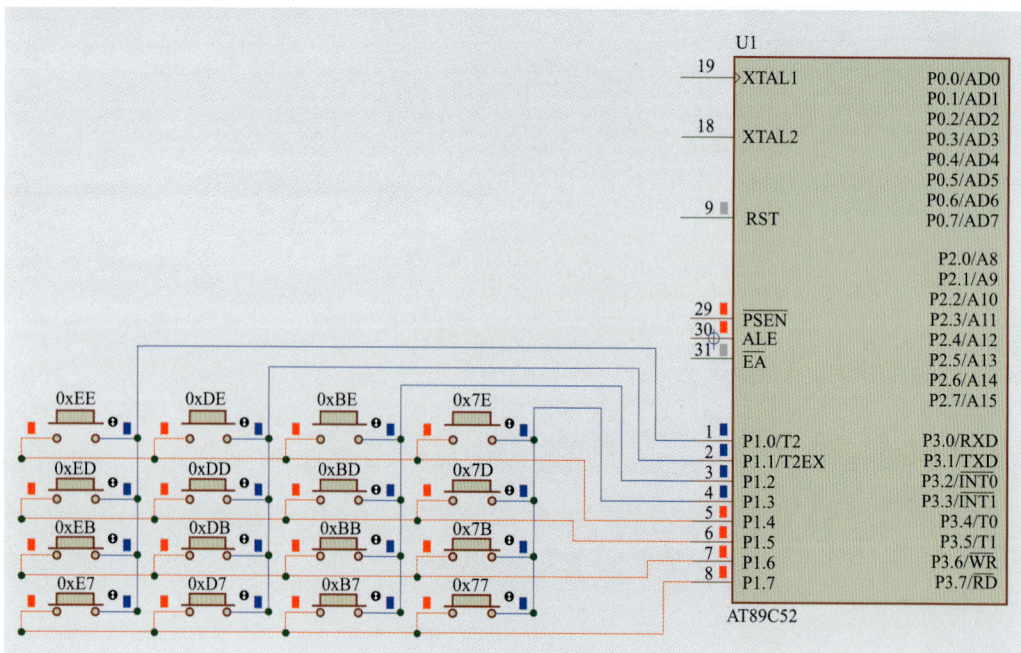

图 7-10 按键识别码

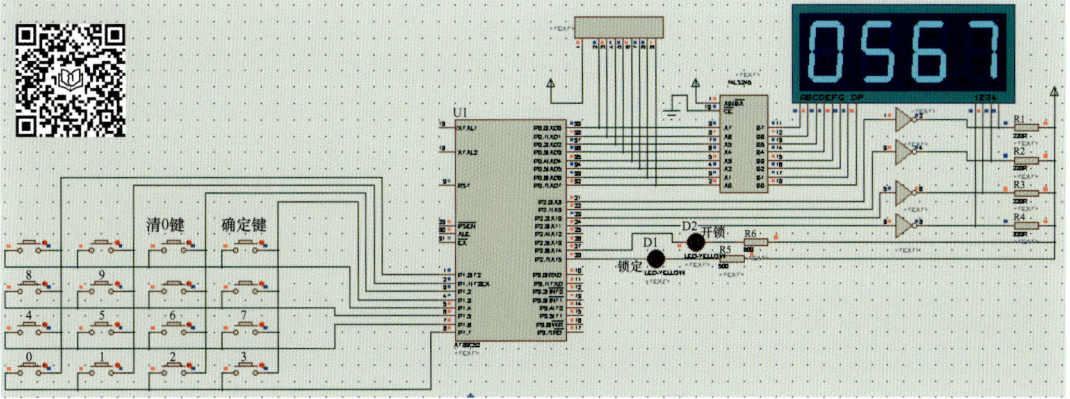

图 7-13 四位密码锁系统硬件电路

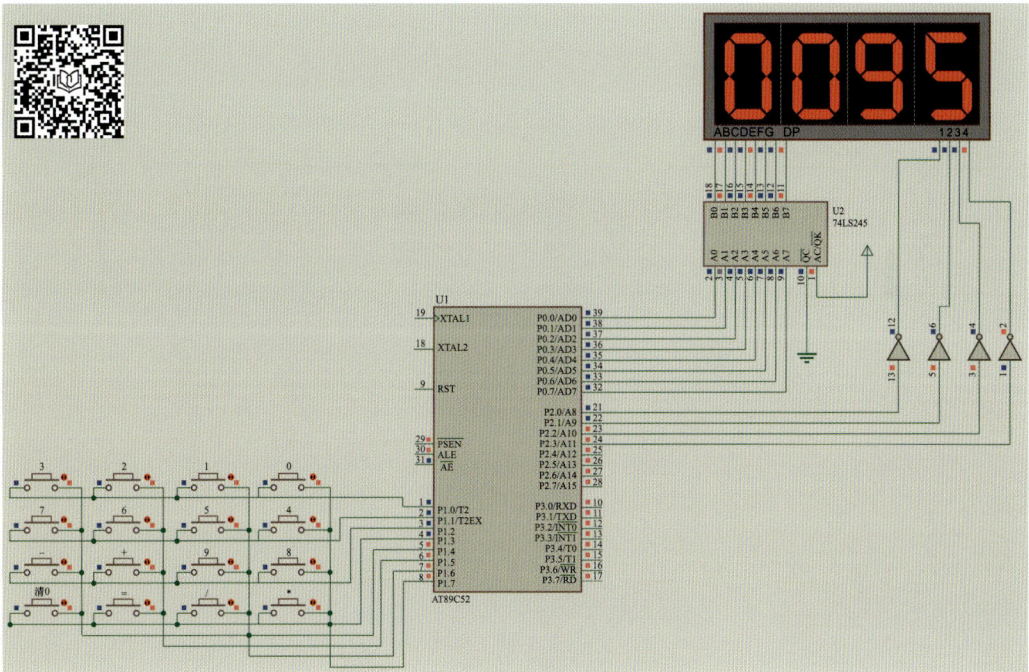

图 7-18 简易计算器硬件电路

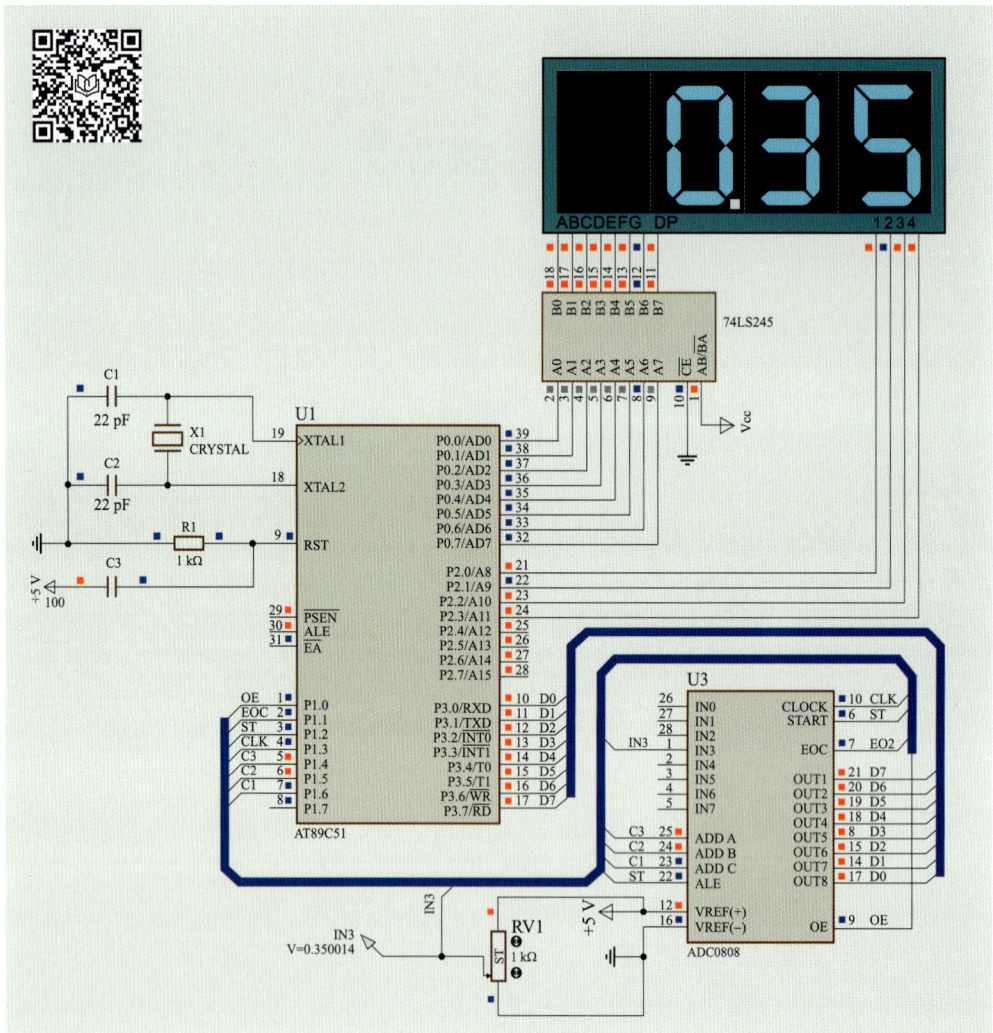

图 8-7 简易电压表硬件电路设计

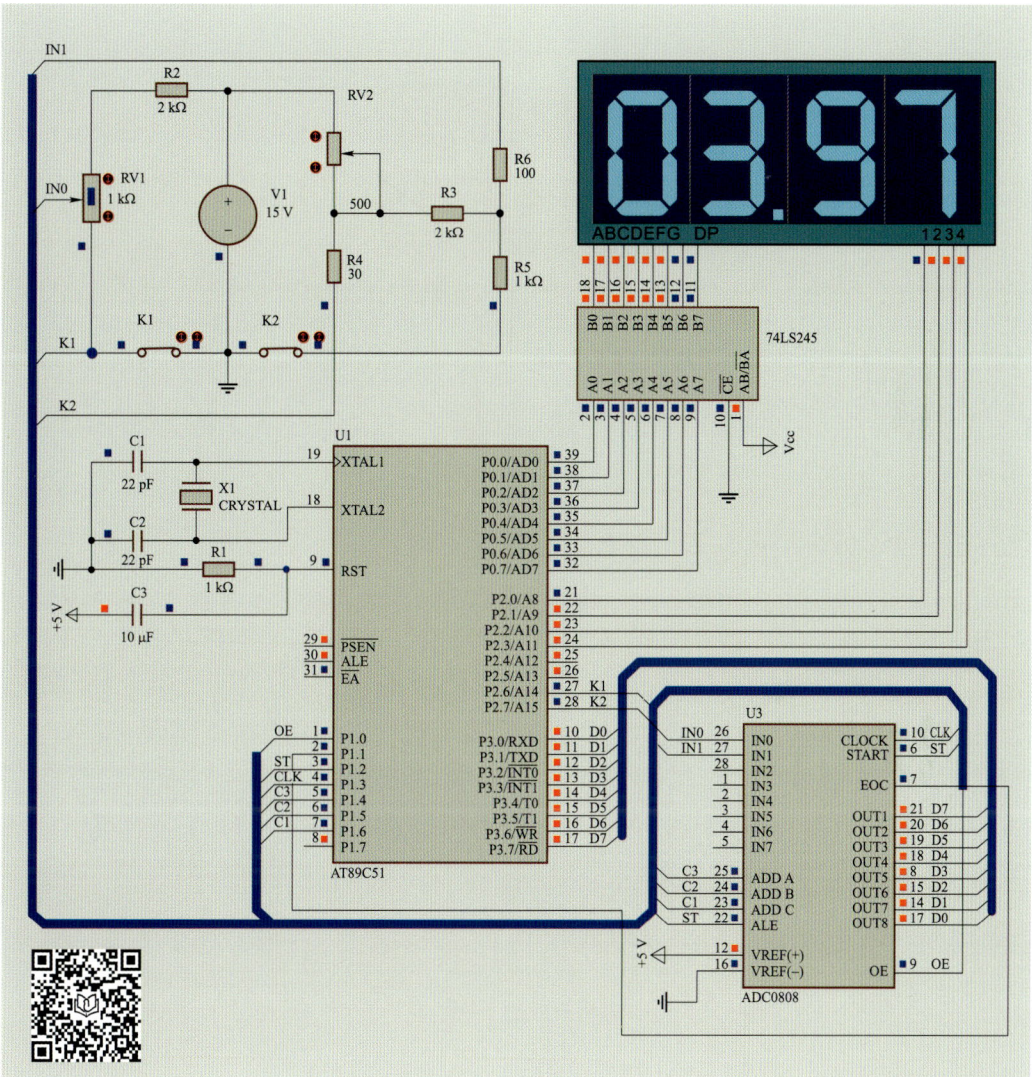

图 8-14 电压电流功率数据采集系统电路设计

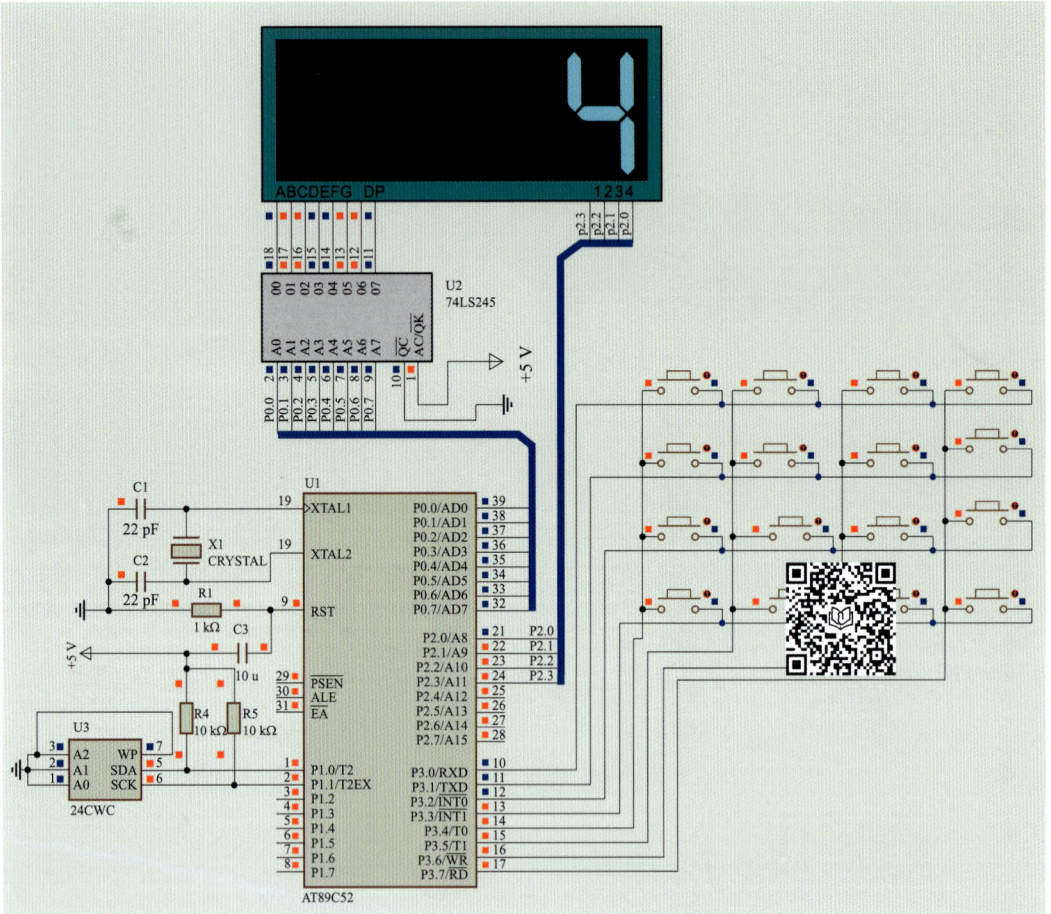

图 10 – 11　数据存储系统硬件电路设计